D1694122

E. Tschegg W. Heindl A. Sigmund

Grundzüge der Bauphysik

Akustik
Wärmelehre
Feuchtigkeit

Springer-Verlag Wien New York

Dr. techn. Dipl.-Ing. Elmar Tschegg
Technische Universität Wien

Dr. phil. Walter Heindl
Wien

Dr. techn. Dipl.-Ing. Alfred Sigmund
Wien

Printed in Austria

Mit 73 Abbildungen

CIP-Kurztitelaufnahme der Deutschen Bibliothek

Tschegg, Elmar:
Grundzüge der Bauphysik: Akustik, Wärmelehre,
Feuchtigkeit / Elmar Tschegg; Walter Heindl;
Alfred Sigmund. – Wien; New York: Springer,
1984.
ISBN 3-211-81821-9 (Wien, New York)
ISBN 0-387-81821-9 (New York, Wien)
NE: Heindl, Walter:; Sigmund, Alfred:

ISBN 3-211-81821-9 Springer-Verlag Wien-New York
ISBN 0-387-81821-9 Springer-Verlag New York-Wien

Vorwort

Was ist Bauphysik? Dem Namen nach könnte man alles dazuzählen, was als Anwendung physikalischer Methoden auf Planung, Errichtung und Nutzung von Bauten anzusehen ist. Tatsächlich umfaßt die Bauphysik weit weniger!

Die Anwendung physikalischer Grundsätze und Methoden in der Bauplanung ist alt, weit älter als die Bauphysik als eigenständiges Fachgebiet. So hat sich vor allem die Baustatik als eigener Wissenszweig entwickelt, mit all ihren Teildisziplinen wie Plattentheorie, Schalentheorie, Theorie der Wärmespannungen usw.

Der Bauphysik werden heute jene Anwendungsgebiete der Physik auf das Bauwesen zugezählt, die noch nicht jene Abgeschlossenheit und Eigenständigkeit erreicht haben wie beispielsweise die Baustatik. Dazu gehören in erster Linie Schallschutz und Raumakustik, die bauphysikalische Wärmelehre sowie der Feuchtigkeitsschutz. Daneben gewinnt in der Bauphysik jener Zweig immer mehr Bedeutung, der sich mit dem Energiehaushalt des Gebäudes und der Verringerung des Energieaufwandes für Heizung und Kühlung befaßt. Dabei sind Überschneidungen mit den etablierten Fachgebieten der Heizungs- und Klimatisierungstechnik natürlich nicht zu vermeiden. Ganz im Gegenteil, solche Überschneidungen sind sogar sehr zu wünschen, denn gute Lösungen können nur erzielt werden, wenn Bauplanung und Planung der haustechnischen Anlagen Hand in Hand gehen!

Die Bauphysik ist - seit sie unter diesem Namen auftritt - mancherlei Vorurteilen ausgesetzt. Der Physiker nimmt sie meist nicht ganz ernst, der Bauplaner hält sie oft für überflüssig und für die Praxis zu schwierig. Beide irren gründlich!

Wie in jeder jungen Wissenschaft gibt es auch in der Bauphysik eine Fülle interessanter Probleme, die gerade für Naturwissenschaftler und Techniker überaus reizvoll sein können. Andererseits sind viele Methoden der Bauphysik schon so ausgereift, daß sie - ein gewisses Mindestmaß an physikalischem Verständnis vorausgesetzt - dem Praktiker keine Schwierigkeiten bereiten dürfen.

Die Anstöße zur näheren Beschäftigung mit einem Gebiet wie dem der Bauphysik können recht unterschiedlicher Art sein. Wird der eine zu einer solchen Beschäftigung gezwungen, weil er Bauschäden beheben und dazu natürlich auch deren Ursachen kennen muß, so liegt das Motiv für einen anderen vielleicht darin, daß er nach Möglichkeiten sucht, den Energieverbrauch und damit auch die Kosten für die Beheizung zu senken. Weitere Motivationen können z.B. die Reduzierung von Lärmbelästigungen und die Beseitigung von Schimmelbefall an Mauerwerk sein.

Das vorliegende Buch wendet sich daher an alle jene, die ein Verständnis sowohl für die Probleme als auch für die Methoden der Bauphysik anstreben. Es ist also nicht nur für Bauphysiker gedacht, sondern ebenso für Baufachleute in der Praxis, deren Studium längere Zeit zurückliegt, sowie für interessierte Studenten des Bauingenieurwesens, der Architektur und selbstverständlich auch der Physik.

Die zur Lektüre des Buches erforderlichen Vorkenntnisse aus Physik und Mathematik sind etwa jene, die man bei Studenten des Bauingenieurwesens und der Architektur im ersten Studienabschnitt voraussetzen kann.

Noch ein Wort zu den in diesem Buch verwendeten Formelzeichen! Die Beschäftigung mit Bauphysik erfordert ein Eingehen auf die verschiedensten Teildisziplinen der Physik und ihr verwandter

Wissenschaften wie z.B. Astronomie und Meteorologie. In jeder dieser Disziplinen haben sich gewisse Formelzeichen eingebürgert. So wird in der Theorie der Wärmeleitung die Wärmeleitfähigkeit fast immer mit λ bezeichnet. Das gleiche Zeichen wird aber in der Wellenlehre für die Wellenlänge verwendet. Auch die geographische Länge bezeichnet man gerne mit λ . Andererseits wird die Frequenz in der Theorie der Wärmestrahlung meist mit ν bezeichnet, in der Akustik aber gerne mit f. Unter diesen Umständen ist es natürlich nicht möglich, eine eineindeutige Zuordnung zwischen physikalischen Größen und verwendeten Formelzeichen herzustellen und gleichzeitig den liebgewordenen Gewohnheiten Rechnung zu tragen. Da es das Verständnis wohl kaum beeinträchtigt, ist der Eineindeutigkeit bei der Auswahl der Formelzeichen nicht viel Bedeutung beigemessen worden.

Zu Dank verpflichtet bin ich dem Springer-Verlag in Wien für die Einladung, ein Buch über Bauphysik zu verfassen. Das Buch hat nun drei Autoren, da ich die Herren Walter Heindl und Alfred Sigmund zur Mitarbeit gewinnen konnte. Der Teil Akustik stammt von mir, der Teil Wärmelehre von Herrn Heindl und der Teil Feuchtigkeit von Herrn Sigmund.

Schließlich möchte ich nicht versäumen, meinem verehrten Lehrer, Herrn Univ. Prof. Dr. Franz Lihl, für die Einführung in die Bauphysik während meiner Ausbildungszeit zu danken.

Wien, im Februar 1984 E. Tschegg

Inhaltsverzeichnis

Seite

Akustik

In bauphysikalischer Hinsicht befaßt sich der Bereich Akustik einerseits mit allen Problemen der Schallausbreitung in teilweise oder ganz geschlossenen Räumen zur Erzielung eines gewünschten "akustischen Raumklimas" und andererseits mit dem Schallübergang zwischen verschiedenen Wohnbereichen, Arbeitsplätzen und Produktionsstätten, um den erforderlichen Schallschutz durch bauliche Maßnahmen im und am Gebäude sowie im Freiraum vor dem Gebäude zu gewährleisten.

Im Teil "Akustik" werden daher die physikalischen Grundlagen der Schallausbreitung, der Schallabsorption, der Schalldämmung und der subjektiven Einwirkung des Schalls auf den Menschen mit besonderer Berücksichtigung von Problemstellungen der bautechnischen Lärmbekämpfung, Raum- und Bauakustik behandelt werden.

1. Schall, Schallausbreitung

Im täglichen Sprachgebrauch versteht man unter Schall - kurz gesagt - das, was man hören kann. Die Fähigkeit des Menschen - und fast aller höheren Tiere -, Schall mittels eines eigenen Empfängerorganes wahrzunehmen, macht die große Bedeutung verständlich, die wir den Fragen der Schallerzeugung, Schallausbreitung und Schallwahrnehmung beimessen.

Die Erzeugung und die Ausbreitung des Schalles kann mit rein physikalischen Methoden beschrieben und quantitativ erfaßt werden. Für die Schallwahrnehmung gilt dies derzeit nur in dem Maße, als die physiologischen Vorgänge im Ohr und im Nervensystem des empfangenden Lebewesens für uns physikalisch durchschaubar sind.

Die Untersuchung der akustischen Phänomene hat gezeigt, daß man es beim Schall mit mechanischen Schwingungen in elastischer Materie zu tun hat, die sich in ihr räumlich ausbreiten. Schall ist daher an die Existenz von Materie gebunden und kann in festen Körpern (Körperschall), in Flüssigkeiten (Flüssigkeitsschall) und in gasförmigen Medien (Gas- bzw. Luftschall) auftreten. Die wesentlichste Materieeigenschaft, die mechanische Schwingungen ermöglicht und deren Ausbreitung bewirkt, ist daher die Elastizität.

Die elastischen Eigenschaften von Materie in flüssigem oder gasförmigem Zustande unterscheiden sich ganz wesentlich von denen im Festkörper. Bei Flüssigkeiten und Gasen kann nur von einer Volumselastizität gesprochen werden, d.h. Volumsänderungen sind - in erster Näherung - von proportionalen Druckänderungen begleitet. Formänderungen laufen hingegen vorzugweise viskos ab und tragen daher zur Schallausbreitung nicht bei. Bei Gasen sind die Druckänderungen mit meist nicht vernachlässigbaren Temperaturänderungen verbunden. Die Schallausbreitung in Gasen kann daher nicht als rein mechanisches Problem behandelt werden, sondern erfordert die Einbeziehung der Thermodynamik.

Bei Festkörpern laufen sowohl Volumsänderungen als auch Formänderungen zum Teil elastisch ab. Der Mechanismus der Schallausbreitung ist daher in festen Körpern wesentlich komplizierter als in Flüssigkeiten oder Gasen. Zwar erweist sich die Einbeziehung der Thermodynamik fast immer als unnötig, jedoch sind die elastizitätstheoretischen Probleme allein im allgemeinen bereits sehr kompliziert, sodaß strenge Lösungen nur in sehr einfachen Fällen zu finden sind.

In der Bauphysik interessiert in erster Linie die Schallausbreitung in Luft sowie Schallreflexion an und Schalldurchgang durch Bauteile. Daher soll zuerst die Schallausbreitung in Luft und anschließend das Verhalten von Schallwellen beim Auftreffen auf Bauteile behandelt werden. Hinsichtlich der Schallausbreitung in Bauteilen und des Schalldurchganges durch solche können nur Näherungslösungen besprochen werden.

2. Grundsätzliches zur Schallausbreitung

Befindet sich ein in mechanische Schwingungen versetzter Körper in Luft, dann wirkt er als Luftschallerzeuger oder als Luftschallquelle. Der im Festkörper existierende Körperschall wird auf die an ihn grenzende Luft übertragen und löst damit zeitliche und örtliche Schwankungen der Luftdichte aus, die sich von ihrem Entstehungsort auf Grund der Volumselastizität der Luft als Schallwelle selbständig ausbreiten.

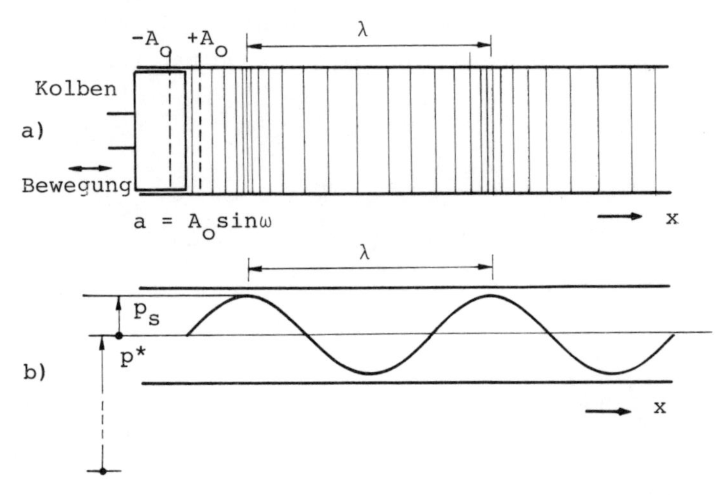

Abb. 2.1: a) Ausbreitung von Schallwellen in einer Röhre
b) Verlauf des Wechseldruckes zum Zeitpunkt t

In Abb.2.1a ist in vereinfachter Darstellung die Ausbreitung von sinusförmigen Schallwellen, die durch einen schwingenden Kolben in einer Röhre erzeugt werden, dargestellt. Durch die Hin- und Herbewegung des Kolbens wird die Luft örtlich in der Röhre komprimiert bzw. expandiert. Damit wird aber dem herrschenden Gleichdruck p^* (z.B. atmosphärischer Druck) in der Röhre ein Wechseldruck p überlagert. Diese Störung breitet sich in x-Richtung als Schallwelle in der Röhre aus. In Abb. 2.1b ist der Verlauf des Wechseldruckes in der Röhre zu einem bestimmten Zeitpunkt wiedergegeben. Der Abstand zweier aufeinanderfolgender gleicher Phasen einer Welle (z.B. Maxima des Wechseldruckes; Abb.2.1) ist die Wellenlänge λ .

Die Ausbreitung von Schallwellen stellt einen Transport von mechanischer Energie ("Wellenenergie") dar. Im realen Fall kommt es bei der Wellenausbreitung zur teilweisen Umwandlung der mechanischen Energie in Wärme, man spricht dann von einer gedämpften Wellenausbreitung (siehe dazu Kapitel 5). Im Idealfall, ohne Energieumwandlung, wird die Wellenausbreitung als ungedämpfte bezeichnet.

Der Transport der Wellenenergie bei der Schallausbreitung erfolgt mit der Geschwindigkeit c - der Schallgeschwindigkeit. Diese wird von der Dichte ρ des Mediums und vom Elastizitätsmodul E gemäß

$$c = \sqrt{\frac{E}{\rho}} \tag{2.1}$$

bestimmt. Für ideale Gase kann auf Grund der rasch wechselnden Druckänderungen bei der Wellenausbreitung (welche im Idealfall adiabatisch verlaufen und somit ohne Wärmeaustausch mit der Umgebung stattfinden) die Näherungsformel

$$E \sim \kappa \cdot p^* \tag{2.2}$$

angewendet werden. p^* ist der Gleichdruck (statischer Druck) und κ das Verhältnis der spezifischen Wärme c_p bei konstantem Druck zur spezifischen Wärme c_v bei konstantem Volumen. Glg.(2.2) wird nun in Glg.(2.1) eingesetzt:

$$c = \sqrt{\frac{\kappa \cdot p^*}{\rho}} . \tag{2.3}$$

Mit Hilfe des Gasgesetzes

$$\frac{p^*}{\rho} = R_A \cdot T \tag{2.4}$$

(R_A ist die spezifische Gaskonstante für das betreffende Gas, T die absolute Temperatur) kann noch eine weitere Vereinfachung erzielt werden:

$$c = \sqrt{\kappa \cdot R_A \cdot T} . \tag{2.5}$$

Somit ist die Ausbreitungsgeschwindigkeit von Schallwellen von der Gasart selbst und der Temperatur abhängig. Mit steigender Temperatur nimmt die Ausbreitungsgeschwindigkeit zu.

Für Luft($\kappa = 1{,}4$; $R_A = 287{,}05\ J \cdot kg^{-1}K^{-1}$) beträgt die Schallgeschwindigkeit bei $T_o = 273$ K

$$c_o = \sqrt{1{,}4 \cdot 287{,}05 \cdot 273} = 331{,}22\ m \cdot s^{-1} \quad (2.6)$$

Wird in (2.5) $T = T_o(1 + \Delta T/273)$ eingesetzt, so ergibt sich für Luft eine Schallgeschwindigkeit von

$$c_L = \sqrt{\kappa \cdot R_L \cdot T_o}\ \sqrt{1+\frac{\Delta T}{273}} \sim c_o\ (1+\frac{\Delta T}{273 \cdot 2}) = \quad (2.7)$$

$$331{,}2 + 0{,}6 \cdot \Delta T\ \ m \cdot s^{-1}\ .$$

Bei der Schallausbreitung in Gasen schwingen die Teilmassen in Ausbreitungsrichtung der Schallwelle. Solche Wellen werden daher als Längswellen oder Longitudinalwellen bezeichnet. Schwingen die Teilmassen des Mediums aber senkrecht zur Ausbreitungsrichtung, so handelt es sich um Querwellen oder Transversalwellen. Diese Wellen bewirken Schubspannungen in den Mediumsschichten (Schubwellen). In idealen Flüssigkeiten und Gasen können keine Schubkräfte auftreten, daher sind in diesen Medien Transversalwellen nicht möglich. In festen Körpern hingegen können sich mechanische Transversal- und Longitudinalwellen ausbreiten.

Tab. 2.1: Ausbreitungsgeschwindigkeiten longitudinaler Schallwellen in verschiedenen Medien

Medium	Ausbreitungsgeschwindigkeit in ms^{-1}
Luft bei 1 bar 0°C	331.2
Luft bei 1 bar 100°C	386
Wasserstoff 1 bar 0°C	1269
Leuchtgas 1 bar 0°C	441
Granit	6000
Stahl	5050
Blei	1200
Vulkanisierter Gummi	54
Wasser 15°C	1440
Alkohol	1213

In Tabelle 2.1 sind Ausbreitungsgeschwindigkeiten von longitudinalen Schallwellen von verschiedenen festen, flüssigen und gasförmigen Stoffen zusammmengestellt.

Strahlt in einem homogenen Gas eine punktförmige Schallquelle (Abmessung klein gegenüber der Wellenlänge) Schall in alle Richtungen des Raumes aus, so nehmen die Schallwellen die Gestalt von Kugelwellen an, d.h. die Schallausbreitung erfolgt kugelsymmetrisch und, von der Schallquelle aus gesehen, in radialer Richtung. Betrachtet man einen hinreichend kleinen Ausschnitt der Kugelwelle in genügender Entfernung von der Schallquelle, so kann man diesen als ebene Welle behandeln.

In einem Medium erfolgt eine ungestörte Schallausbreitung (ohne Schallhindernisse) zwischen Quelle und Empfänger auf dem schnellsten Wege, in einem homogenen ruhenden Medium sogar auf dem kürzesten Wege (Fermatsches Prinzip). Der schnellste Weg ist in diesem Falle eine Gerade; es kann analog zur geometrischen Optik der Begriff Schallstrahl verwendet werden, wenn die Gesamtenergie in der Richtung des Schallstrahles weiterwandert.

Wird ein Hindernis in den Schallstrahlengang gebracht, so treten verschiedene Erscheinungen auf, die von der Größenordnung der Wellenlänge des Schalles, von den Abmessungen des Hindernisses und von dessen Oberflächenstrukturierung abhängen.

Folgende Fälle sind möglich:

- Geometrische Reflexion: Besteht das Hindernis aus einer Fläche, deren Abmessungen viel größer und deren Oberflächenrauhigkeiten kleiner als die Wellenlänge sind, so kommt es zur geometrischen Reflexion (Abb.2.2a). Die Schallwellen werden nach dem Reflexionsgesetz $\alpha = \alpha'$ (Einfallswinkel = Reflexionswinkel) reflektiert.

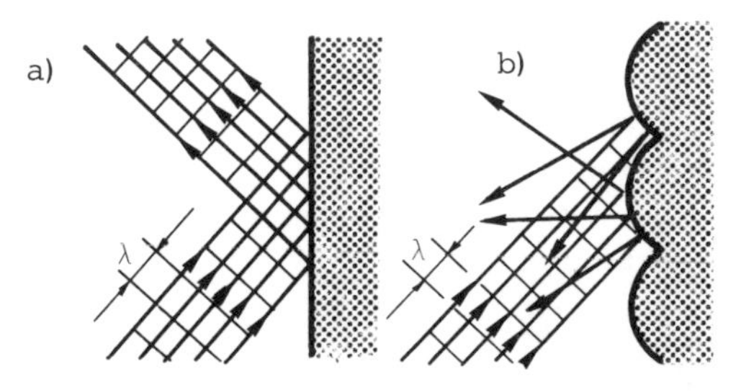

Abb. 2.2: a) Geometrische Reflexion
b) Diffuse Reflexion

- Schallstreuung (diffuse Reflexion): Diese Erscheinung tritt dann auf, wenn Schall mit der Wellenlänge λ auf eine Fläche auftrifft, deren Oberflächenrauhigkeit größer als λ ist. Die durch die Oberflächenrauhigkeit gegebenen Strukturflächen wirken hier als kleine "schallspiegelnde" Flächen und reflektieren die Wellenzüge nach allen möglichen Richtungen, auch wenn die einfallenden Wellen nur aus einer Richtung kommen (Abb.2.2 b). Man bezeichnet diese allgemeine Art der Reflexion als diffuse Reflexion.

- Beugung: Beträgt die Größe eines Hindernisses nur ein Bruchteil der Wellenlänge des Schalles, so läuft eine Schallwelle, wenn sie auf das Hindernis trifft, hinter diesem in ursprünglicher Richtung weiter (Abb.2.3a). In diesem Fall findet keine geradlinige Ausbreitung des Schalles statt, da sich hinter dem Hindernis kein Schallschattengebiet ergibt. Diese Umgehung von Hindernissen wird als Beugung bezeichnet und kann mit Hilfe des Huygensschen Prinzips /1/ erklärt werden. Sind hingegen die Abmessungen des Hindernisses größer als die Wellenlänge des auftreffenden Schalles, so kommt es zur Ausbildung eines Schallschattens (Abb.2.3b).

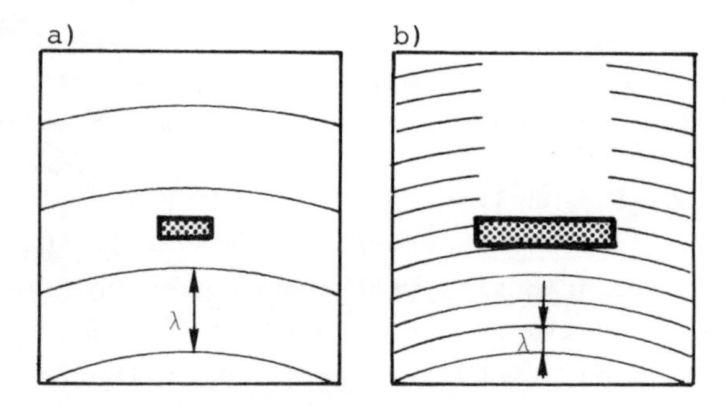

Abb. 2.3: a) Geringe Schattenwirkung
b) Große Schattenwirkung

Beugungserscheinungen treten auch bei Öffnungen auf, wenn die Abmessung der Öffnungen kleiner als die Wellenlänge des auftreffenden Schalles sind. Sie wirken wie Punktschallquellen, deren Standort die Öffnung selbst ist (Abb.2.4a). Analog zu Abb.2.3b ergibt sich für Öffnungen, deren Abmessungen größer als die Wellenlänge λ sind, der in Abbildung 2.4b dargestellte Sachverhalt.

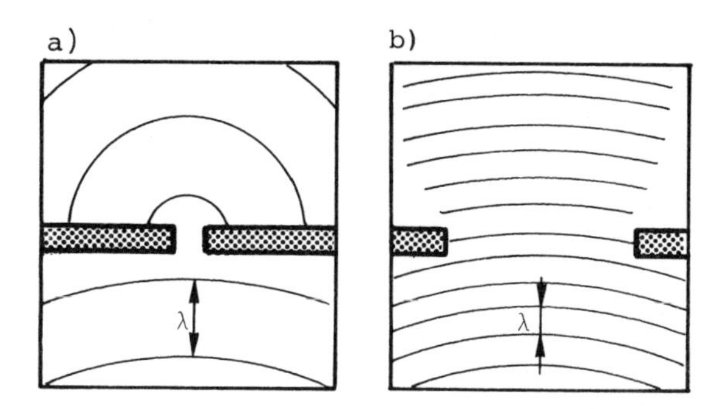

Abb. 2.4: a) Beugung an kleiner Öffnung
b) Ausblendung durch große Öffnung

Ob ein Hindernis oder eine Öffnung groß oder klein ist, wird in jedem Wellenfeld durch den Betrag der Wellenlänge entschieden. Im Frequenzbereich des Schalls von 20 Hz bis 20000 Hz beträgt die Luftschallwellenlänge 16,5 m bis 0,017 m. Beugungserscheinungen sind daher die Erklärung dafür, daß Schall hinter Säulen oder hinter einem Haus immer noch gut zu hören ist.

Der oben eingeführte Begriff Schallstrahl hat nur dann einen Sinn, wenn bei der Schallausbreitung Beugungserscheinungen keine Rolle spielen. Es wird daher das Gebiet der Akustik, in dem Schallstrahlenkonstruktionen zulässig sind, in Analogie zur geometrischen Optik als geometrische Akustik bezeichnet.

Beispiel: Schallgeschwindigkeit in Luft bei 35°C:

$$c_L = 331{,}2 + 0{,}6 \cdot 35 = 352{,}2 \ \mathrm{m \cdot s^{-1}} .$$

3. Schallfeld, Schallfeldgrößen

3.1. Beschreibung eines Schallfeldes

Von einem "Feld" im dreidimensionalen Raum wird dann gesprochen, wenn jedem Punkt des Raumes oder wenigstens jedem Punkt eines bestimmten Teilgebietes des Raumes eindeutig eine Größe, die "Feldgröße", zugeordnet ist. Hängt die Feldgröße außer von den Ortskoordinaten auch noch von der Zeit ab, dann heißt das Feld "instationär", andernfalls "stationär".

Ist die Feldgröße ein Skalar, dann spricht man von einem Skalarfeld. Ein Beispiel für ein Skalarfeld ist etwa durch ein Temperaturfeld gegeben, also durch eine räumliche Temperaturverteilung.

Wird jedem Punkt des Raumes ein Vektor zugeordnet, beispielsweise ein Kraftvektor, so handelt es sich um ein Vektorfeld.

Aus der Kontinuummechanik kennt man den Begriff des Spannungsfeldes. Da der Spannungszustand eines Körpers in einem Punkt durch einen Tensor zweiter Stufe, den Spannungstensor, charakterisiert ist, wird der Spannungszustand eines Körpers durch ein Tensorfeld beschrieben.

Skalarfelder lassen sich naturgemäß einfacher beschreiben, anschaulich erfassen, und rechnerisch verarbeiten als Vektor- oder Tensorfelder. Es wird daher, wo dies möglich ist, der Beschreibung eines physikalischen Sachverhaltes durch Skalarfelder gegenüber einer solchen durch Vektor- oder Tensorfelder der Vorzug gegeben.

Wird wie in der Überschrift dieses Kapitels von einem "Schallfeld" gesprochen, so muß erst noch präzisiert werden, welche Feldgröße zu seiner Beschreibung verwendet werden soll.

Wie bereits in den vorangegangenen Kapitel erwähnt wurde, erzeugen Schallwellen in gasförmigen Medien örtlich und zeitlich veränderliche Druckschwankungen - den Wechseldruck p. Dieser ist eine skalare Größe und läßt sich über ein Mikrophon, das den Wechseldruck in eine proportionale elektrische Wechselspannung umwandelt, meßtechnisch leicht erfassen. Die Auswahl des Wechseldruckes zur beschreibenden Feldgröße ist daher nicht unbegründet.

3.2. Lösung der Wellengleichung

Für den Fall eines "ruhenden" Mediums (es herrsche keine Strömung) ist es möglich, alles zur Beschreibung der akustischen Phänomene aus der raum-zeitlichen Druckverteilung herauszulesen. Das "Schallfeld" ist also in diesem Falle ein Skalarfeld, da es durch den Druck p als Funktion von Ort (x,y,z) und Zeit t vollständig beschrieben wird.

$$p = p(x,y,z,t) \tag{3.1}$$

Natürlich kommen nicht beliebige Funktionen p(x,y,z,t) für die Beschreibung eines Schallfeldes in Frage. Einmal muß, wie an anderer Stelle gezeigt /2/, der Druck p der sogenannten Wellengleichung

$$\frac{\partial^2 p}{\partial t^2} = c^2 \cdot \Delta p = c^2 \cdot \left(\frac{\partial^2 p}{\partial x^2} + \frac{\partial^2 p}{\partial y^2} + \frac{\partial^2 p}{\partial z^2}\right) \tag{3.2}$$

genügen. Außerdem - und hier fällt eine Präzisierung ziemlich schwer - sind nur solche Lösungen der Wellengleichung von Interesse, die eine Gehörempfindung auslösen, bei denen also hinreichend rasche - aber auch nicht zu rasche - zeitliche Druckänderungen stattfinden.

Will man sich nicht gleich von Anbeginn in eine überaus komplizierte physikalisch-physiologische Theorie des Hörens und der daran beteiligten Organe verstricken, dann empfiehlt es sich, zunächst die Grundzüge des physikalischen Vorganges der Schallausbreitung an besonders einfachen Schallfeldern zu studieren. Man muß dabei allerdings sehr darauf achten, die an solchen speziellen Schallfeldern gewonnenen Erkenntnisse nicht in unzulässiger Weise zu verallgemeinern.

Im folgenden sollen zunächst nur ebene Sinuswellen besprochen werden. Diese werden uns in später Folge auch den Zugang zu komplizierteren Schallwellentypen erleichtern.

Ebene Wellen sind solche, bei denen der Wechseldruck p nur von einer der drei kartesischen Ortskoordinaten abhängt, etwa von x. Die Wellengleichung (3.2) nimmt damit die Form

$$\frac{\partial^2 p}{\partial t^2} = c^2 \cdot \frac{\partial^2 p}{\partial x^2} \tag{3.3}$$

an, die auch als Differentialgleichung der schwingenden Saite bekannt ist. Ihre allgemeine Lösung ist durch

$$p = F(x-ct) + G(x+ct) \tag{3.4}$$

gegeben. Hierin sind F und G willkürliche Funktionen, die nur gewissen Stetigkeits- und Differenzierbarkeitsvoraussetzungen genügen müssen, die wir hier nicht ausdrücklich formulieren wollen. Die Funktion F(x-ct) stellt offenbar eine Welle dar, die man so interpretieren kann, daß der durch F(x) für den Zeitpunkt t=0 gegebene Druckverlauf mit der Geschwindigkeit c nach rechts - in Richtung wachsender x-Werte - verschoben wird. Es handelt sich also um eine nach rechts fortschreitenden Welle, die sich mit der Schallgeschwindigkeit c fortpflanzt. In gleicher Weise stellt G(x+ct) eine nach links fortschreitende Welle dar.

Da Gleichung (3.4) die allgemeine Lösung der Wellengleichung für ebene Wellen ist, kann jede ebene Welle als Überlagerung von einander mit Schallgeschwindigkeit entgegenlaufenden Wellen aufgefaßt werden.

Wir schreiben nun die Funktion F(x) speziell als Sinusfunktion oder - was auf das Gleiche hinausläuft - als Cosinusfunktion an. Dabei können konstante Summanden aufgrund der Linearität und Homogenität der Differentialgleichung (3.3) ohne weiteres beiseite gelassen werden.

Setzt man

$$F(x) = p_s \cdot \cos kx \tag{3.5}$$

worin p_s die Amplitude der Druckschwankung darstellt (siehe Abb.2.1), so wird die nach rechts laufende ebene Welle durch

$$p = p_s \cdot \cos k(x-ct) \tag{3.6}$$

dargestellt. Diese Funktion ist sowohl in x als auch in t periodisch. Ihre räumliche Periode λ, die Wellenlänge, ist mit der "Kreiswellenzahl" k durch

$$\lambda = \frac{2\pi}{k} \tag{3.7}$$

verknüpft. Ihre zeitliche Periode T, die Schwingungsdauer, ist durch

$$T = \frac{2\pi}{c \cdot k} \tag{3.8}$$

gegeben. Mit den folgenden Gleichungen aus der Schwingungslehre für die Frequenz f

$$f = \frac{1}{T} \tag{3.9}$$

und für die Kreisfrequenz

$$\omega = 2\pi \cdot f = 2\pi \cdot \frac{1}{T} \tag{3.10}$$

stellt sich Glg.(3.8) folgendermaßen dar:

$$\omega = c \cdot k \tag{3.11}$$

Der Zusammenhang zwischen Wellenlänge und Frequenz ergibt sich nun aus Glg.(3.7), Glg.(3.10) und Glg.(3.11)

$$\lambda \cdot f = \frac{\lambda}{T} = c \tag{3.12}$$

Es ist üblich, das zeitabhängige Glied des Argumentes der Winkelfunktion in Glg.(3.6) mit positivem Vorzeichen erscheinen zu lassen. Da der Cosinus beim Wechsel des Argumentvorzeichens seinen Wert nicht ändert, stellt sich die Gleichung (3.6) wie folgt dar:

$$p = p_s \cdot \cos k(ct-x) \tag{3.13}$$

Aus Glg.(3.8) ergibt sich für k

$$k = \frac{2\pi}{c \cdot T} = \frac{2\pi \cdot f}{c} = \frac{\omega}{c} \; . \tag{3.14}$$

Glg.(3.13) läßt sich damit auf folgende Formen bringen:

$$p = p_s \cdot \cos \omega(t-\frac{x}{c}) = p_s \cdot \cos 2\pi(f \cdot t-\frac{x}{\lambda}) \tag{3.15}$$

3.3. Schallschnelle, Auslenkung

Zur ergänzenden Beschreibung eines Schallfeldes werden die durch die Schallwellen hervorgerufenen Auslenkungen ξ der Mediumsteilchen aus ihrer Ruhelage herangezogen. Diese Auslenkung - auch Elongation genannt - ist bei Schallwellen nur schwer meßtechnisch erfaßbar. Eine weitere schwer zu messende Größe, durch die sich ein Schallfeld beschreiben läßt, ist die Geschwindigkeit der Mediumsteilchen bei ihrer Schwingbewegung um die Ruhelage, die Schallschnelle v (Schnelle v nicht mit der konstanten Schallausbreitungsgeschwindigkeit c verwechseln!). Auslenkung ξ und Schallschnelle v werden aus dem gemessenen Schallwechseldruck p ermittelt, wie im folgenden gezeigt wird.

Wir betrachten ein in Abb.3.1 dargestelltes Stück einer Gassäule mit dem Querschnitt A und der Längsausdehnung in x-Richtung. Darin herrscht zunächst Gleichdruck - der Wechseldruck ist Null.

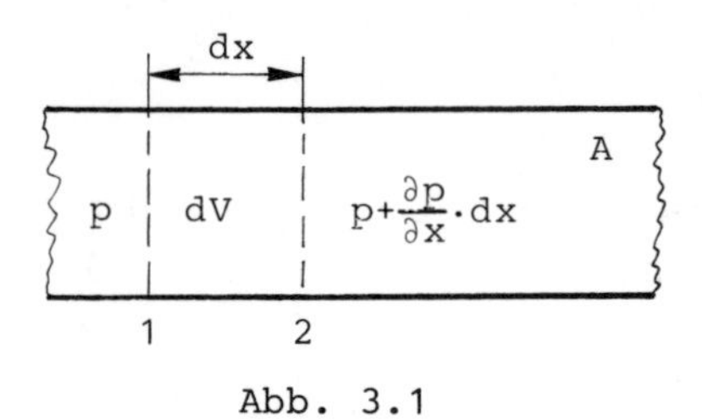

Abb. 3.1

Beim Durchgang einer elastischen Längswelle (Schallwelle) wird dem Gleichdruck der Wechseldruck p überlagert, der in der Röhre vom Ort und von der Zeit abhängig ist. Bezeichnet p den zum Zeitpunkt t an der Stelle 1 vorhandenen Wechseldruck, so kann man den zum gleichen Zeitpunkt an der Stelle 2 vorhandene Wechseldruck $p+(\partial p/\partial x)\cdot dx$ bezeichnen. Die entstehende Druckdifferenz

$$p - \left(p+\frac{\partial p}{\partial x}\cdot dx\right) = -\frac{\partial p}{\partial x}\cdot dx \tag{3.16}$$

beschleunigt die Masse $dm = A\cdot\rho\cdot dx$. Nach dem Grundgesetz der Dynamik (Kraft = Masse mal Beschleunigung) folgt daraus eine resultierende Kraft

$$dF = \frac{\partial^2\xi}{\partial t^2}\cdot dm = \frac{\partial^2\xi}{\partial t^2}\cdot A\cdot\rho\cdot dx\ . \tag{3.17}$$

Für dF gilt

$$dF = - A \cdot \frac{\partial p}{\partial x} \cdot dx \tag{3.18}$$

Durch Gleichsetzen von Glg.(3.17) und Glg.(3.18) erhält man

$$\frac{\partial p}{\partial x} = - \rho \frac{\partial^2 \xi}{\partial t^2} \tag{3.19}$$

Die Ableitung von Glg.(3.13) nach x ergibt

$$\frac{\partial p}{\partial x} = p_s \cdot k \cdot \sin k(ct-x) \tag{3.20}$$

und Gleichsetzen mit Gleichung (3.19)

$$\frac{\partial^2 \xi}{\partial t^2} = - \frac{p_s}{\rho} \cdot k \cdot \sin k(ct-x) \tag{3.21}$$

Integrieren wir nun beide Seiten dieser Gleichung, so ergibt sich die Berechnungsgleichung für die Auslenkgeschwindigkeit (Schallschnelle) der Mediumsteilchen für eine sinusförmige Welle.

$$v = \frac{p_s}{\rho} \cdot \frac{k}{k \cdot c} \cdot \cos k(ct-x) = \frac{p_s}{\rho \cdot c} \cdot \cos k(ct-x) \tag{3.22}$$

Ihr Scheitelwert beträgt

$$v_s = \frac{p_s}{\rho \cdot c} \tag{3.23}$$

Die Auslenkung (Elongation) erhalten wir durch eine weitere Integration

$$\begin{aligned} \xi &= \frac{p_s}{\rho \cdot c} \cdot \frac{1}{k \cdot c} \sin k(ct-x) = \xi_s \cdot \sin k(ct-x) \\ &= \xi_s \cdot \cos[k(ct-x) - \pi/2] \end{aligned} \tag{3.24}$$

worin

$$\xi_s = \frac{p_s}{\rho \cdot c^2 \cdot k} = \frac{p_s}{\rho \cdot c \cdot \omega} = \frac{v_s}{\omega} \tag{3.25}$$

den Scheitelwert darstellt.

3.4. Effektivwerte von Schallfeldgrößen

Neben den Augenblickswerten der periodischen Größen p, v und ξ benötigt man in der Schallmeßpraxis zeitliche Mittelwerte über eine begrenzte Meßzeit, z.B. eine Periode. Auf Grund der direkten Beziehung zum Energieinhalt von Schwingungen eignet sich hiefür am besten der Effektivwert, wie er in analoger Form in der Wechselstromtechnik Verwendung findet. Der Effektivwert des Wechseldruckes ist der quadratische Mittelwert der Momentanwerte p einer Periode und wird als Schalldruck p_{eff} bezeichnet.

In realen Schallfeldern sind im allgemeinen Sinus-Wellen mit unterschiedlichen Frequenzen überlagert, sodaß der resultierende Verlauf nicht mehr Sinus-Form besitzt.

Für den periodischen Wechseldruck p mit beliebiger Kurvenform ergibt sich der Schalldruck p_{eff} zu

$$p_{eff} = \lim_{T\to\infty} \sqrt{\frac{1}{T}\int_0^T p^2(t)\cdot dt} \quad . \tag{3.26}$$

Hat der Wechseldruck Sinusform mit dem Scheitelwert p_s, so ergibt sich der Effektivwert zu

$$p_{eff} = p_s/\sqrt{2} \tag{3.27}$$

Die Berechnung des Effektivwertes v_{eff} der Schallschnelle v und der Auslenkung ξ_{eff} erfolgt analog zu der des Wechseldruckes.

3.5. Wellenwiderstand

Aus den Gleichungen (3.13), (3.22) und (3.24) ist zu ersehen, daß der Schalldruck p und die Schallschnelle v in Phase sind, die Auslenkung ξ hingegen gegenüber diesen beiden eine Phasenverschiebung von einer viertel Wellenlänge aufweist. Dieser Sachverhalt ist in Abb.3.2 durch ein Momentanbild für p, v und ξ einer fortschreitenden ebener Welle dargestellt.

seldruckes p_{eff} und der Geschwindigkeit der Effektivwert der Schallschnelle v_{eff}. Die Schallintensität ist somit:

$$I = p_{eff} \cdot v_{eff} \tag{3.33}$$

Einsetzen der Glg.(3.27) und in analoger Weise für v_{eff} - gültig für Sinus-Wellen - ergibt

$$I = \frac{p_s}{\sqrt{2}} \cdot \frac{v_s}{\sqrt{2}} = \frac{1}{2} \cdot p_s \cdot v_s \; . \tag{3.34}$$

Durch die Einführung des Wellenwiderstandes Z nach Glg.(3.28) erhält man für die Intensität folgenden Ausdruck:

$$I = \frac{1}{2} \cdot \frac{p_s^2}{Z} = \frac{p_{eff}^2}{Z} \tag{3.35}$$

Dieser Ausdruck kann mit Glg.(3.32) noch vereinfacht werden und lautet dann

$$I = w \cdot c \; . \tag{3.36}$$

Aus Glg.(3.35) geht hervor, daß die Schallintensität dem Quadrat des Schalldruckes p_{eff} proportional ist. Auf diesen wichtigen Zusammenhang wird besonders hingewiesen, da dies beim gleichzeitigen Zusammenwirken mehrerer Schallquellen berücksichtigt werden muß. Im allgemeinen - abgesehen von ganz seltenen Ausnahmen, wenn Interferenz auftritt /1/ - addieren sich die Intensitäten bzw. die Quadrate der Schalldrücke der von den verschiedenen Schallquellen herrührenden Wellen. Dies wird im folgenden Beispiel für zwei Schallquellen gezeigt:

Der Momentanwert p des gesamten Wechseldruckes setzt sich aus der Summe der einzelnen Wechseldrücke zusammen ($p = p_1 + p_2$). Die quadratische Mittelung über die Zeit ergibt

$$p_{eff}^2 = \frac{1}{T}\int_0^T p^2 dt = \frac{1}{T}\int_0^T p_1^2 dt + \frac{1}{T}\int_0^T p_2^2 dt + \frac{2}{T}\int_0^T p_1 \cdot p_2 dt = p_{1\,eff}^2 + p_{2\,eff}^2 + 0 \; . \tag{3.37}$$

Der zeitliche Mittelwert des Terms $p_1 \cdot p_2$ - das "Interferenzglied" - kann Null gesetzt werden, da in den meisten Fällen bei von einander unabhängigen Schallquellen keine Interferenz vorkommt.

Wird Gleichung (3.37) durch Z dividiert, so nimmt sie die Form

$$\frac{p_{eff}^2}{Z} = \frac{p_{1\,eff}^2}{Z} + \frac{p_{2\,eff}^2}{Z} \tag{3.38}$$

an, und ergibt mit Gleichung (3.35) schließlich

$$I = I_1 + I_2 \ . \tag{3.39}$$

3.8. Leistung einer Schallquelle

Der Teil P der Schalleistung einer Schallquelle, der durch eine gegebene Fläche A senkrecht zur Ausbreitungsrichtung hindurchtritt, ergibt sich als das Flächenintegral der Schallintensität.

$$P = \int_A I \, dA \tag{3.40}$$

Die gesamte abgegebene Leistung einer Schallquelle erhält man, indem man über eine beliebige geschlossene Fläche, die die Quelle in einem gewissen Abstand umschließt, integriert. In Tabelle 3.1 sind Beispiele von Schalleistungen verschiedener Schallquellen angegeben.

Tab. 3.1: Beispiele für Leistungen von Schallquellen

Art der Schallquelle	Schalleistung in W
Haushaltskühlschrank	10^{-7}
Unterhaltungssprache	10^{-5}
Geige (fortissimo)	$1\ 10^{-3}$
Maximale Stimmleistung	$2\ 10^{-3}$
Klavier (fortissimo)	$2\ 10^{-1}$
Preßlufthammer	1
Orgel (fortissimo)	1 - 10
Alarmsirene	10^{3}
Düsentriebwerk	10^{4}

3.9. Pegelgrößen der Akustik

Bei der theoretischen Behandlung von akustischen Phänomenen wird der Wechseldruck in Pa, die Schallintensität in Wm^{-2} und die Schalleistung in W angegeben. Bei praktischen Messungen ist es üblich, diese Schallgrößen auf logarithmischen Skalen darzustellen. Dies bringt einerseits eine bequeme Handhabung der großen Meßwertbereiche dieser Größen mit sich (z.B. Schallintensität 10^{-12} bis 10 Wm^{-2}) und andererseits trägt es der Tatsache Rechung, daß das menschliche Hörvermögen nach dem Weber-Fechnerschen Gesetz /3/ auf konstante relative Schalldruckänderungen anspricht.

Die am häufigsten angewendete Beschreibung von Schallgrößen erfolgt in einem Pegelmaß.

Die Definition des Schallpegels L lautet:

$$L = 10 \cdot \lg\left(\frac{p_{eff}^2}{p_{o\,eff}^2}\right) = 20 \cdot \lg\left(\frac{p_{eff}}{p_{oeff}}\right) \tag{3.41}$$

Der Bezugsschalldruck p_{oeff} ist auf Grund einer internationalen Absprache mit 2.10^{-5} Pa festgelegt worden. Die dimensionslosen Zahlenwerte für den Schallpegel L erhalten - analog zu den Spannungspegelwerten in der Hochfrequenztechnik - die Bezeichnung "Dezibel" (Abkürzung dB). Wie ein Einheitensymbol wird dB hinter den Zahlenwert geschrieben, z.B. 50dB. Diese Bezeichnung dient nur zur Kennzeichnung der Rechenvorschrift.

Nach Glg.(3.36) kann die Intensität aus dem Schallwechseldruck und dem Wellenwiderstand berechnet werden. Für die Schallausbreitung in Luft beträgt der abgerundete Wellenwiderstand Z = 400 kg m^{-2} s^{-1} (siehe Kapitel 3.5). Für den Bezugsschalldruck $p_{oeff} = 2\ 10^{-5}$ Pa ergibt sich dann die Schallintensität I_o zu

$$I_o = \frac{p_{oeff}^2}{Z} = \frac{4 \cdot 10^{-10}}{400} = 10^{-12}\ W\ m^{-2}\ . \tag{3.42}$$

Dieser Wert wurde - wie für p_{oeff} - international als Bezugsintensität I_o festgelegt. Der Schallpegel errechnet sich nun über die Schallintensität mit folgender Gleichung

$$L = 10 \cdot \lg \frac{I}{I_o} \tag{3.43}$$

Weicht der Wellenwiderstand des Ausbreitungsmediums vom Wert 400 $kg \cdot m^{-2} s^{-1}$ ab, dann stimmen die Schallpegelwerte errechnet über den Wechseldruck und über die Schallintensität nicht mehr genau überein. In der Bauakustik wird darauf in den meisten Fällen keine Rücksicht genommen, da die auftretenden Abweichungen durch Lufttemperatur- und Luftdruckänderungen nicht von Bedeutung sind und daher ohne Beachtung bleiben.

Wäre der Faktor 10 in den Glgn.(3.41) und (3.43) nicht, so ergäben sich Pegelwerte zwischen 0dB und 13dB. Der Faktor 10 erweitert den Bereich auf 0dB bis 130dB und macht dadurch ein Mitführen von Nachkommastellen in der Praxis überflüssig - siehe dazu auch Kapitel 4.

Außer dem Schallpegel L läßt sich für eine weitere Größe ein Pegel einführen, nämlich für die Schalleistung P einer Schallquelle. So definiert man den Schalleistungspegel L_L mit

$$L_L = 10 \cdot \lg \frac{P}{P_o} \qquad (3.44)$$

P_o wurde mit 10^{-12}W als Bezugswert festgelegt.

Ein einfacher Zusammenhang zwischen der von der Leistung der Schallquelle abhängigen Größe L_L und dem Schallpegel kann hergestellt werden, wenn die Fläche am Meßort, durch die der Schall hindurchgeht, mit einbezogen wird. Dies wird im folgenden gezeigt:

Nach Gleichung (3.35) und (3.40) ist

$$P = I \cdot A = \frac{p_{eff}^2}{Z} \cdot A \qquad P_o = I_o \cdot A_o \qquad (3.45)$$

Dies - eingesetzt in Gleichung (3.41) - ergibt

$$\begin{aligned} L_L &= 10 \cdot \lg \frac{I \cdot A}{I_o \cdot A_o} = 10 \cdot \lg \frac{I}{I_o} + 10 \cdot \lg \frac{A}{A_o} \\ &= L + 10 \cdot \lg \frac{A}{A_o} \end{aligned} \qquad (3.46)$$

A ist die Gesamtfläche, durch die der Schall senkrecht zur Ausbreitungsrichtung hindurchtritt, A_o eine Vergleichsfläche (meist $1m^2$).

Die Addition oder Subtraktion von zwei oder mehreren Pegeln ist nicht direkt algebraisch durchführbar. Die dB-Werte müssen in ihre ursprüngliche Schallkenngrößenverhältnisse umgerechnet werden, diese dann addiert oder subtrahiert und anschließend wieder in dB-Werte zurückgeführt werden.

Am Beispiel von zwei gleichen Schallquellen sei dies gezeigt:

$$I_{ges} = I_i + I_i = 2 \cdot I_i$$

$$L_{ges} = 10 \cdot \lg \frac{2\,I_i}{I_o} = 10 \cdot \lg \frac{I_i}{I_o} + 10 \cdot \lg 2 = \qquad (3.47)$$

$$= L_i + 3\ \mathrm{dB} \quad .$$

Der Pegel erhöht sich also durch Verdoppelung der Intensität um 3dB. Bei der Zusammenfassung mehrerer Pegel gilt nach /4/

$$L_{ges} = 10 \cdot \left(\lg \sum_{i=1}^{n} 10^{\frac{L_i}{10}} \right) \quad . \qquad (3.48)$$

In der Praxis werden für die Zusammensetzung von Pegeln häufig Nomogramme verwendet, wie z.B. eines für zwei ungleiche Pegel L_1 und L_2 in Abb.3.3 wiedergegeben ist. Mit der Pegeldifferenz L_1-L_2 kann hier auf einfachem Weg der dB-Zuschlag zum höheren Pegel abgelesen werden. Aus Abb. 3.3 ist weiters zu ersehen, daß bei einer Pegeldifferenz von mehr als 10dB der Zuschlag unter 0,5dB sinkt und daher für Abschätzungen vernachlässigt werden kann.

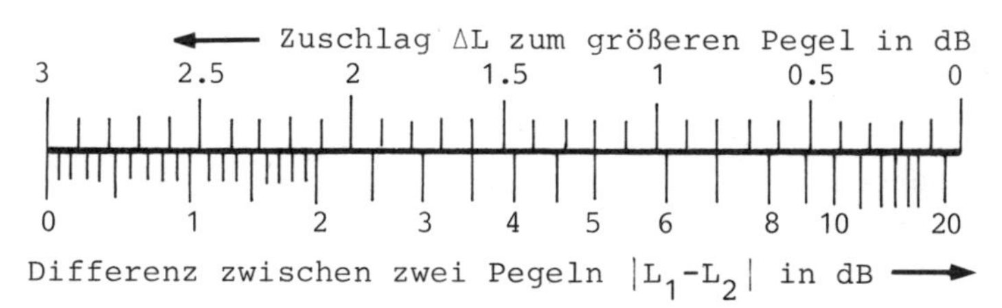

Abb. 3.3: Zusammenfassung zweier ungleicher Schallpegel L_1 und L_2; $L_{ges} = \max(L_1, L_2) + \Delta L$

Beispiel: Eine ebene, sinusförmige Schallwelle in Luft (c = 340 m s^{-1}; ρ = 1,189 $kg \cdot m^{-3}$) hat eine Frequenz von 4000 Hz und der Wechseldruck p_{eff} beträgt 0,0938 $N \cdot m^{-2}$. Berechne λ, p_s, v_s, ξ_s, w, I und L.

$$\lambda = \frac{c}{f} = \frac{340}{4000} = 0{,}085 \text{ m} = 8{,}5 \text{ cm}$$

$$p_s = p_{eff} \cdot \sqrt{2} = 0{,}0938 \cdot \sqrt{2} = 0{,}133 \text{ N} \cdot \text{m}^{-2}$$

$$v_s = \frac{p_s}{c \cdot \rho} = \frac{0{,}133}{340 \cdot 1{,}189} = 3{,}29\ 10^{-4} \text{m} \cdot \text{s}^{-1}$$

$$\xi_s = \frac{v_s}{\omega} = \frac{v_s}{2\pi \cdot f} = \frac{3{,}29 \cdot 10^{-4}}{2\pi \cdot 4000} = 1{,}3 \cdot 10^{-8} \text{m}$$

$$w = \frac{1}{2} \cdot \rho \cdot v_s^2 = \frac{1}{2} \cdot 1{,}189 \cdot 3{,}29^2 \cdot 10^{-8} = 6{,}43 \cdot 10^{-8}\ \text{J} \cdot \text{m}^{-3}$$

$$I = w \cdot c = 6{,}43 \cdot 10^{-8} \cdot 340 = 2{,}186 \cdot 10^{-5}\ \text{W} \cdot \text{m}^{-2}$$

$$L = 10 \cdot \lg \frac{I}{I_o} = 10 \cdot \lg \frac{2{,}186 \cdot 10^{-5}}{10^{-12}} = 73{,}4 \text{ dB}$$

Beispiel: Eine punktförmige Schallquelle gibt eine Leistung von 10^{-3} W ab. Auf einer Kugeloberfläche mit dem Radius von 20 m beträgt die Schallintensität

$$I = \frac{P}{A} = \frac{10^{-3}}{4\pi \cdot 20^2} = 1{,}99 \cdot 10^{-7} \text{W} \cdot \text{m}^{-2}$$

Beispiel: Berechne den Summenschallpegel von zwei Schallquellen mit L_1 = 90 dB und L_2 = 95 dB:

$$L_2 - L_1 = 5 \text{ dB}$$

Aus Abb.3.3 erhält man dafür einen Schallpegelzuschlag zu L_2 von 1,2 dB.

$$L_{ges} = L_1 + 1{,}2 = 95 + 1{,}2 = 96{,}2 \text{ dB}$$

4. Schallempfindung

Mechanische Wellen erzeugen über das menschliche Gehör im Gehirn eine Schallempfindung. Man unterscheidet bei dieser Schallempfindung zwischen Tonhöhe, Klangfarbe und Lautstärke.

4.1. Tonhöhe und Klangfarbe

Als Kennzeichen für die Tonhöhe dient die Frequenz f. Das menschliche Gehör überstreicht einen Hörbereich von etwa 16 Hz bis 20000 Hz. Diese Grenzen schwanken individuell und sind im oberen Frequenzbereich stark vom Alter der Person abhängig. Schall mit einer Frequenz unter 16 Hz heißt Infraschall und wird als Erschütterung wahrgenommen. Oberhalb von 20000 Hz beginnt der Ultraschallbereich. In der Lärmbekämpfung und besonders in der Bau- und Raumakustik betrachtet man im allgemeinen etwas schmälere Frequenzbereiche als den Hörbereich des Ohres (vgl. Abb.4.1).

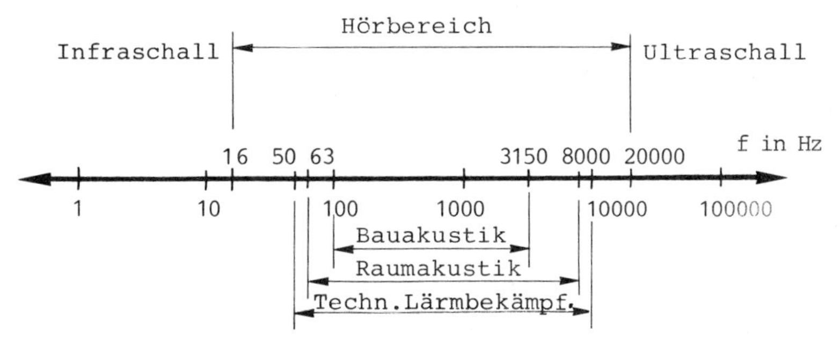

Abb. 4.1: Einteilung des akustischen Frequenzbereiches

Den Ton einer sinusförmig schwingenden Schallquelle empfinden wir als "farblos". Er wird als reiner (physikalischer) Ton bezeichnet. Ist die erregende periodische Schwingung nicht sinusförmig, so läßt sie sich nach Fourier in mehrere sinusförmige Teilschwingungen mit unterschiedlichen Frequenzen zerlegen. Die niedrigste Frequenz bestimmt dann den Eindruck der Tonhöhe, sofern die Amplitude nicht viel kleiner ist als die der anderen. Die höheren Frequenzen werden als Obertöne bezeichnet und bestimmen für uns das Charakteristikum der Schallquelle - die Klangfarbe.

Nicht periodische Wellen enthalten meist alle Frequenzen eines bestimmten Bereiches und vermitteln den Schalleindruck eines Geräusches - bei großer Lautstärke nennt man es Lärm. Tritt eine solche Erregung nur durch sehr kurze Zeit auf, so spricht man von einem Knall.

4.2. Schallspektren, Schallanalyse

Zur Analyse von Schallereignissen haben wir bisher die Amplitude als Funktion der Zeit aufgetragen. Eine einfache und sehr übersichtliche Art der Darstellung ergibt sich, wenn die Amplitude bzw. ein Amplitudenverhältnis (relative Amplitude) der Beschreibungsgrößen in Abhängigkeit von der Frequenz aufgetragen wird. In Anlehnung an die Optik wird eine solche Darstellung als Schallspektrum bezeichnet.

Ein reiner Ton ergibt nur einen Punkt bei einer bestimmten Frequenz, wobei die Ordinate des Punktes ("Linie") der Schallamplitude entspricht (siehe Abb.4.2a). Schallvorgänge mit Obertönen (z.B. von einem Musikinstrument) oder andere periodische Schallereignisse werden durch mehrere diskrete Frequenzen wiedergegeben (Abb.4.2b). Analog zu optischen Spektren werden solche Darstellungen als diskontinuierliche oder diskrete Spektren bezeichnet.

Im Gegensatz dazu treten bei Geräuschen (z.B. Staubsauger, rollende Autos) kontinuierliche Spektren auf. In Abb.4.2c ist ein solches Spektrum einer derartigen Schallquelle dargestellt. Es versteht sich von selbst, daß bei der bildlichen Darstellung eines kontinuierlichen Spektrums nicht Schallwechseldruckamplituden (Pa) über der Frequenz aufgetragen werden können, wie bei einem diskreten Spektrum, sondern deren Spektraldichte (Pa.s). Die Verhältnisse sind hier ähnlich denen, die der Bauingenieur von der Lastverteilung längs eines Trägers kennt, wo ja auch zwischen Einzelkräften (N) und einer kontinuierlichen Lastverteilung (N/m) unterschieden wird.

Spektren, gleichgültig ob kontinuierlich oder diskontinuierlich, beinhalten nicht die volle Information. Sie geben nur Aufschluß über die Amplitudenverteilung, nicht aber über jene der Phasenlagen. Da für die menschliche Gehörempfindung die Phasenlagen nicht von Belang sind, ist die Spektraldarstellung für akustische Fragen ausreichend.

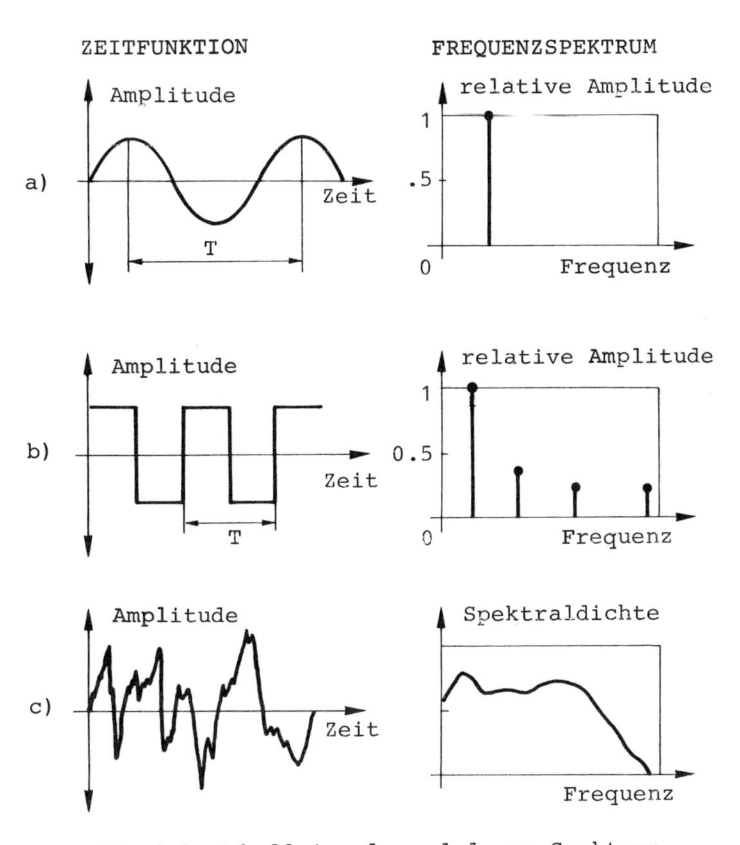

Abb. 4.2: Schallsignale und deren Spektren
a) reine Sinuswelle
b) Rechteckwelle
c) Geräusch

Bei der meßtechnischen Durchführung von Spektralanalysen akustischer Vorgänge wird näherungsweise die Methode der Fourierzerlegung der Schalldruck-Zeit-Funktion angewandt, indem in einem Bandfilter die den akustischen Vorgängen analogen Wechselspannungen analysiert werden. Bandfilter sind Geräte, die aus einem Frequenzgemisch ein Frequenzband mit einer unteren Frequenz f_u und einer oberen Frequenz f_o herausfiltern. Wird nun der Hörbereich in mehrere aneinander anschließende Frequenzbänder zerlegt und für jedes Frequenzband der zugehörige Effektivwert registriert, so ergibt sich zumindest näherungsweise das Spektrum des Schalles. Naturgemäß ist die Näherung umso besser, je schmäler die Frequenzbänder gewählt werden. Üblich sind Bandfilter mit konstanter relativer Bandbreite wie z.B. Terz- oder Oktavfilter. Beim Oktavfilter ist das Grenzfrequenzverhältnis $f_o/f_u = 2$ und beim Terzfilter $f_o/f_u = \sqrt{2}$. Als Bandmittenfrequenz gilt bei Oktav- und Terzfilter der geometrische Mittelwert $f_m = \sqrt{f_o \cdot f_u}$. Eine Liste der Mittenfrequenzen von Terz- und Oktavfiltern ist in Tabelle 4.1 zusammengestellt.

Tab. 4.1: Mittenfrequenzen

Terzanalyse				Oktavanalyse
16	**100**	**630**	4000	16
20	**125**	**800**	5000	32
25	**160**	**1000**	6300	63
32	**200**	**1250**	8000	**125**
40	**250**	**1600**	10000	**250**
50	**320**	**2000**	12500	**500**
63	**400**	**2500**	16000	**1000**
80	**500**	**3200**	20000	**2000**
				4000
				8000
				16000

Fettgedruckte Mittenfrequenzen entsprechen dem bauakustischen Meßbereich.

Für die Bau- und Raumakustik sind davon 5 Frequenzbänder bei Oktavanalysen bzw. 16 Bänder bei Terzanalysen von Bedeutung. Das menschliche Ohr hingegen überstreicht etwa 11 Oktavbänder (siehe hiezu Tab.4.1). International hat sich bei Schallmessungen (mit wenigen Ausnahmen) der Terzbandfilter durchgesetzt. Seine Analysenschärfe entspricht am besten der des menschlichen Ohres.

4.3. Lautstärke

Der Schallpegel ist eine rein physikalisch definierte Schallgröße und berücksichtigt nicht das subjektive Lautheitsempfinden des menschlichen Ohres. Unser Ohr empfindet nämlich gleiche Schallpegel bei verschiedenen Frequenzen unterschiedlich laut, d.h. es ist nicht für alle Frequenzen gleich empfindlich. Um dieser Tatsache Rechnung zu tragen, wurde eine weitere Schallgröße, die "Lautstärke" L' eingeführt, die sowohl vom Schalldruck bzw. Schallintensität als auch von der Frequenz abhängt. Durch umfangreiche Vergleichsmessungen in Personengruppen mit einem Bezugston (reiner Ton) von 1000 Hz und den übrigen Frequenzen konnten Kurven gleicher Lautstärke aufgestellt werden, wie dies in Abb.4.3 dargestellt ist. Für einen 1000 Hz-Ton besteht völlige zahlenmäßige Übereinstimmung zwischen Lautstärke und Schallpegel. Für andere Frequenzen unterscheiden sie sich jedoch, insbesondere für stark von 1000 Hz abweichende Frequenzen.

Es gilt

$$L'_{(1000)} = L = 20 \cdot \lg \frac{p_{eff}}{p_{oeff}} \qquad (4.1)$$

Die Lautstärke L' ist wie der Schallpegel eine dimensionslose Größe und erhielt den Namen phon, der wie ein Einheitensymbol hinter die Maßzahl geschrieben wird (z.B. L'= 25 phon). Es werden nur ganzzahlige Lautstärken bzw. Phon-Zahlen angegeben, da der Mensch Lautstärkenunterschiede von weniger als 1 phon nicht wahrnehmen kann.

In Abb.4.3 stellt die unterste Kurve konstanter Lautstärke (0 phon) die Hörschwelle dar. Sie gibt in Abhängigkeit von der Frequenz den kleinsten Schallpegel (bzw. Schallintensität) an, der gerade noch als Schallereignis wahrgenommen wird. Die oberste Kurve (120 phon) stellt die Schmerzgrenze dar, über der die Schallempfindung in eine Schmerzempfindung übergeht.

Die Kurven in Abb.4.3 wurden unter folgenden Bedingungen bestimmt:

- der Schall erreicht den Kopf des Hörers auf direktem Wege
- und wird mit beiden Ohren gehört.
- Der Hörer besitzt ein gesundes Hörvermögen.

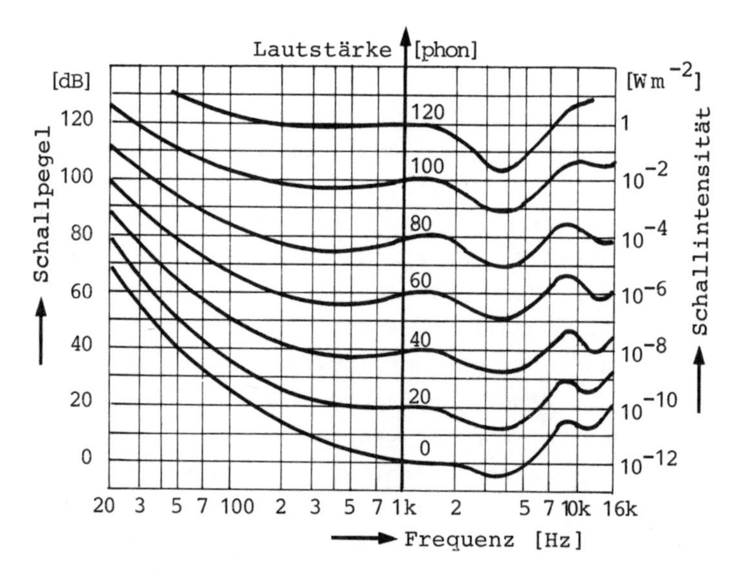

Abb. 4.3: Kurven gleicher Lautstärke

4.4. L a u t h e i t

Die Lautstärke ist nach Glg.(4.1) definitionsgemäß auf dem Schallpegel aufgebaut. Diese Festlegung bringt für die meßtechnische Praxis Vorteile, läßt aber noch manche physiologische Gegebenheit unberücksichtigt. So erfordert der Vergleich und die Interpretation von Lautstärkeunterschieden viel Erfahrung, da eine Übereinstimmung zwischen der Empfindungsänderung und der Änderung des die Empfindung beschreibenden Zahlenwertes nicht gegeben ist. Werden zum Beisiel zwei Schallerscheinungen mit 80 und mit 40 phon verglichen, so ergibt sich aus den Lautstärken ein Verhältnis von 2:1, das tatsächlich empfundene Lautheitsverhältnis ist hingegen viel größer. Für die Praxis wäre es von Vorteil, einen "linearen" Zusammenhang zwischen der subjektiven Empfindung und dem dazugehörigen Zahlenwert zu haben. Solch ein Zusammenhang wird durch die Lautheit S mit der Einheit "sone" hergestellt.

Die Lautheit S ist definiert durch

$$S = 2^{\left(\frac{L'-40}{10}\right)} \qquad (4.2)$$

und gilt für Einzeltöne, sowie für schmalbandige Geräusche von höchstens Terzbandbreite im Lautstärkebereich von 20 bis 120 phon. In Abb.4.4 ist der Verlauf der Lautheitsfunktion graphisch dargestellt.

Die Lautheit von 1 sone entspricht nach Glg.(4.2) einer Lautstärke von 40 phon. Ein doppelt so laut empfundener Schall hat eine Lautheit von 2 sone, entsprechend einer Lautstärke von 50 phon; ein vierfach so lauter Schall mit 4 sone entspricht einer Lautstärke von 60 phon. Daraus ist leicht zu ersehen, daß durch eine Vergrößerung der Lautstärke um 10 phon die Lautheit gerade verdoppelt wird.

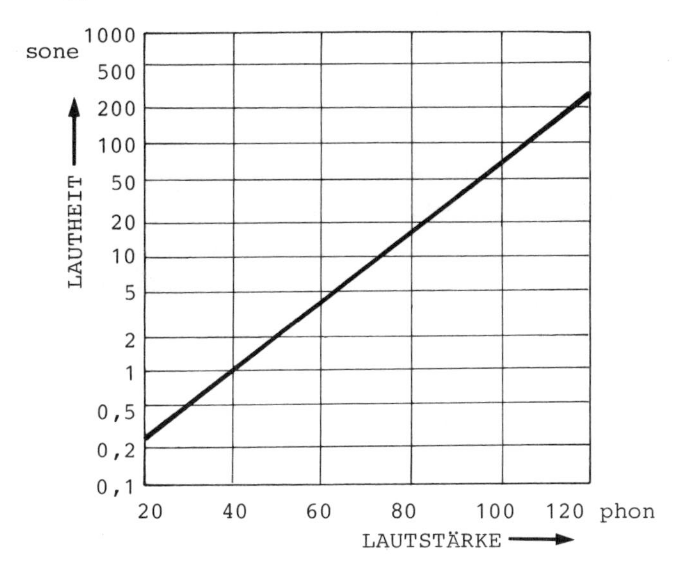

Abb. 4.4: Beziehung zwischen Lautheit [sone] und Lautstärke [phon]

Die Lautheit eines komplexen Schallereignisses kann nicht sofort durch eine einfache Schallmessung bestimmt werden /5/. Es muß neben den komplizierten Zusammenhängen zwischen Schallpegel und Lautstärke noch der Verdeckungseffekt beachtet werden, der dann auftritt, wenn zwei Schallereignisse überlagert sind, die gleiche oder ähnliche Frequenzspektren aufweisen; in diesem Falle werden im Ohr die gleichen "Sensoren" angeregt und der empfundene Lautstärkeeindruck ist kleiner, verglichen mit dem Fall völlig verschiedener Spektren, bei dem verschiedene "Sensoren" im Ohr angeregt werden. Die verdeckende Wirkung ist dann besonders ausgeprägt, wenn die Schallquellen im gleichen Frequenzgebiet sehr unterschiedliche Intensitäten aufweisen.

4.5. Bewertete Schallpegel

Die meßtechnische Bestimmung der Lautstärke eines Schallereignisses durch einen subjektiven Hörvergleich mit einem gleichlauten 1000 Hz Ton ist sehr aufwendig und langwierig. Auch erwies sich die Realisierung eines objektiven Lautstärkemessers, dessen Meßergebnisse einigermaßen mit denen des subjektiven Hörvergleiches übereinstimmen, mit einem vertretbaren technischen Aufwand als unmöglich. Daher verzichtete man bewußt auf eine solche Übereinstimmung und begnügte sich mit der Messung eines "bewerteten Schallpegels" durch einen Schallpegelmesser, der sich durch eine unkomplizierte Bauweise und einfache Handhabung auszeichnet. Ein solcher Schallpegelmesser besteht im Prinzip aus einem Mikrophon, einem Verstärker und einem Anzeigeinstrument. Weiters hat der Schallpegelmesser noch frequenzabhängige Siebketten (Bewertungsfilter) eingebaut, die der Meßeinrichtung ungefähr die frequenzabhängige Empfindlichkeit geben, wie sie das menschliche Ohr besitzt. Nach der internationalen Norm I.E.C. 123 (empfohlen durch "International Electronical Commission") sollten solche Bewertungsfilter den drei Frequenzbewertungskurven in Abb.4.5 folgen.

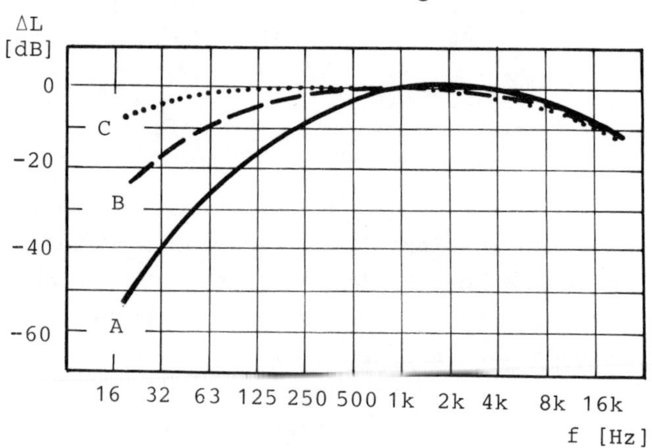

Abb. 4.5 : Frequenzbewertungskurven

Die mit einem Schallpegelmesser durch eine rein physikalische Meßmethode bestimmten Werte werden in Dezibel angegeben und je nach vorgenommener Bewertung mit dB(A), dB(B) und dB(C) bezeichnet. Ursprünglich wurde damit beabsichtigt, durch die A-Bewertung die Ohreigenschaft bei Lautstärken um 40 phon, durch die B-Bewertung um 70 phon und die C-Bewertung um 100 phon anzunähern. In vielen Fällen trat diese Annäherung durch drei Bewertungskurven jedoch immer mehr in den Hintergrund und so wurde es üblich, den Schallpegel unabhänig von seiner Höhe nur noch nach der A-Kurve zu bewerten. Eine Bewertung nach B und C stellt daher heute meist ein Ausnahmefall dar. Einige Beispiele von Schallpegeln mit A-Bewertung sind in Tab.4.2 angeführt.

Viele Richtlinien auf dem Gebiete des Lärmschutzes sind auf Meßgrößen mit A-Bewertung abgestellt. Die veraltete Bezeichnung DIN-Lautstärke in DIN-phon stimmt bis 60 DIN-phon mit dem A-Schallpegel überein.

Tab.4.2: Beispiele für bewertete Schallpegel

Art des Schalles	dB(A)
untere Grenze des Hörbereiches (Reiz- oder Hörschwelle)	0
leises Blätterrauschen	10
Hintergrundgeräusche im TV Studio	20
normales Flüstern	30
leise Radiomusik in Wohnräumen	40
Konversation in 1 m Abstand	50
Restaurant, Warenhaus	60
lautes Radio, Büro	70
Schreie, Personenzug	80
Lastkraftwagen auf Steigung, Textilmaschinen Preßluftbohrer	90
Verkehrsflugzeug, Motoren ohne Schalldämpfer	100
Starktonhorn für Polizei	110
Großflugzeug in 3 m Entfernung, Niethämmer (Schmerzschwelle)	120
Raketen und Düsentriebwerke	130 - 140

Zur Kennzeichnung der frequenzabhängigen Lästigkeit bzw. Störwirkung von Geräuschen werden sogenannte NR-Kurven (NOISE-RA-

TING-CURVES) und NC-Kurven (NOISE-CRITERIA-CURVES) verwendet /5,6/. Auch bestehen Beurteilungskriterien für Intensiv-Lärm bezüglich einer Gehörschädigung bei Personen /5,6/.

Zur Beurteilung der vom Menschen empfundenen Störung bzw. Lästigkeit von Schallereignissen mit zeitlich veränderlichem Schallpegel (z.B. vorbeifahrende Autos, Hammerlärm) ist bis heute noch keine befriedigende Lösung gefunden worden. Versuche dazu sind in /5,6,7/ beschrieben.

Beispiel: Der Schallpegel von Tönen mit f_1 = 100 Hz, f_2 = 1000 Hz und f_3 = 5000 Hz beträgt 60 dB. Bestimme L' und S.

Die Lautstärke für die verschiedenen Frequenzen ist aus Abb.4.3 zu entnehmen. Die sone-Zahl erhält man durch Einsetzen der Lautstärkewerte in Glg.(4.2).

$$f_1 = 100 \text{ Hz},\ L_1 = 60 \text{ dB},\ L_1' = 52 \text{ phon},\ S_1 = 2^{\frac{52-40}{10}} = 2{,}3 \text{ sone}$$

$$f_2 = 1000 \text{ Hz},\ L_2 = 60 \text{ dB},\ L_2' = 60 \text{ phon},\ S_2 = 2^{\frac{60-40}{10}} = 4 \text{ sone}$$

$$f_3 = 5000 \text{ Hz},\ L_3 = 60 \text{ dB}\ \ L_3' = 65 \text{ phon},\ S_3 = 2^{\frac{65-40}{10}} = 5{,}7 \text{ sone}$$

5. Schallausbreitung im Freien

Außerhalb von Gebäuden ist durch Straßenlärm, durch benachbarte Industrieanlagen usw. eine Lärmsituation gegeben, die für den Planer eine wichtige Grundlage für die Auswahl von baulichen Maßnahmen zur Beseitigung der Lärmbelästigung darstellt. Zur Erfassung dieser Lärmsituation sind Kenntnisse über die Schallausbreitungsgesetze im Freien von großer Wichtigkeit. Sie werden daher im folgenden ausführlicher behandelt.

5.1. Punktförmige Schallquelle

Unter der Annahme einer vollständig freien, verlustlosen Ausbreitung von Schallwellen in einem homogenen ruhenden Medium (z.B. in Luft bei Windstille und allerorts gleicher Temperatur) strahlt eine punktförmige Schallquelle mit der Leistung P kugelsymmetrisch Schallenergie in den Raum ab. Daher bilden Zonen gleicher Phase der Schallwellen - genannt die Wellenflächen - konzentrische Kugeln (Kugelwellen) um die Schallquelle (Abb. 5.1).

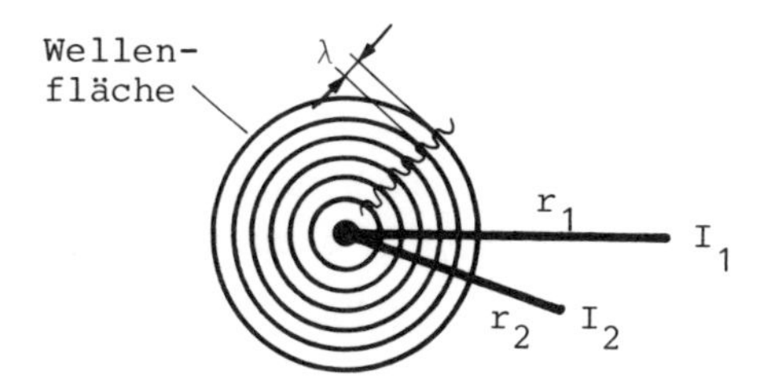

Abb. 5.1: Punktförmige Schallquelle

Die Intensität einer solchen Kugelwelle im Abstand r von der Schallquelle beträgt

$$I = \frac{P}{A} = \frac{P}{4\pi \cdot r^2} \qquad (5.1)$$

Der Abstand r darf einen gewissen Mindestwert nicht unterschreiten; als grober Richtwert gilt $r \gg \lambda$ (siehe dazu Kapitel 5.3).

Das Verhältnis der Intensitäten in den Abständen r_1 und r_2 von der Schallquelle ist

$$\frac{I_1}{I_2} = \frac{\frac{P}{4\pi \cdot r_1^2}}{\frac{P}{4\pi \cdot r_2^2}} = \frac{r_2^2}{r_1^2} , \qquad (5.2)$$

d.h. die Schallintensität ist dem Quadrat des reziproken Abstandes von der Schallquelle proportional.

Für den Schalldruck hingegen ergibt sich mit Glg. (3.35) eine Proportionalität zum einfachen reziproken Abstand.

$$\frac{p_{1\,eff}}{p_{2\,eff}} = \frac{\sqrt{I_1}}{\sqrt{I_2}} = \frac{r_2}{r_1} . \qquad (5.3)$$

Für den Schallpegeldifferenz ΔL folgt aus Glg.(5.1)

$$\Delta L = L_1 - L_2 = 10 \cdot \lg \frac{I_2}{I_1} = 10 \cdot \lg \left(\frac{r_2}{r_1}\right)^2 = 20 \cdot \lg \frac{r_2}{r_1} . \qquad (5.4)$$

Wird speziell $r_2 = 2.r_1$ gesetzt, so ergibt sich

$$L_1 - L_2 = \Delta L = 20 \cdot \lg 2 = 6 \text{ dB} . \qquad (5.5)$$

Eine Verdoppelung des Abstandes reduziert den Schallpegel bei Kugelwellen um 6 dB.

Erfolgt die Schallabstrahlung nicht allseitig sondern nur in einem Raumwinkel Ω , so ändern sich die Glgen. (5.4), (5.2) und (5.5) nicht, lediglich statt Glg.(5.1) ergibt sich

$$I = \frac{P}{r^2 \cdot \Omega} . \qquad (5.6)$$

5.2. Linienförmige Schallquelle

Eine dichte Anreihung von punktförmigen Schallquellen entlang einer Geraden ergibt eine Linienschallquelle, die die Schallenergie in Form von Zylinderwellen abstrahlt (Abb.5.2). Ein praktisches Beispiel dafür wäre eine dichtbefahrene Straße.

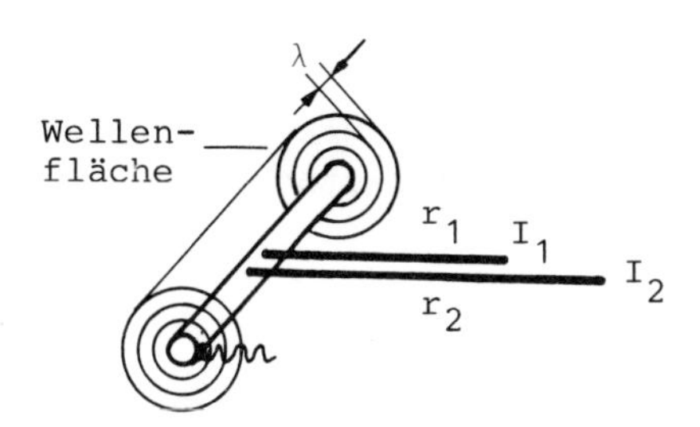

Abb. 5.2: Linienförmige Schallquelle

Wird die pro Längeneinheit l abgestrahlte Schallenergie mit P_l bezeichnet, so beträgt die Schallintensität im Abstand r von der Schallquelle

$$I = \frac{P_l \cdot l}{2\pi \cdot r \cdot l} \,. \tag{5.7}$$

Das Intensitätsverhältnis für zwei verschiedene Abstände beträgt:

$$\frac{I_1}{I_2} = \frac{r_2}{r_1} \,. \tag{5.8}$$

Die Schallpegeldifferenz ist dann

$$L_1 - L_2 = \Delta L = 10 \cdot \lg \frac{r_2}{r_1} \,. \tag{5.9}$$

Für $r_2 = 2.r_1$ gilt

$$\Delta L = 10 \cdot \lg 2 = 3 \text{ dB} \,. \tag{5.10}$$

Bei Verdoppelung des Abstandes nimmt somit der Schallpegel einer sehr langen linienförmigen Schallquelle um 3 dB ab.

Bei einer stabförmigen Schallquelle endlicher Länge, wie sie z.B. bei Förderanlagen oder Eisenbahnzügen vorliegen kann, errechnet sich der Schallpegel folgendermaßen.

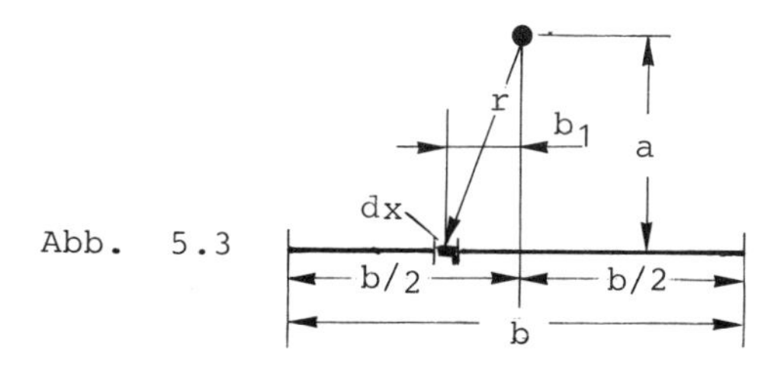

Abb. 5.3

Der Beobachter (Abb.5.3) befinde sich auf der Symmetrielinie im senkrechten Abstand a von der Schallquelle der Länge b. Das Element dx wird wieder als Punktschallquelle mit der Schalleistung P_x pro Längeneinheit aufgefaßt und liefert daher am Beobachtungsort die Schallintensität

$$dI = \frac{P_x \cdot dx}{4\pi \cdot r^2} \quad . \tag{5.11}$$

Eine Integration von 0 bis b/2 liefert die von einer Schallquellenhälfte abgestrahlte Summe der Schallintensitäten.

$$\frac{I}{2} = \frac{P_x}{4\pi} \int_0^{b/2} \frac{dx}{r^2} \tag{5.12}$$

Für die gesamte Intensität ergibt sich daraus

$$I = \frac{P_x}{2\pi a} \cdot \mathrm{arc\ tan}\left(\frac{b}{2 \cdot a}\right) \tag{5.13}$$

und damit der Schallpegel

$$\begin{aligned} L &= 10 \cdot \lg\left(\frac{P_x}{2\pi \cdot I_o} \cdot \frac{1}{b}\right) + 10 \cdot \lg\left[\frac{b}{a} \cdot \mathrm{arc\ tan}\left(\frac{b}{2 \cdot a}\right)\right] \\ &= \qquad L_o \qquad + \qquad \Delta L \quad , \end{aligned} \tag{5.14}$$

wobei L_o vom Abstand a unabhängig ist; nur L berücksichtigt den Einfluß des Abstandes von der Schallquelle.

Die Abnahme der Intensität bzw. des Schallpegels bei Kugel- und Zylinderwellen mit der Entfernung von der Schallquelle wird im folgenden als "geometrische Intensitätsabnahme bzw. Schallpegelabnahme" bzeichnet.

5.3. Nah- und Fernfeld einer Schallquelle

Reale Schallquellen strahlen meist keine ebenen Schallwellen ab. Das Schallfeld solcher Quellen wird unterteilt in einen der Quelle naheliegenden Teil (Nahfeld) und in einen entfernter liegenden Teil (Fernfeld).

Im Nahfeld stimmt die Richtung der Schallschnelle nicht notwendigerweise mit der Ausbreitungsrichtung der Schallwelle überein /8/. Die bisher behandelten einfachen Beziehungen zwischen Schalldruck und Intensität, sowie die im Kapitel 5.1 angeführten Gleichungen haben keine Gültigkeit. Es lassen sich daher nicht auf einfachem Wege mit Meßwerten aus dem Nahfeld Schallfeldgrößen für größere Entfernungen von der Schallquelle berechnen.

Die Ausdehnung des Nahfeldes wird hauptsächlich von der Frequenz, der geometrischen Form und den Abmessungen der Schallquelle bestimmt. Als grober Richtwert gilt ein Abstand von der Oberfläche der Quelle in der Größenordnung von ein bis zwei Wellenlängen des Schalles. Bei Schallmessungen sollten daher die Meßpositionen außerhalb dieses Abstandes gewählt werden, damit Nahfeldeinflüsse sicher auszuschließen sind.

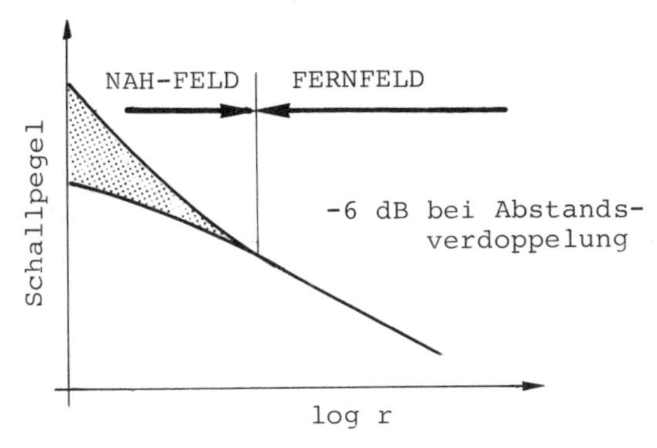

Abb. 5.4: Abnahme des Schallpegels um eine punktförmige Schallquelle im Freien

Im Gegensatz zum Nahfeld stimmt im Fernfeld die Richtung der Schallschnelle prinzipiell mit der Ausbreitungsrichtung des Schalles überein; die Intensität ist proportional dem Quadrat des Schallwechseldruckes p_{eff}. Die in Kapitel 5.1 angeführten Gleichungen sind im Fernfeld gültig. So nimmt z.B. bei einer punktförmigen Schallquelle der Schallpegel im Fernfeld mit einer Abstandsverdoppelung um 6 dB ab, d.h. der Verlauf des Schallpegels in Abhängigkeit von log r (r = Entfernung von der Schallquelle) wird durch eine Gerade mit negativer Steigung dargestellt. (Siehe Abb.5.4). In dieser schematischen Abbildung sind die oben erwähnten beträchtlichen Schwankungen des Schallpegels im Nahfeld der Quelle durch ein dunkel markiertes Feld gekennzeichnet.

5.4. Schallausbreitungsdämpfung (Dissipation)

Bei ebenen Wellen tritt keine geometrische Intensitätsabnahme bei einer Vergrößerung des Abstandes von der Quelle zum Hörer auf, wie es bei Kugel- und Zylinderwellen der Fall ist. Dennoch beobachtet man in der Praxis bei der Ausbreitung von ebenen Wellen eine Abnahme der Intensität, die auf eine Umwandlung von Schwingungsenergie in Wärmeenergie zurückzuführen ist. Man nennt diese Art der Wellendämpfung Dissipation.

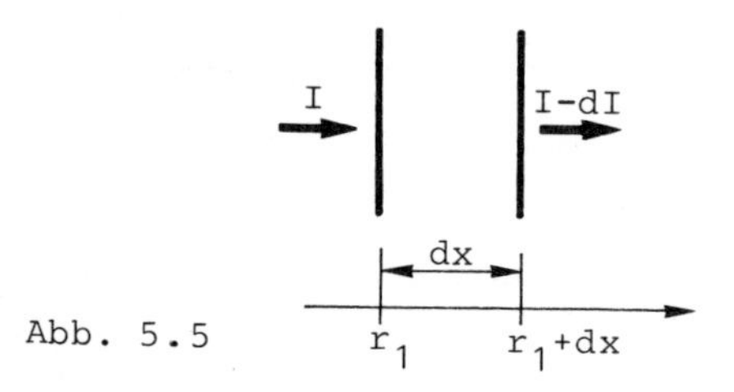

Abb. 5.5

Die Intensitätsabnahme -dI durch einen Wellenfortschritt von r_1 nach r_1+dx (siehe Abb.5.5) ist proportional zur Intensität I_1 an der Stelle r_1 und zu dx:

$$-dI = -\delta \cdot I_1 \cdot dx \ . \qquad (5.15)$$

Die Proportionalitätskonstante δ wird Dissipationskonstante genannt; sie gibt die Dämpfung pro Längeneinheit an. Durch Integration erhält man

$$I = I_1 \cdot e^{-\delta \cdot (x-r_1)} \ , \qquad (5.16)$$

worin I die Intensität an der Stelle x ist. Die Umrechnung der Intensität I in den Schallpegel L ergibt

$$L = L_1 - \delta \cdot (x-r_1) \cdot 10 \cdot \log e = L_1 - D \cdot (x-r_1) \ . \qquad (5.17)$$

Die Konstante $D = \delta \cdot 10 \cdot \lg e$ wird als Dämpfungskonstante (Einheit dB/m) bezeichnet.

Für Kugelwellen mit Dämpfung gilt:

$$I = I_1 \cdot \left(\frac{r_1}{x}\right)^2 \cdot e^{-\delta \cdot (x-r_1)} \ , \qquad (5.18)$$

$$L = L_1 - 20 \cdot \lg \frac{x}{r_1} - D \cdot (x - r_1) \ . \qquad (5.19)$$

Die Dissipationsverluste haben verschiedene Ursachen. Geringe Verluste entstehen durch innere Reibung des Gases, größere hingegen durch Wärmeleitung. In Ausbreitungsrichtung der Schallwelle haben Verdichtungs- und Expansionsphasen zueinander einen Abstand von $\lambda/2$. In der Verdichtungsphase ist die Temperatur des Mediums etwas höher als die mittlere Temperatur, während sie in der Expansionsphase etwas niedriger ist. Zwischen diesen beiden Gebieten unterschiedlicher Temperatur kommt es zu Wärmetransporten, sodaß die Druckänderungen nicht mehr als rein adiabatische Prozesse angesehen werden können. Diese Wärmeleitvorgänge verursachen also Energieverluste (Dissipationsverluste), die mit steigender Frequenz des Schalles zunehmen. Als praktisches Beispiel für die unterschiedliche Dämpfung bei hohen und niederen Frequenzen ist der Donner zu nennen. Nach einem Blitzschlag sind in großer Entfernung nur mehr die niederen Frequenzen als dumpfes Grollen hörbar, im Gegensatz zu dem hellen Knall bei einem nahen Einschlag.

Angaben über Dämpfungswerte von Rauch, Nebel, Wasserdampf usw. in Luft sind in /7/ zusammengestellt. Für Berechnungen in der Bauakustik und Lärmbekämpfung kann die Dämpfung bis zu einem Schallweg von ungefähr 100 m meist vernachlässigt werden. Es sei jedoch darauf hingewiesen, daß die Dämpfungskonstante frequenzabhängig ist und bei hohen Frequenzen in reiner Luft Werte bis zu 0,25 dB/m annehmen kann.

5.5. Wind- und Temperaturgradient-Einfluß

Wesentlichen Einfluß auf die Schallausbreitung im Freien üben Wind und Temperaturunterschiede in Luftschichten aus. Eine qualitative Darstellung dieser Einflüsse ist am einfachsten mit Hilfe von Schallstrahlen möglich.

Mit zunehmender Höhe über dem Erdboden nimmt die Geschwindigkeit des Windes zu. Es kommt dadurch, wie in Abb.5.6 zu sehen ist, zu einer "Verbiegung" der Schallstrahlen, die ohne Wind einen geradlinigen Verlauf hätten (strichliert eingezeichnet). Die Verbiegung der Schallstrahlen erfolgt in Windrichtung nach unten; der Schall wird daher in dieser Richtung, verglichen mit ruhender Luft, besser zu hören sein. Dies wird aber nicht dadurch bewirkt, daß der Schall durch den Wind den Empfänger schneller erreicht, sondern der Schall kann unter Benützung höherer und damit schnellerer Luftschichten einen schnelleren, nichtgeradlinigen Weg zum Empfänger nehmen. Durch diese Möglichkeit erfährt der Schall in Windrichtung eine Sammlung.

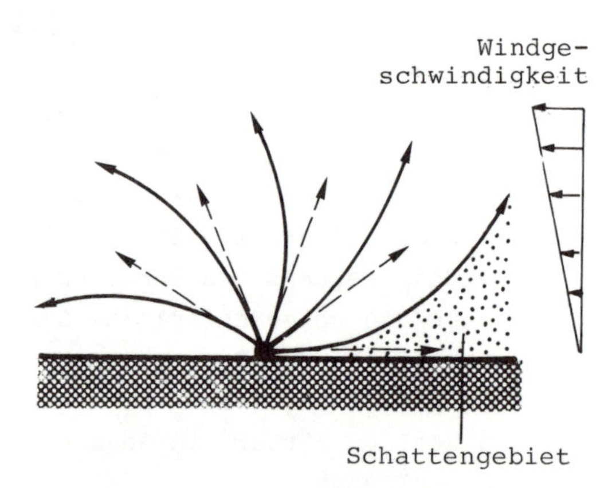

Abb. 5.6: Schallausbreitung bei Wind

In Gegenwindrichtung treten die oben beschriebenen Erscheinungen mit umgekehrtem Vorzeichen auf. Die Schallstrahlen werden nach oben "gebogen", der Schall erfährt daher eine Zerstreuung. Es ist daher in dieser Richtung der Schall, verglichen mit dem in ruhender Luft, schlechter zu hören; es kommt in einer bestimmten Entfernung von der Schallquelle zur Bildung eines Schallschattengebietes (siehe Abb.5.6).

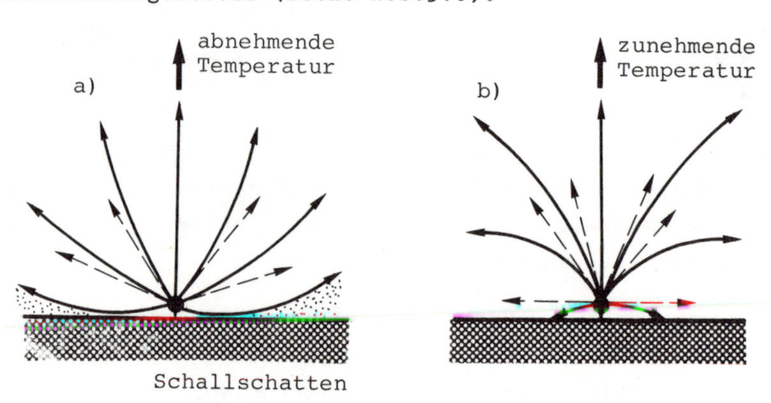

Abb. 5.7: Schallausbreitung in Luft, wenn
a) die Temperatur mit der Höhe abnimmt
b) die Temperatur mit der Höhe zunimmt

In Abb.5.7a ist der Verlauf der Schallstrahlen für den Fall einer Temperaturabnahme mit zunehmender Höhe (Normalfall) dargestellt. Die Schallstrahlen werden nach oben gekrümmt; die Schallausbreitung in Bodennähe wird benachteiligt; in einer gewissen Entfernung von der Schallquelle kommt es zu einer Schallschattenbildung. Nimmt hingegen die Temperatur der Luft mit der Höhe zu (Temperaturinversion), werden die Schallstrahlen nach unten gekrümmt, wodurch die Schallausbreitung in Bodennähe begünstigt wird (siehe Abb.5.7b).

Das unterschiedliche Schallausbreitungsverhalten in Luftschichten mit Temperaturgradienten erklärt sich aus den Brechungsgesetzen der Wellenlehre (Snellius-Gesetz und Fermat-Prinzip). Auch der Fall der Totalreflexion ist hier mit eingeschlossen.

Das Auftreten der besprochenen Wind- und Temperatureffekte bei der Schallausbreitung kann die Reichweite des Schalles erheblich verändern.

5.6. Schallschutz durch Ausbreitungshindernisse

Ausbreitungshindernisse durch Bodenbewuchs in Form von Gras, Buschwerk oder Wald wirken sich je nach Höhe und Dichte des Bewuchses auf den Pegel des sich ausbreitenden Schalles aus /7/. Hohe Frequenzen werden durch solche Hindernisse stärker gedämpft als niedrige. In der Praxis spielt jedoch diese Art der Schallausbreitungsdämpfung eine geringe Rolle, da z.B. ein Waldstreifen von 100 m Breite nur eine Pegelminderung von maximal 10 dB bewirkt.

Weitaus größeren Einfluß auf die Schallausbreitung haben Hindernisse wie z.B. Wälle, Wände usw. durch ihre Schallschattenwirkung, wenn ihre Abmessungen ein Mehrfaches der Schallwellenlänge betragen (dem Frequenzbereich von 100 Hz bis 3200 Hz entsprechen in Luft Wellenlängen von 3,4 m bis 0,1 m).

Schallabschirmende Maßnahmen durch Mauern werden in der Praxis häufig angewandt. Sie sind weit wirkungsvoller als die bisher beschriebenen (Abstandsvergrößerung, Bewaldung usw.) und stellen oft den einzig gangbaren Weg dar. Beispielsweise zeigt Abb.5.8a, wie durch eine Schallschutzmauer die vom Punkt S ausgehende Lärmbelästigung herabgesetzt werden kann. Das Ergebnis dieser Schallschutzmaßnahme /9/ ist in Abb.5.8b in Form eines Diagrammes wiedergegeben, aus dem die Schallpegelminderung für vorgegebene geometrische Verhältnisse (h = wirksame Hindernishöhe, α = Winkel des Schallschattens) entnommen werden kann.

So ergibt sich z.B. für eine wirksamen Hindernishöhe von 2 m, dem Schattenwinkel 10° und der charakteristischen Frequenz von 500 Hz eine Schallpegelminderung von 15 dB.

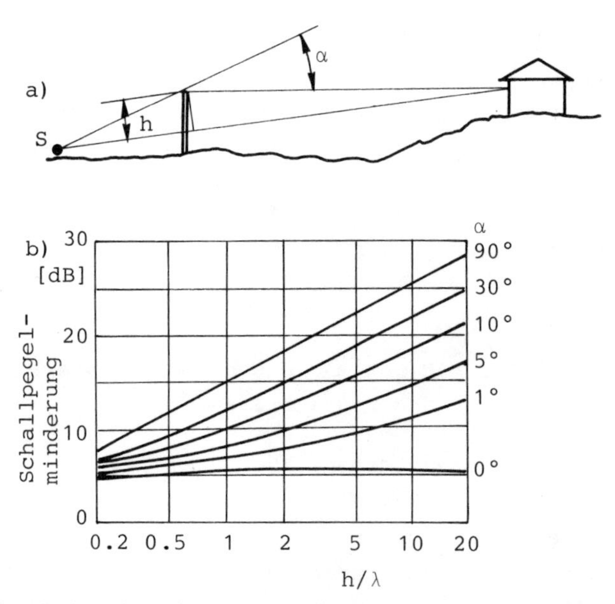

Abb. 5.8 a,b: Abschirmwirkung einer Mauer; nach /9/

Bezüglich der Erfassung der Lärmbelästigung in einem Baugebiet (Abschätzung des Lärmaufkommens, Lärmmessung, Pegelerrechnung, Lärmkartenaufstellung usw.), sowie der Auswahl der Lärmschutzmaßnahmen (Schutzabstände, Hindernisse, Planung der optimalen Orientierung des Gebäudes auf dem Baugrund), sei auf die Fachliteratur /10/ und auf DIN 4109 verwiesen.

Beispiel: Berechne die Intensität und den Schallpegel im Abstand von 30 m einer a) punktförmigen und b) linienförmigen Schallquellen , wenn im Abstand von 8 m die Intensität $0{,}8\ 10^{-4}\ W\ m^{-2}$ gemessen wurde.

a) $I_2 = \frac{r_1^2}{r_2^2} \cdot I_1 = \frac{8^2}{30^2} \cdot 0{,}8 \cdot 10^{-4} = 0{,}057 \cdot 10^{-4}\ \mathrm{W\ m^{-2}}$

$L = 10 \cdot \lg \frac{I}{I_o} = 68\ \mathrm{dB}$

b) $I_2 = \frac{r_1}{r_2} \cdot I_1 = \frac{8}{30} \cdot 0{,}8 \cdot 10^{-4} = 0{,}21 \cdot 10^{-4}\ \mathrm{W\ m^{-2}}$

$L = 10 \cdot \lg \frac{I}{I_o} = 73{,}2\ \mathrm{dB}$

Beispiel: Im Abstand von 15 m von einer Eisenbahnlinie, auf der ein sehr langer Güterzug (linienförmige Schallquelle) fährt, wird ein Schallpegel von 90 dB gemessen. Berechne den Schallpegel in einem Abstand von 150 m bei einer angenommenen Dämpfung von 0,08 dB m^{-1}.

$$L = L_1 - 10 \cdot \lg \frac{x}{r_1} - D \cdot (x - r_1) = 90 - 10 \cdot \lg \frac{150}{15}$$

$$= - 0{,}08 \cdot (150-15) = 69\ \mathrm{dB}$$

6. Reflexion und Transmission

Treffen Schallwellen auf eine Grenzfläche zwischen zwei Medien (Abb.6.1), so wird ein Teil der Wellenenergie reflektiert (Reflexion), der andere Teil dringt in das zweite Medium ein, durchsetzt also die Grenzfläche (Transmission). In welchem Verhältnis die auftreffende Intensität aufgeteilt wird und welche Größen dafür bestimmend sind, wird im folgenden für senkrecht auf die Mediumsgrenze auftreffende Schallwellen besprochen.

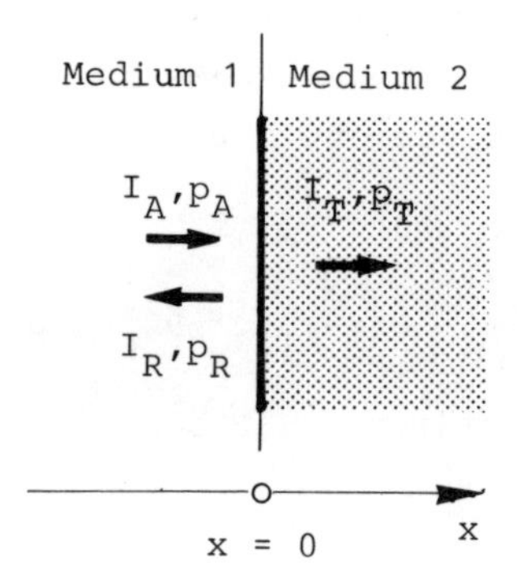

Abb. 6.1 : Mediumsgrenze

Es wird dabei vorausgesetzt, daß die beiden Medien 1 und 2 den ganzen Raum erfüllen, jedes für sich einen Halbraum. Diese Annahme kommt der Realität zwar nur in wenigen Fällen nahe, erlaubt jedoch eine erste Orientierung.

Die im Medium 1 auf die Mediumsgrenze zulaufende ebene Sinuswelle hat die Intensität I_A und den Wechseldruck p_A, die reflektierte Welle die Intensität I_R und den Wechseldruck p_R. In das Medium 2 dringt eine Welle mit der Intensität I_T und dem Wechseldruck p_T ein. Wir definieren nun das Verhältnis der reflektierten Schallintensität zur auftreffenden als Reflexionsgrad ρ (nicht zu verwechseln mit der Dichte ρ):

$$\rho = \frac{I_R}{I_A} = \frac{p^2_{eff\,R}}{p^2_{eff\,A}} \quad . \qquad (6.1)$$

Das Verhältnis der Wechseldrücke bzw. der Wechseldruckamplituden wird als Reflexionsfaktor r bezeichnet:

$$r = \frac{p_R}{p_A} = \frac{p_{eff\,R}}{p_{eff\,A}} = \frac{p_{RS}}{p_{AS}} = \sqrt{\rho} \qquad (6.2)$$

Die Intensität der in das Medium 2 eindringenden Welle ist

$$I_T = I_A - I_R \;. \qquad (6.3)$$

und wird als absorbierte oder geschluckte Intensität bezeichnet. Der Absorptionsgrad oder Schallschluckgrad α ist definiert durch

$$\alpha = \frac{I_T}{I_A} = \frac{I_A - I_R}{I_A} = 1 - \rho = 1 - r^2. \qquad (6.4)$$

Der Begriff "Absorption" wird in der Akustik in einer Art verwendet, die zu Mißverständnissen Anlaß geben kann. Im vorliegenden Fall ist unter Absorption nichts anderes zu verstehen als Transmission durch die Mediengrenzfläche, gleichgültig ob hinter der Grenzfläche eine Umwandlung der Schallenergie in Wärme stattfindet (Dissipation) oder nicht.

Eine vollständige Reflexion mit $\alpha = 0$, auch totale Reflexion genannt, tritt dann auf, wenn $I_R = I_A$ und daher $I_T = 0$ ist. Einem solchen Fall der Reflexion von Schallwellen an einer ideal "schallharten" (starren) Mediumsgrenze wollen wir uns zuerst zuwenden.

Kommt eine Überdruckphase einer Schallwelle an diese Mediumsgrenze, so erweist sich die Grenzfläche als völlig unnachgiebig. Dadurch wird der Druckberg als Druckberg ohne Phasensprung reflektiert; Überdruck bleibt Überdruck, die Amplituden der ankommenden und der reflektierten Welle sind gleich groß ($p_{AS} = p_{RS}$). Die auf die Mediumsgrenze zulaufende Welle kann durch Gleichung (3.13) beschrieben werden. Aus praktischen Gründen wird das Koordinatensystem so gewählt, daß die Stelle x=0 mit der Mediumsgrenze zusammenfällt. Für die einlaufende Welle gilt dann

$$p_A = p_{AS} \cdot \cos k(ct - x) \;. \qquad (6.5)$$

Die Gleichung der reflektierten Welle lautet

$$p_R = p_{RS} \cdot \cos k(ct + x) \;. \qquad (6.6)$$

Der resultierende Wechseldruck im Medium 1 ergibt sich daraus durch Überlagerung zu

$$p = p_A + p_R \quad . \tag{6.7}$$

Mit den beiden Gleichungen (6.5) und (6.6) erhält man nach einfacher Umformung

$$p = 2 \cdot p_{AS} \cdot \cos \omega t \cdot \cos kx \quad . \tag{6.8}$$

Nach dieser Gleichung gibt es Orte, an denen der resultierende Wechseldruck stets null ist, nämlich jene, für die der zeitunabhängige Faktor cos kx verschwindet. Diese Stellen werden als Druckknoten (K) bezeichnet. Sie liegen bei $x = -(2n+1)\lambda/4$ mit $n = 0,1,2,\ldots$

Zwischen diesen Druckknoten liegen die sogenannten "Druckbäuche" (B) (siehe Abb.6.2). An der Stelle der Reflexion entsteht ein Druckbauch mit der Amplitude $p = 2.p_{AS}$.

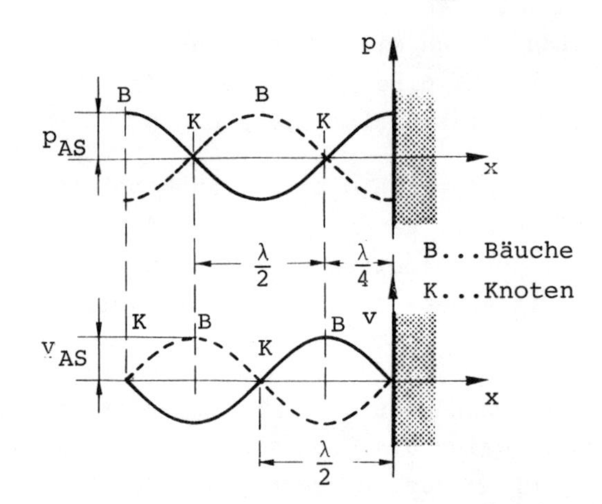

Abb. 6.2: Schematische Darstellung des Schalldruckes p und der Schallschnelle v einer stehenden Welle bei totaler Reflexion an einer schallharten Wand

Zum Unterschied vom Wechseldruck wird die Schallschnelle v an der Mediumsgrenze auf Grund der Unnachgiebigkeit gleich null ($v = 0$). Sie erfährt durch die Reflexion einen Phasensprung von π, d.h. die Schnelle erfährt eine Richtungsumkehr. Die Schnellengleichungen für einlaufende und reflektierte Welle lauten

$$v_A = v_{AS} \cdot \cos k(ct-x)$$

$$v_R = v_{RS} \cdot \cos[k(ct+x)+\pi] = -v_{RS} \cdot \cos k(ct+x) \quad . \tag{6.9}$$

Durch Überlagerung ergibt sich

$$v = v_A + v_R = 2\ v_{AS} \cdot \sin \omega t \cdot \sin kx\ . \qquad (6.10)$$

In dieser Gleichung ist der Faktor sin kx zeitunabhängig, daher entstehen Bewegungsknoten genau an jenen Stellen, für die $x = -n\ \lambda/2$ mit $n = 0,1,2...$ gilt.
Die Bewegungsknoten haben somit Abstände von der Mediumsgrenze, die ganzzahlige Vielfache der halben Wellenlänge sind. Zwischen den Bewegungsknoten bewegt sich das Medium gleichphasig mit unterschiedlichen Amplituden. An der Mediumsgrenze liegt ein Bewegungsknoten (siehe Abb.6.2.).

Als nächstes sei das Verhalten einer ideal weichen Mediumsgrenze bei senkrechtem Schalleinfall von ebenen Wellen behandelt. Das schallweiche Medium 2 nimmt in diesem Falle keine Schallenergie auf, d.h. $I_T=0$; es tritt Totalreflexion auf ($\alpha=0$). Im Gegensatz zum oben beschriebenen Fall verschwindet der Wechseldruck an der nun völlig nachgiebigen Grenzfläche. Ein Druckberg wird als Drucktal reflektiert, es entsteht ein Phasensprung von π. Die Schallschnelle hingegen erfährt auf Grund der völlig nachgiebigen Mediumsgrenze keinen Phasensprung (keine Richtungsumkehr).

Werden die Wechseldrücke p_A und p_R sowie die Schallschnellen v_A und v_R überlagert, so ergibt sich

$$\begin{aligned} p &= p_A + p_R = p_{AS} \cdot \cos k(ct-x) + (-) p_{RS} \cdot \cos k(ct+x) \\ &= 2 \cdot p_{AS} \cdot \sin \omega t \sin kx \end{aligned} \qquad (6.11)$$

und

$$v = v_A + v_R = 2 \cdot v_{AS} \cdot \cos \omega t \cdot \cos kx\ . \qquad (6.12)$$

Analog zur Reflexion an einer schallharten Mediumsgrenze entstehen bei der Reflexion an der schallweichen Mediumsgrenze räumlich verteilte Druck- und Schnellenbäuche sowie Druck- und Schnellenknoten - siehe Abb.6.3. Am Ort der Reflexion bildet sich ein Druckknoten und ein Schnellenbauch aus.

Bei einem Wellenfeld, gekennzeichnet durch Überlagerung zweier amplitudengleicher, aber gegeneinander fortschreitender Wellen, spricht man von stehenden Wellen; die resultierende Welle scheint sich nicht fortzubewegen. Maxima bzw. Minima von

Schalldruck und Schallschnelle weisen zueinander sowohl bei Reflexion an ideal schallharter (Abb.6.2) als auch an ideal schallweicher Wand (Abb.6.3) eine Phasenverschiebung von $\lambda/4$ auf. Es kommt bei stehenden Wellen zu keinem Energietransport.

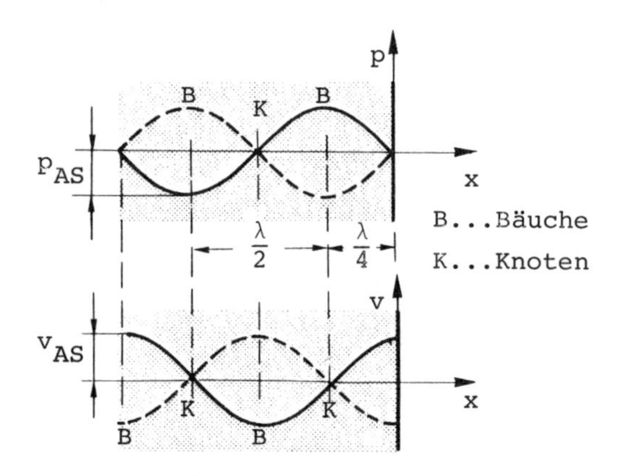

Abb. 6.3: Schematische Darstellung des Schalldruckes p und der Schallschnelle v einer stehenden Welle bei totaler Reflexion an einer schallweichen Wand

Neben den behandelten Grenzfällen der absolut schallharten und der absolut schallweichen Mediumsgrenze gibt es schallreflektierende Mediumstrennflächen, die zwischen diesen Extremen liegen. Die Schallwellen werden dann an der Grenzfläche nicht mehr vollständig reflektiert, sondern ein Teil dringt in das Medium 2 ein und breitet sich in positiver x-Richtung weiter aus. Der reflektierte Anteil der Wellen im Medium 1 ist im Gegensatz zu den beiden bereits besprochenen Fällen nicht mehr amplitudengleich mit der einlaufenden Welle. Die einlaufenden und reflektierten Wellen im Medium 1 setzen sich zu einer resultierenden Welle zusammen, deren räumliche Amplitudenverteilungen ähnlich der der besprochenen stehenden Wellen (Abb.6.2 und Abb.6.3) ist; es bilden sich z.B. keine Bewegungs- und Druckknoten mehr aus, sondern nur Minima, deren Werte ungleich Null sind.

In der Grenzfläche der beiden Medien (an der Stelle x=0) muß einerseits auf Grund der Bedingung Kraft = Gegenkraft der Wechseldruck, andererseits auf Grund der Kontinuität der Bewegung die Schallschnelle für die Medien 1 und 2 gleich groß sein. Daher gelten folgende Bedingungen für die Grenzfläche:

$$p_A(0) + p_R(0) = p_T(0)$$
$$v_A(0) + v_R(0) = v_T(0) \, . \qquad (6.13)$$

Durch eine etwas aufwendige Ableitung kann man zeigen, daß der Reflexionsfaktor r durch die folgende Gleichung bestimmt wird /8/:

$$r = \frac{Z_2 - Z_1}{Z_2 + Z_1} \, , \qquad (6.14)$$

worin Z_2 der Wellenwiderstand des Mediums 2 und Z_1 jener des Mediums 1 ist. Handelt es sich um eine Grenzschicht zwischen Medien mit $Z_2 > Z_1$, so ergibt sich ein $r > 0$, ist hingegen $Z_2 < Z_1$, dann wird $r < 0$. Für den Absorptionsgrad α gilt in beiden Fällen

$$\alpha = 1 - r^2 = 1 - \left(\frac{Z_2 - Z_1}{Z_2 + Z_1}\right)^2 . \qquad (6.15)$$

Nach dieser Gleichung ist der Absorptionsgrad α von der Frequenz des Schalles unabhängig und wird nur durch die Schallgeschwindigkeit und die Dichten der beiden Medien nach Glg.(3.28) bestimmt.

Bei gleichem Wellenwiderstand in den Medien 1 und 2 ergibt sich für α nach Glg.(6.15) der Maximalwert 1. Ist hingegen z.B. $Z_1 = Z_2/100$, so nimmt der Absorptionsgrad α den Wert 0,18 an.

In Anlehnung an eine Bezeichnung der Nachrichtentechnik sind die Wellenwiderstände umso besser "angepaßt", je mehr sie einander gleichen.

Wasser hat einen 3500 mal so großen Wellenwiderstand wie Luft; für Beton und Stahl liegt dieser Wert noch um vieles höher. Es ist daher verständlich, daß Schallwellen aufgrund der schlechten Anpassung nur sehr schwer eine Mediumsgrenze zwischen Luft und einem der genannten Medien überschreiten können. Dieser Sachverhalt wird in der Praxis bei der Lösung von Körperschalldämmproblemen in Maschinen und Bauwerken ausgenützt. Die Körperschallausbreitung wird durch Einlagen aus schallweichen Stoffen (z.B. Gummi, Faserstoffe) unterbrochen (siehe auch Kapitel 11). Bei der zerstörungsfreien Werkstoffprüfung mit Ultraschall werden Schallreflexionen an Grenzflächen von Medien unterschiedlicher Wellenwiderstände ausgenützt, um Materialtrennungen durch Risse nachzuweisen.

Beispiel: Berechne den Reflexionsfaktor und den Schallschluckgrad sowie den Wellenwiderstand des Wandmaterials, wenn der Wechseldruck einer ebenen Schallwelle in Luft nach dem senkrechten Auftreffen auf die Wand nur noch 80% der ankommenden Welle beträgt (Wellenwiderstand der Luft 400 m^{-2} s^{-1}).

$$r = \frac{p_r}{p_A} = 0{,}8 \qquad \alpha = 1 - r^2 = 1 - 0{,}8^2 = 0{,}36$$

$$r = \frac{Z_2 - Z_1}{Z_2 + Z_1} \qquad 0{,}8 = \frac{Z_2 - 400}{Z_2 + 400} \qquad Z_2 = 3600 \cdot \mathrm{kg\ m^{-2} s^{-1}}$$

7. Dünne Trennwände

Bei der Behandlung der Schallreflexion an einer ebenen Mediumsgrenze wurde davon ausgegangen, daß das Medium beiderseits der Trennfläche unbegrenzt ausgedehnt ist. Dies ist bei einer Trennwand nicht gegeben und es wäre daher verfehlt, für die Berechnung der Schallabsorption einer Wand diese Gesetze unverändert zu übernehmen. Im folgenden werden daher grundlegende Gesetzmäßigkeiten für den Schalldurchgang durch dünne Trennwände ausführlicher behandelt.

Die Betrachtungen werden an einer homogenen, dichten Wand angestellt, deren Dicke s im Vergleich zur Schallwellenlänge λ_W im Inneren der Wand klein ist; für große Teile des Hörbereiches ist dies auch bei dicken Wänden der Fall. Die Massenteilchen der Wand schwingen darum unter dem Einfluß einer senkrecht einfallenden ebenen Schallwelle annähernd gleichphasig mit der gleichen Schallschnelle, d.h. Vorder- und Rückseite der Wand haben gleiche Schallschnelle. Es kommt daher zur Abstrahlung von Schallwellen an der Wandrückseite. Weiters wird angenommen, daß die Bewegung der Wand nur durch die Massenträgheit behindert wird, ihre Biegesteifigkeit vorerst also keine Rolle spielt. Annähernd ist das bei einer frei aufgehängten starren Platte der Fall.

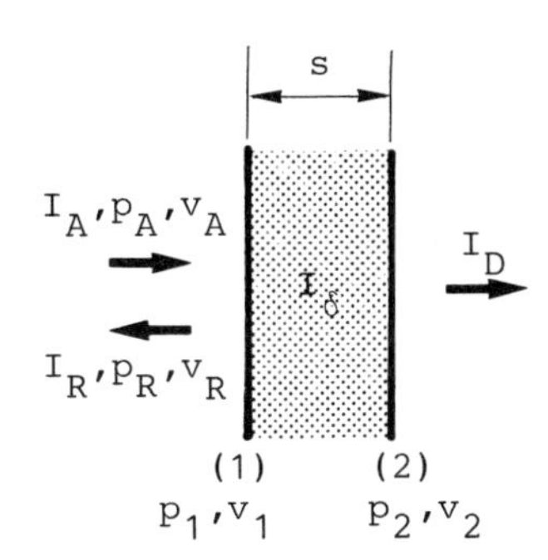

Abb. 7.1: Dünne Trennwand

Trifft eine ebene Schallwelle mit der Intensität I_A (siehe Abb.7.1) senkrecht auf eine Wand, dann wird meist ein großer

Teil I_R davon reflektiert, ein weiterer Teil I_D wird durchgelassen; der Rest I_δ wird in der Wand dissipiert, also in Wärme umgewandelt. Es gilt daher die Gleichung

$$I_A = I_R + I_D + I_\delta \ . \tag{7.1}$$

Division von Glg.(7.1) durch I_A ergibt:

$$1 = \rho + \tau + \delta \ , \tag{7.2}$$

wenn man neben dem durch Glg.(6.1) definierten Reflexionsgrad ρ auch einen Transmissionsgrad τ und einen Dissipationsgrad δ gemäß

$$\tau = \frac{I_D}{I_A} \tag{7.3}$$

und

$$\delta = \frac{I_\delta}{I_A} \tag{7.4}$$

einführt. Der Schallschluckgrad oder Absorptionsgrad α (siehe Glg.6.4) stellt sich nun in folgender Form dar:

$$\alpha = 1 - \rho = \tau + \delta \tag{7.5}$$

Der Wechseldruck p_1 in dem vor der Wand liegenden Medium ist die Summe aus dem Wechseldruck p_A der einlaufenden Welle und dem Wechseldruck p_R der reflektierten Welle:

$$p_1 = p_A + p_R \tag{7.6}$$

Auf der Rückseite der Wand wirkt der Wechseldruck p_2. Die Druckdifferenz $p_1 - p_2$ übt nun auf jedes Flächenelement der Wand eine Kraft aus, die jedem Massenelement M der Wand (Masse pro Flächeneinheit = flächenbezogene Masse) eine Beschleunigung erteilt. Nach dem dynamischen Grundgesetz gilt

$$p_1 - p_2 = M \cdot \frac{\partial v_1}{\partial t} \ , \tag{7.7}$$

worin v_1 die Schallschnelle darstellt, die sich vor der Wand aus der Schallschnelle v_A der ankommenden Welle und v_R der reflektierten Welle zusammensetzt:

$$v_1 = v_A + v_R \ . \tag{7.8}$$

Unter der Voraussetzung $s \ll \lambda_W$ ist v_1 gleich v_2. Eliminiert man nun aus den Gleichungen (7.6), (7.7), (7.8) unter Einbeziehung des Wellenwiderstandes Z der Luft die Schallschnellen und den Wechseldruck der reflektierten Welle (siehe /11,12/), so ergibt sich für den Transmissionsgrad

$$\tau = \frac{1}{1+(\frac{\omega \cdot M}{2 \cdot Z})^2} \quad . \tag{7.9}$$

Bei sehr kleiner Dämpfung ($\delta \sim 0$) folgt aus Glg.(7.5)

$$\alpha \sim \tau \quad . \tag{7.10}$$

Ist in der Gleichung (7.9) der zweite Summand des Nenners viel größer als der erste - das ist meistens der Fall -, so kann der erste Summand vernachlässigt werden:

$$\tau = (\frac{2 \cdot Z}{\omega \cdot M})^2 \tag{7.11}$$

Der Transmissionsgrad einer einschaligen Wand bei senkrechtem Schalleinfall ist also umso kleiner, je größer die flächenbezogene Masse und je höher die Frequenz des Schalles ist.

Für schrägen Schalleinfall unter dem Winkel β vergrößert sich der Transmissionsgrad und Glg.(7.9) geht nach /12/ in folgende Form über:

$$\tau_\beta = \frac{1}{1+(\frac{\omega \cdot M \cdot \cos\beta}{2 \cdot Z})^2} \sim \alpha_\beta \tag{7.12}$$

Für den Winkel $\beta = 45°$ ergibt sich

$$\tau_{45°} = \frac{1}{1+(\frac{\omega \cdot M}{2 \cdot Z \cdot \sqrt{2}})^2} \sim 2\tau_{0°} \sim \alpha_{45°} \quad . \tag{7.13}$$

Dieser Winkel entspricht etwa einem Mittelwert für allseitige Schalleinstrahlung ("diffuses Schallfeld" - siehe Kapitel 9 und 11)

Transmissionsgradmessungen in der Praxis ergeben häufig kleinere τ-Werte als auf Grund der theoretisch abgeleiteten Gleichung (7.9) erreicht werden sollten. Die Ursache hiefür liegt in der Vernachlässigung der Biegesteifigkeit, der endlichen Abmessungen und der Dämpfung bei der Ableitung von Glg.(7.9).

Für schrägen Schalleinfall hat die Biegesteifigkeit einer Wand großen Einfluß auf die Schalltransmission. Daher wird im folgenden dieser Einfluß ausführlicher behandelt.

In Platten, wie sie z.B. durch Wände dargestellt werden, können sich Biegewellen ausbreiten. Diese Wellen sind ähnlich den Transversalwellen und breiten sich ungezwungen vom Entstehungsort mit der Ausbreitungsgeschwindigkeit c_B über die Platte aus; wir bezeichnen sie daher als freie Biegewellen. Biegewellen zeigen eine frequenzabhängige Ausbreitungsgeschwindigkeit (Dispersion), die für eine Platte mit der folgenden Formel berechnet wird:

$$c_B = \sqrt{2\pi f} \cdot \sqrt[4]{B/M} \quad . \tag{7.14}$$

B stellt die Biegesteifigkeit und M die flächenbezogene Masse der Platte dar. Für eine homogene Platte ist B gegeben durch

$$B = \frac{E}{1 - \mu^2} \cdot \frac{d^3}{12} \tag{7.15}$$

(E ... Elastizitätsmodul, μ ... Poissonsche Konstante, d ... Plattendicke).

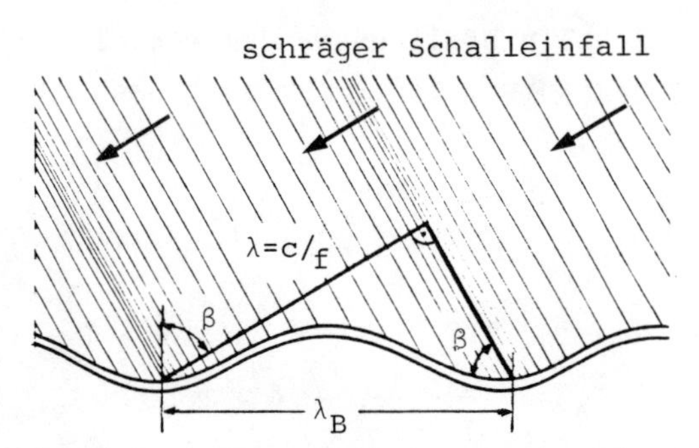

Abb. 7.2: Anregung einer Biegewelle in einer Platte

Bei senkrechtem Auftreffen von Schallwellen auf eine Platte werden Biegewellen in der Platte weder hervorgerufen noch beeinflußt, da die Druckmaxima bzw. -minima auf alle Flächenelemente gleichzeitig auftreffen. Bei schrägem Schalleinfall hingegen werden die Wandelemente durch die Druckmaxima bzw. -minima der Welle nicht gleichzeitig getroffen, sodaß es, wie dies in Abb.7.2 gezeigt ist, zur Ausbildung von erzwungenen Biegewellen in der Platte kommt, deren Wellenlänge als Spurwellenlänge λ_B bezeichnet wird. Die Luftschallwellenlänge λ und die

Spurwellenlänge λ_B hängen über folgende Gleichung zusammen (siehe dazu Abb.7.2):

$$\lambda_B \cdot \sin\beta = \lambda \qquad (7.16)$$

(β ... Schalleinfallswinkel)
Die Amplitude der Biegewellen in der Platte ist naturgemäß am größten, wenn die Ausbreitungsgeschwindigkeit der Biegewellen mit der der Spurwelle übereinstimmt. Da bei einer Biegewelle in einer Platte die Schnelle an beiden Oberflächen gleich groß ist, kommt es bei Übereinstimmung der Ausbreitungsgeschwindigkeiten auf der Rückseite der Wand zu starker Schallabstrahlung; dies führt zu einer Erhöhung des Transmissionsgrades. Diese Erscheinung wurde von L. Cremer als "Spuranpassung" oder Koinzidenzeffekt bezeichnet.

Wird nun Gleichung (7.16) mit der Frequenz f mulitipliziert, so erhalten wir

$$c_B = \frac{c}{\sin\beta} \, . \qquad (7.17)$$

Dies, in Gleichung (7.14) eingesetzt, ergibt

$$c = \sqrt{2\pi f} \, \sqrt[4]{B/M} \cdot \sin\beta \, . \qquad (7.18)$$

Aus dieser Gleichung läßt sich nun durch eine Umformung bei gegebenem Einfallswinkel die Frequenz, bei der Koinzidenz eintritt, berechnen.

$$f = \frac{c^2}{2\pi \cdot \sin\beta} \cdot \sqrt{M/B} \qquad (7.19)$$

Bei streifendem Einfall ($\beta = 90^{\circ}$) nimmt der Sinus in Glg.(7.19) den Wert 1 an und man erhält die niedrigste Spuranpassungsfrequenz - die Grenzfrequenz f_g - unter der keine Spuranpassung mehr möglich ist:

$$f_g = \frac{c^2}{2\pi} \cdot \sqrt{M/B} \qquad (7.20)$$

In Hinblick auf eine gute Schallisolation von Trennwänden sollte der negative Einfluß des Spuranpassungseffektes möglichst vermieden werden. Man versucht daher, die Grenzfrequenz einer Wand an die obere Grenze und, wenn dies nicht möglich ist, an die untere Grenze des bauakustischen Frequenzbereiches zu verlegen. Man erreicht dies, indem man die Biegesteifigkeit der Wand durch geeignete Wahl des Baustoffes und eine entsprechende Wanddimensionierung hinreichend groß bzw. klein macht. Ein Bauteil wird dann als ausreichend biegeweich bezeichnet, wenn die Grenzfrequenz f_g über 2000 Hz liegt, als ausreichend biegesteif, wenn f_g 300 Hz unterschreitet.

Beispiel: Berechne den Transmissionsgrad und die flächenbezogene Masse einer einschaligen Wand, wenn 20% der auftreffenden Schallintensität durchgelassen wird. Der Schall soll senkrecht auf die Wand auftreffen und hat eine Frequenz von 500 Hz.

$$\tau = \frac{I_D}{I_A} = \frac{20}{100} = 0{,}2 \; ; \; \tau = \frac{1}{1+\left(\frac{\omega \cdot M}{2 \cdot Z}\right)^2} \; ; \; 0{,}2 = \frac{1}{1+\left(\frac{2\pi \cdot 500 \cdot M}{2 \cdot 400}\right)^2} \; ;$$

$$M = 0{,}5 \text{ kg m}^{-2}$$

8. Schallabsorber

Der Hauptzweck von technischen Schallabsorbern ist, einerseits den Reflexionsgrad von Bauteilen zu reduzieren, andererseits die "absorbierte" Schallenergie zumindest teilweise zu dissipieren, d.h. Schall in Wärme umzuwandeln.

Als Schallabsorber können Wand- und Deckenverkleidungselemente eingesetzt werden, die auf folgenden Absorbertypen beruhen:

- Plattenschwinger
- Helmholtz-Resonator
- Poröse Schallabsorber

Mit porösen Schallabsorbern erreicht man eine Schallabsorption vorzugsweise im mittleren und hohen Frequenzbereich. Hingegen ermöglichen Plattenschwinger und Helmholtzresonator relativ schmalbandige Absorption bei niederen Frequenzen. Um möglichst breitbandige Absorption zu erreichen, werden verschiedene Kombinationen der oben genannten Typen angewendet. Besonders oft werden poröse Schallabsorber mit einem Plattenschwinger kombiniert.

In den folgenden Abschnitten soll die Wirkungsweise der drei Schallabsorbertypen erläutert werden.

8.1. Plattenschwinger

Der prinzipielle Aufbau eines Plattenschwingers besteht aus einer dünnen aber dichten Platte (z.B. Sperrholz, Preßspan, Gipskarton usw.), die vor einer dicken festen Wand montiert ist (siehe Abb.8.1a). Der Luftpolster, der zwischen Platte und Wand eingeschlossen ist, verhält sich wie eine Feder und bildet zusammen mit der Masse der Platte ein schwingungsfähiges System (Abb.8.1b). Auf die Platte auftreffende Schallwellen regen das System zur Schwingung an.

Die Eigenfrequenz (Resonanzfrequenz) f_o dieses Einmassensystems läßt sich nach folgender Gleichung bestimmen /1/:

$$f_o = \frac{1}{2\pi} \cdot \sqrt{\frac{D}{m}} \, , \qquad (8.1)$$

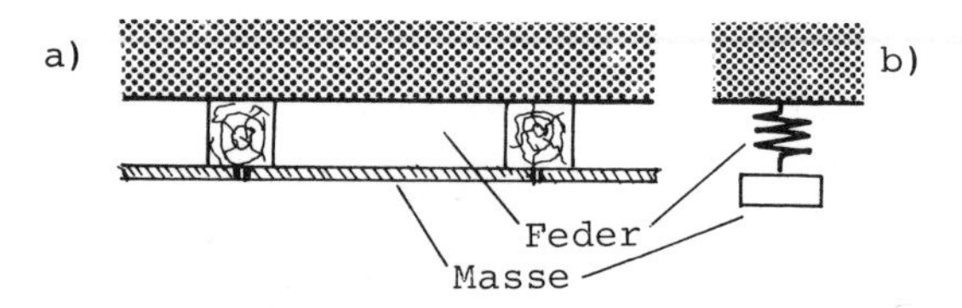

Abb. 8.1: Prinzip des Plattenschwingers
a) prinzipieller Aufbau
b) Masse-Feder-System

worin D die Federkonstante darstellt und m die Masse des Schwingungssystems ist. Für die Federwirkung der Luftschicht im Plattenschwinger ist die dynamische Steifigkeit s maßgebend. Im Kapitel 11 wird gezeigt, daß für s folgende Gleichung gilt:

$$s = \frac{p^{*} \cdot \kappa}{d} = \frac{D}{A} \quad (8.2)$$

(p ist der Luftdruck, κ der Adiabatenexponent, d die Dicke und A die Fläche der Luftschicht).

Eine Umformung von Gleichung (8.1) und Einsetzen der Gleichung (8.2) ergibt, wenn M die flächenbezogene Masse der Platte ist,

$$f_o = \frac{1}{2\pi} \cdot \sqrt{\frac{D/A}{m/A}} = \frac{1}{2\pi} \cdot \sqrt{\frac{\kappa \cdot p^{*}}{d \cdot M}} \ . \quad (8.3)$$

Diese Gleichung gilt für kleine Plattenflächen (nach /4/ Mindestgröße 0,4 m^2) bei jedem Schalleinfallswinkel. Für große Plattenflächen verändert sich bei schrägem Schalleinfall nach /12/ die Steifigkeit des Luftpolsters um den Faktor $1/\cos^2\beta$ (β = Schalleinfallswinkel) und damit auch die Resonanzfrequenz. Eine Kassettierung einer großen Plattenfläche in mehrere kleinere entkoppelte Luftschichten beseitigt diese Winkelabhängigkeit.

Das Schwingungssystem Platte-Luftschicht nimmt bei Übereinstimmung der Eigenfrequenz mit der Frequenz des auftreffenden Schalls - im Resonanzfall - die meiste Schallenergie auf. Die aufgenommene Energie wird zum Teil durch innere Verluste in Wärme umgewandelt, d.h. die Schwingung wird gedämpft. Diese Dämpfung entsteht durch innere Reibung in der Platte und in der Luftschichte, sowie durch äußere Reibung der Platte an den Befestigungsstellen.

Eine Erhöhung der Dämpfung kann durch das Einbringen von porösem Material in den Zwischenraum zwischen Platte und Wand erzielt werden; es ist jedoch darauf zu achten, daß das poröse Material nicht die Schwingungen der Platte durch Berühren beeinträchtigt. Je mehr Energie vom Plattenschwinger aufgenommen und durch die Dämpfung in Wärme umgewandelt wird, umso größer ist seine schallschluckende Wirkung bzw. sein Schallschluckgrad α. In Abb. 8.2 ist der Verlauf des Schallschluckgrades eines Plattenschwingers mit kleiner Dämpfung (Kurve 1), mit optimaler Dämpfung (2) und mit überangepaßter Dämpfung (3) dargestellt. Bei kleiner Dämpfung wird ein großer Teil der vom Plattenschwinger aufgenommenen Schallenergie wieder in den Raum zurückgestrahlt und nicht in Wärme umgewandelt. Der Kurvenverlauf (1) zeigt im Bereich der Resonanzfrequenz f_o ein schmales und niederes Maximum. Durch eine Vergrößerung der Dämpfung wird die optimale Dämpfung (2) erreicht, bei der der Schallschluckgrad bei der Resonanzfrequenz den Maximalwert annimmt. Die Schallabsoption erfolgt - wie auch bei kleiner Dämpfung - sehr selektiv nur im Bereich der Resonanzfrequenz, was aber oft unerwünscht ist. Eine weitere Vergrößerung der Dämpfung führt zur überangepaßten Dämpfung (3). Der Schallabsorptionsgrad bei Resonanz wird nun zwar kleiner, jedoch die Schallabsorption erstreckt sich über einen breiten Frequenzbereich. In der Praxis wird bei Plattenschwingern meist die überangepaßte Dämpfung gewählt, um eine breitbandige Schallabsoprtion zu erzielen.

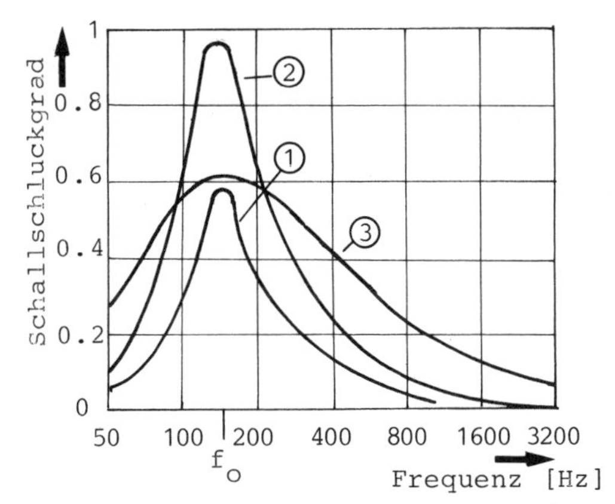

Abb. 8.2: Schallschluckgrad eines Plattenschwingers in Abhängigkeit von der Frequenz
① kleine Dämpfung, ② optimale Dämpfung
③ überangepaßte Dämpfung

Bei der praktischen Auslegung wird neben einer großen Dämpfung auch ein möglichst großer Abstand d zwischen Wand und Platte angestrebt, da dies eine breitbandige Schallabsorption begünstigt. Jedoch sollte nach /4/ d kleiner als $28/f_o$ sein (f_o in Herz, d erhält man dann in Meter), da sonst die Federeigenschaften des Luftpolsters verloren gehen.

Eine Sonderform des Plattenresonators ist der Lochplattenschwinger. Sein Aufbau ist prinzipiell dem des Plattenschwingers ähnlich, nur mit dem Unterschied, daß statt der dichten Platte eine gelochte Platte verwendet wird. Für die Resonanzfrequenz sind von ausschlaggebender Bedeutung wieder der Wandabstand d, die flächenbezogene Masse M und die "wirksame Lochmasse", deren Größe durch Anzahl, Form und Tiefe der Löcher bestimmt wird /4/. Der Platten- und Lochplattenschwinger wird hauptsächlich als Tiefenschlucker zu raumakustischen Maßnahmen (siehe Kapitel 10) in Zuhörerräumen eingesetzt. Als Beispiel dafür seien Konzertsäle genannt, in denen die tiefen Frequenzen durch Plattenschwinger an den Wänden und Decken absorbiert werden, während die hohen und mittleren Frequenzen durch das Publikum und durch die Bestuhlung des Saales bereits ausreichend gedämpft sind.

8.2. Helmholtzresonator

Neben dem Plattenschwinger gehört auch noch der Helmholtzresonator zur Gruppe der Resonanzabsorber. Seine größte Wirksamkeit liegt wie beim Plattenschwinger im Bereich niedriger Frequenzen. Der Einsatz von Helmholtzresonatoren stellt in der Raumakustik einen Sonderfall dar. Deshalb wird im folgenden nur das Grundprinzip kurz behandelt.

Den prinzipiellen Aufbau des Helmholtzresonators zeigt Abb.8.3. Er besteht bei einer vereinfachten Betrachtungsweise aus einem Feder-Masse-System. Die Feder wird durch die Luft in der Resonatorkammer und die schwingungsfähige Masse durch die Luft im Hals des Resonators dargestellt. Das Schwingungssystem aus Feder und Masse nimmt Schallenergie auf und wird somit, wie es beim Plattenschwinger der Fall ist, zum Schallabsorber.

Werden mehrere solcher Helmholtzresonatoren parallelgeschaltet, so entsteht der Lochabsorber, wie er in der Raumakustik Anwendung findet .

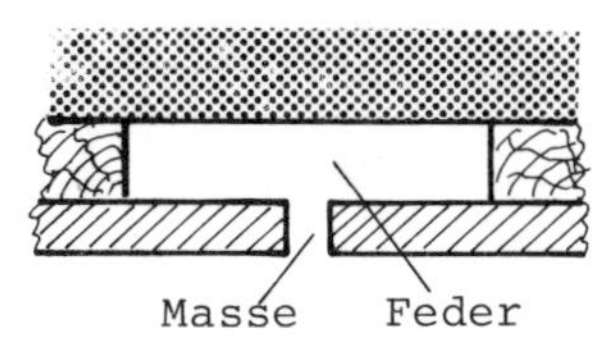

Abb. 8.3: Prinzipieller Aufbau eines Helmholtzresonators

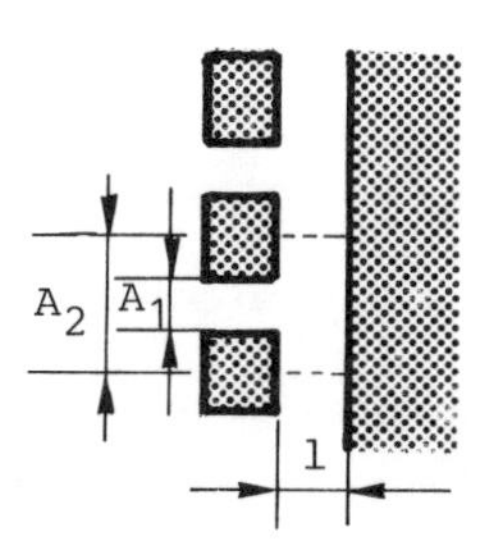

Abb. 8.4: Prinzipieller Aufbau eines Lochabsorbers

Der einfache Lochabsorber besteht, wie in Abb. 8.4 gezeigt ist, aus einer gelochten dicken Platte, die sich in einem gewissen Abstand vor einer harten Wand befindet.

Die Resonanzfrequenz (Maximum der Schallabsorption) eines Lochabsorbers ist (siehe z.B./12/) durch

$$f_o = \frac{c}{2\pi} \cdot \sqrt{\frac{A_1}{A_2} \cdot \frac{1}{l \cdot l^*}} \tag{8.4}$$

gegeben. Hierin ist (siehe Abb. 8.4) A_1 die Fläche des einzelnen Resonatorhalses, A_2 die Fläche des einzelnen Helmholtzresonators, l der Abstand zwischen Wand und Lochplatte und l* die korrigierte Länge des Resonatorhalses. Eine Korrektur der Resonatorhalslänge l ist erforderlich, weil durch die Schwingbewegung der Luft im Resonatorhals eine Wechselströmung nicht nur im Hals selbst, sondern auch etwas darüber hinaus zustande kommt. Durch eine längere (effektive) Halslänge l* wird dieser Einfluß auf die Resonanzfrequenz berücksichtigt. Mündungskorrekturen für verschiedene Resonatorhalsformen sind in /4/ angegeben.

Bei der Berechnung der Resonanzfrequenz eines Einzelresonators (Helmholtzresonator) ersetzt man $A_2 \cdot l$ durch V und erhält die Gleichung

$$f_o = \frac{c}{2\pi} \cdot \sqrt{\frac{A_1}{l^* \cdot V}} \quad , \qquad (8.5)$$

die für beliebig geformte "Federräume" gültig ist.

Durch Dämpfungmaßnahmen kann analog zum Plattenschwinger der frequenzabhängige Absorptionsverlauf des Helmholtzresonators bzw. Lochabsorbers beeinflußt werden. Solche Maßnahmen sind z.B. das Einbringen von gasdurchlässigen Dämmstoffen in den Resonatorhals oder das Anbringen einer offenporigen Schichte unmittelbar hinter der Lochplatte.

8.3. Poröse Schallabsorber

Poröse Schallabsorber sind sehr einfach aufgebaut und bestehen im Prinzip aus einer Schicht porösen Materials. Der in sie eindringende Schall wird teilweise oder ganz dissipiert, d.h. die Schallenergie wird in Wärme umgewandelt. Normalerweise sind die zur Umwandlung gelangenden Energiebeträge sehr klein, so daß es zu keiner nennenswerten Erwärmung des Absorbermaterials kommt. Die Schalldissipation erfolgt im porösen Material hauptsächlich durch viskose Strömungsverluste und in geringem Maße durch innere Reibung.

- Viskose Strömungsverluste: Ein wirksames Absorbermaterial besitzt eine große Anzahl von untereinander verbundenen nach außen hin offenen Poren, durch welche die Schallwellen in den Absorber eindringen und sich in ihm weiter ausbreiten. Im Absorber kommt es zu einer Relativbewegung zwischen dem Medium in den Poren (meist Luft) und dem die Poren bildenden Strukturmaterial. Bei diesem Wechselströmungsvorgang entstehen Grenzschichtverluste, welche Schallenergie in Wärme umwandeln.

- Innere Reibung: Die poröse faserartige Struktur eines Absorbermaterials wird im Rhythmus des Wechseldruckes verformt (z.B. zusammengedrückt, verbogen). Diese Verformungen laufen mit inneren Verlusten (innere Reibung) ab und tragen zur Dissipation von Schallenergie bei.

Wird ein schichtförmiger poröser Schallabsorber direkt an eine feste (vollständig reflektierende) Wand angebracht, so bildet sich in ihm bei senkrechtem Einfall ebener Schallwellen eine stehende Welle (Kapitel 6) aus. Die Schallschnelle ist an der reflektierenden Wand gleich Null, nimmt mit zunehmendem Abstand von der Wand zu und erreicht ein Maximum im Abstand eines Viertels der Schallwellenlänge λ_M im Material. Eine wirksame Schalldissipation durch viskose Strömungsverluste fordert eine möglichst große Relativgeschwindigkeit zwischen der Bauteilstruktur und der Luft. Daher ist in unmittelbarer Nähe der festen Wand die poröse Schallabsorberschicht nahezu unwirksam. Beträgt hingegen der Wandabstand der porösen Schicht ca. ein Viertel der Schallwellenlänge, so befindet sie sich im Bereich des Schallschnellenbauches der stehenden Welle, und ihre absorbierende Wirkung erreicht ein Maximum. Vergrößert man den Wandabstand der porösen Schicht auf die halbe Wellenlänge des Schalles, dann verliert sie wieder ihre Wirksamkeit, da die Schallschnelle in diesem Bereich ein Minimum (Schnellenknoten) erreicht.

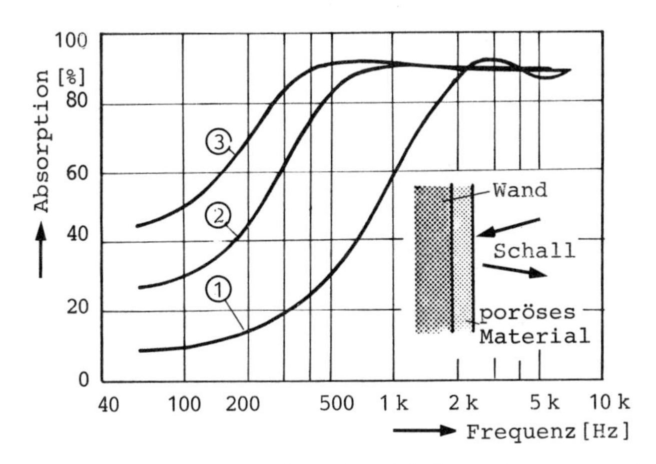

Abb. 8.5: Abhängigkeit der Schallabsorption von der Schichtdicke eines porösen Materials
① ... 25 mm, ② ... 76 mm, ③ ... 152 mm

Aus diesen Überlegungen geht hervor, daß für direkt an eine Wand angebrachte poröse Schichten mit zunehmender Schichtdicke d ihre Wirksamkeit größer wird, wie dies in Abb.8.5 für drei verschiedene Schichtdicken in Abhängigkeit der Frequenz dargestellt ist.

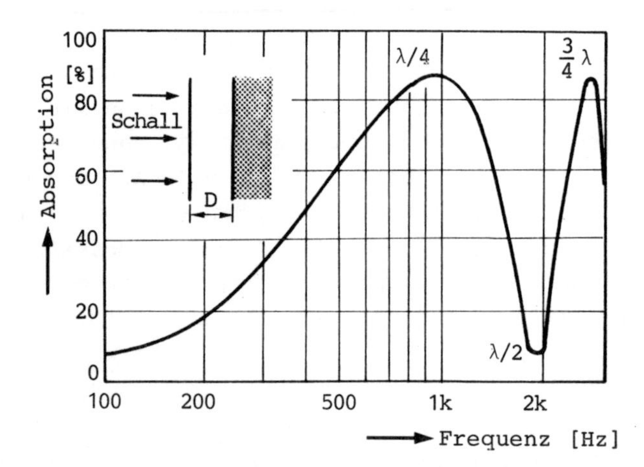

Abb. 8.6: Schallabsorption einer porösen Schichte im Abstand D = 9 cm von einer Wand

Bei der Anbringung einer porösen Schicht in einem Abstand D von der Wand zeigt die Schallabsorption Maxima für Frequenzen

$$f = c\cdot(2n + 1)/4D \tag{8.6}$$

und Minima für

$$f = c\cdot 2n/4D = c\cdot n/2D \tag{8.7}$$

($n = 0, 1, 2, 3, \ldots$; c = Schallgeschwindigkeit).

Die Absoption in Abhängigkeit von der Frequenz einer porösen Schallabsorberschichte in einem Abstand D = 9 cm von der Wand ist in Abb. 8.6 dargestellt. Auf Grund des sehr ungleichmäßigen Schallabsorptionsverlaufes scheint diese Art von Schallabsorption in der Praxis nicht brauchbar zu sein. Bei den obigen Betrachtungen haben wir uns aber auf senkrechten Schalleinfall beschränkt. Gewöhnlich treffen Schallwellen aber unter verschiedenen Winkeln auf. Bei unterschiedlichen Winkeln "sehen" die Schallwellen auch unterschiedliche Wandabstände (D_1, D_2, D_3) bzw. Schichtdicken (d_1, d_2, d_3), wie dies in Abb.8.7 gezeigt ist. Der Verlauf der Schallabsorption in Abhängigkeit von der Freqeunz bei allseitigem Schalleinfall erfolgt verglichen mit dem in Abb.8.6 gleichmäßiger. Es wird daher diese Art von Schallabsorbern in der Praxis häufiger angewendet, da selbst bei einem Wandabstand von 2 bis 4 cm bei schrägem

Schalleinfall hohe Schallabsorptionsgrade noch bei relativ niedrigen Frequenzen erreicht werden können.

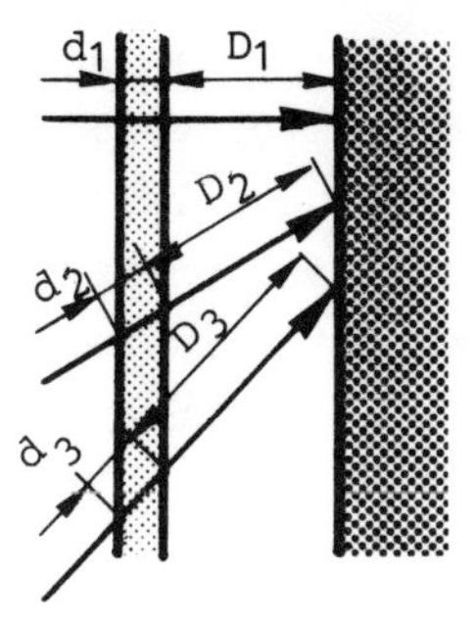

Abb. 8.7

Die Wirkung einer porösen Absorberschicht hängt nicht nur von der Anordnung und Dicke ab, sondern auch maßgeblich vom inneren Aufbau des Materials. Besteht dieser Aufbau aus einzelnen, nicht untereinander in Verbindung stehenden Poren, dann kann der Schall nicht in das Material eindringen; die viskosen Strömungsverluste sind daher vernachlässigbar klein. Aus diesem Grunde ist z.B. Polystyrolhartschaum als Schallabsorbermaterial nicht geeignet, da es geschlossene Zellstruktur besitzt.

Enthält das akustische Absorbermaterial untereinander verbundene Poren, so wird das Absorptionsvermögen durch mehrere Materialparameter bestimmt. Beispielsweise charakterisiert die "Porosität" und der "Strukturfaktor" Größe, Anzahl und Verteilung der Poren, sowie das Ausmaß der Verbindungen zwischen den Poren (Querschnitt und räumliche Anordnung der Verbindungen)/8/. Der in Hinblick auf die Dissipationseigenschaften wichtigste Materialparameter ist der spezifische Strömungswiderstand. Bei der Definition dieser Größe geht man davon aus, daß infolge eines Druckunterschiedes Δp zwischen Vorder- und Rückseite der porösen Absorberschichte, durch sie eine Luftströmung mit der Geschwindigkeit v (Filtergeschwindigkeit) entsteht; das Verhältnis des Druckunterschiedes Δp zur Strömungsgeschwindigkeit v bezeichnet man als spezifischen Strömungswiderstand. (Der längenspezifische Strömungswiderstand ist auf die Einheitsdicke der Absorberschicht bezogen).

Ist der spezifische Strömungswiderstand eines Absorbers gering, so wird auch die Dissipation gering sein; der größte Teil der Schallenergie wird an der festen Wand in den Raum reflektiert.

Ein geringer spezifische Widerstand kann sich ergeben, wenn die Absorberstruktur zu "offen" ist.

Ist hingegen der spezifische Strömungswiderstand eines Absorbers hoch, so wird die meiste Schallenergie an der Oberfläche reflektiert und nur ein geringer Teil kann in das Innere eindringen. Ein hoher spezifischer Strömungswiderstand entsteht dann, wenn das Absorbermaterial zu wenige Porenöffnungen an der Absorberoberfläche und unzureichende Verbindungen der Poren untereinander aufweist. Der optimale Strömungswiderstand mit einem Maximum der Schallschluckwirkung liegt zwischen den beiden beschriebenen Fällen.

In der Praxis werden häufig Absorberstrukturen mit eher hohem spezifischen Strömungswiderstand verwendet, die daraus resultierende Oberflächenreflexion des Schalles durch eine entsprechende Formgebung der Oberfläche des Absorbers gemildert.

Aufbau und akustisches Verhalten eines porösen Schallabsorbers in Kombination mit anderen Absorbertypen sowie von Sonderausführungen sind der Fachliteratur zu entnehmen /4,7/.

Beispiel: In einem Raum werden in 5 cm Abstand von einer Wand Sperrholzplatten mit der spezifischen Dichte von 700 kg m^{-3} angebracht. Wie stark sind die Platten, wenn bei 200 Hz das Maximum des Schallschluckgrades erreicht wird?

$$f_o = \frac{1}{2\pi}\sqrt{\frac{\kappa \cdot p^*}{\rho \cdot d \cdot b}} \qquad b = \frac{1{,}4 \cdot 10^5}{4\pi^2 \cdot 200^2 \cdot 0{,}05 \cdot 700} = 2{,}5 \text{ mm}$$

9. Schallausbreitung in Räumen

Beginnt eine punktförmige Schallquelle, die sich in einem abgeschlossenen (allseitig umgrenzten) Raum befindet, mit der konstanten Leistung P Schallenergie abzustrahlen, so breiten sich von ihr Schallwellen in den Raum aus, die nach einer gewissen Zeit auf die Begrenzungswände auftreffen. Ein Teil der auftreffenden Schallenergie wird von den Wänden absorbiert und der Rest in den Raum reflektiert. Nach mehreren Reflexionen an den Begrenzungswänden nimmt die Schallausbreitung im Raum diffusen Charakter an. Es entsteht also ein diffuses Schallfeld, in dem alle Schallausbreitungsrichtungen vertreten sind und alle Schallstrahlen durch oftmalige Reflexion an den Wänden vernichtet (absorbiert) werden. Da der Schallenergiestrom, der die Quelle verläßt, konstant bleibt, vergrößert sich in der Phase des Schallfeldaufbaues die Schallenergiedichte w im Raum. Der Energiezustrom P ist gleich dem Energiestrom P_R, der das diffuse Schallfeld aufbaut, plus dem Energiestrom P_A, der in den Begrenzungswänden absorbiert wird:

$$P = P_R + P_A \tag{9.1}$$

In einem diffusen Schallfeld eines Raumes kann angenommen werden, daß, abgesehen von einem gewissen Bereich um die Schallquelle, die Energiedichte $w = d\overline{E} / dV$ räumlich konstant ist und der Schallenergiestrom in allen Richtungen des Raumes den gleichen Wert annimmt (der Schallenergiestrom ist dann in allen Raumwinkelelementen $d\Omega$ gleich groß). Die Schallwellen befördern in diesem Falle in ihrer Richtung je Flächeneinheit die Leistung

$$\frac{w \cdot c \cdot d\Omega}{4\pi} \; . \tag{9.2}$$

Betrachten wir einen solchen Schallenergiestrom eines Raumwinkelelementes d auf das Flächeneinheitselement einer Wand, dessen Normale mit der Strahlenrichtung den Winkel θ einschließt, dann beträgt die Teilleistung

$$\frac{w \cdot c \cdot d\Omega}{4\pi} \cdot \cos\theta \; . \tag{9.3}$$

Die gesamte auftreffende Leistung auf die Flächeneinheit der Wand ergibt sich, wenn über den ganzen Halbraum, in den die Flächennormale des betrachteten Flächenelementes gerichtet ist, integriert wird:

$$\frac{w \cdot c}{4\pi} \iint \cos\theta \cdot d\Omega = \frac{w \cdot c}{4} \int_0^{\pi/2} \sin 2\theta \cdot d\theta \qquad (9.4)$$

Die Lösung des Integrals ergibt die Intensität im betrachteten Flächenelement der Wand, die durch das diffuse Schallfeld hervorgerufen wird:

$$I_D = \frac{w \cdot c}{4} \qquad (9.5)$$

Es ist bemerkenswert, daß I_D in einem diffusen Schallfeld nur 1/4 jener Schallintensität beträgt, die eine ebene Welle bei senkrechtem Auftreffen auf eine Fläche nach Gleichung (3.36) hätte.

Die Größe des Schallenergiestromes P_A wird vom gesamten Schallschluckvermögen des Raumes bestimmt. In der Raumakustik wird diese Eigenschaft durch die äquivalente Schallabsorptionsfläche A angegeben. Die Größe A bedeutet eine Fläche mit dem Schallabsorptionsgrad $\alpha = 1$, die den gleichen Anteil der Schallenergie absorbiert wie die gesamte Oberfläche des Raumes. Beträgt zum Beispiel die äquivalente Schallabsorptionsfläche eines Raumes 5 m^2, so ist dies gleichzusetzen einem 5 m^2 großen offenen Fenster ($\alpha = 1$) in diesem Raum, wenn der Rest der Begrenzungsflächen den Schall völlig reflektieren würde.

Die äquivalente Schallabsorptionsfläche eines Raumes läßt sich auf Grund der Frequenzabhängigkeit von α, nur jeweils für eine Frequenz errechnen durch Addition der einzelnen Flächen S_i, multipliziert mit den jeweiligen Schallschluckgraden α_i.

$$A = \alpha_1 \cdot S_1 + \alpha_2 \cdot S_2 \; \ldots\ldots \; \alpha_n \cdot S_n = \sum_{i=1}^{n} \alpha_i \cdot S_i \qquad (9.6)$$

Typische Werte von Absorptionsgraden verschiedener Materialien sind in Tab. 9.1 zusammengestellt.

Tab. 9.1: Absorptionsgrade (Schallschluckgrade) verschiedener Materialien

Material	Frequenz [Hz]		
	125	500	2000
	Absorptionsgrad		
Beton, unverputzt	0,01	0,02	0,03
Kalkzementputz auf Mauerwerk	0,02	0,03	0,05
Linoleumbelag auf Beton	0,01	0,01	0,05
Holzverkleidung	0,10	0,10	0,08
Glas, einfach	0,04	0,03	0,02
Holzfaser-Dämmplatte (15 mm dick auf Holzplatte)	0,25	0,31	0,55

Zur Charakterisierung der Schallabsorption eines Raumes bietet sich auch der mittlere Schallabsorptionsgrad $\bar{\alpha}$ an, der gegeben ist durch:

$$\bar{\alpha} = \frac{\sum_{i=1}^{n} \alpha_i \cdot S_i}{\sum_{i=1}^{n} S_i} = \frac{A}{S_{ges}} ; \qquad (9.7)$$

S_{ges} ist die gesamte dem Raum zugewandte Oberfläche.

Mit der äquivalenten Schallabsorptionsfläche A bzw. dem mittleren Schallabsorptionsgrad $\bar{\alpha}$ können wir nun einfach den Schallenergiefluß P_A berechnen:

$$P_A = A \cdot I_D = A \cdot \frac{w \cdot c}{4} = \bar{\alpha} \cdot S_{ges} \cdot I_D = \bar{\alpha} \cdot S_{ges} \cdot \frac{w \cdot c}{4} \qquad (9.8)$$

Der Energiefluß P_R, der zum Aufbau des Schallfeldes dient, ist gegeben durch

$$P_R = V \cdot \frac{dw}{dt} . \qquad (9.9)$$

Nach Gleichung (9.1) ergibt sich die folgende Energiestrombilanz:

$$P = V \cdot \frac{dw}{dt} + \frac{c \cdot A}{4} \cdot w \qquad (9.10)$$

Die Lösung dieser Differentialgleichung mit der Anfangsbedingung $w = 0$ für den Zeitpunkt $t = 0$ ergibt

Lösung mit Variation der Konstanten

$$w = \frac{4 \cdot P}{A \cdot c} \cdot \left(1 - e^{-\frac{A \cdot c}{4 \cdot V} t}\right) . \tag{9.11}$$

Demnach erfolgt der Aufbau eines Schallfeldes ("Anhall") in einem Raum nach einer Exponentialfunktion (siehe Abb.9.1). Nach unendlich langer Zeit geht w in einen konstanten Wert, in die stationäre Schallenergiedichte w_{st} über. Wir erhalten diesen Wert aus Glg.(9.11) für $t \to \infty$ zu:

$$w_{st} = \frac{4 \cdot P}{A \cdot c} \tag{9.12}$$

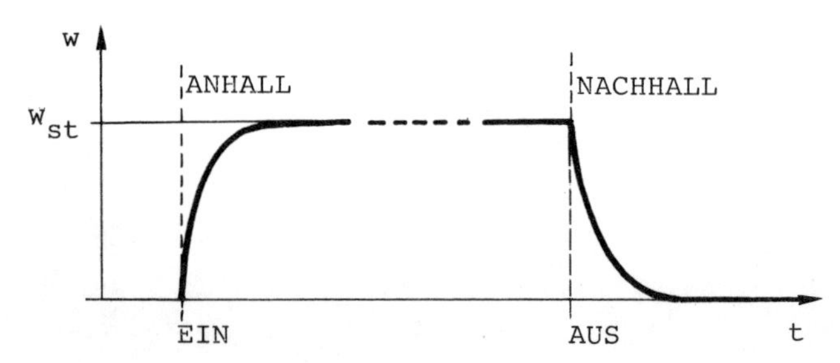

Abb. 9.1: Zeitlicher Verlauf der Energiedichte w nach An- und Abschalten der Schallquelle

Die stationäre Schallintensität I_{st} ist dann gegeben durch

$$I_{st} = c \cdot w_{st} = \frac{4 \cdot P}{A} \tag{9.13}$$

Obwohl w_{st} und damit auch I_{st} erst nach unendlich langer Zeit erreicht werden, so stellten sich praktisch schon nach sehr kurzer Zeit nahezu die stationären Werte ein; der Anhall ist daher mit dem Gehör selten feststellbar.

Stellt nun die Schallquelle zum Zeitpunkt t_o plötzlich die Abstrahlung von Schallenergie ein, so wird die sich im diffusen Schallfeld befindliche Schallenergie nicht sofort verschwinden, sondern durch Reflexionen an den Wänden stufenweise abgebaut werden. Dieser Abbau wird als Nachhall bezeichnet. Der zeitliche Verlauf von w des Nachhalles kann leicht berechnet werden, wenn in Gleichung (9.10) der Energiezufluß P Null gesetzt wird.

$$V \frac{dw}{dt} + \frac{c \cdot A}{4} \cdot w = 0 \tag{9.14}$$

Die Lösung dieser Differentialgleichung mit der Anfangsbedingung $w = w_{st}$ zum Zeitpunkt t_o lautet:

$$w = w_{st} \cdot e^{-\frac{A \cdot c}{4 \cdot V} \cdot t} \tag{9.15}$$

Der Abbau der Energiedichte beim Nachhall verläuft nach einer Exponentialfunktion (siehe Abb.9.1). Mit Gleichung (9.5) kann die Energiedichte in die Schallintensität umgerechnet werden:

$$I = I_{st} \cdot e^{-\frac{A \cdot c}{4 \cdot V} \cdot t} \tag{9.16}$$

Die Zeit des Nachhalles ergibt sich daraus zu

$$t = \frac{4 \cdot V}{A \cdot c} \cdot \ln \frac{I_{st}}{I} \; . \tag{9.17}$$

Die Zeit des Nachhalles hängt sonst von der äquivalenten Schallabsorptionsfläche A, dem Volumen V des Raumes und dem Verhältnis der Schallintensitäten I/I_{st} ab. Um vom letzten Parameter unabhängig zu werden, definiert man die Nachhallzeit T (wird auch mit $T_{(60)}$ bezeichnet) als jene Zeit, in der die Schallintensität nach dem Abschalten der Schallquelle auf den millionsten Teil des Ausgangswertes abgesunken bzw. der Schallpegel um 60 dB gegenüber dem Ausgangspegel kleiner geworden ist.

$$\frac{I_{st}}{I} = 10^6 \; ; \quad L_{st} - L = 60 \text{ dB} \tag{9.18}$$

Dies in Gleichung (9.16) eingesetzt ergibt

$$e^{-\frac{A \cdot c}{4 \cdot V} \cdot T} = 10^{-6} \; . \tag{9.19}$$

Wir erhalten dann daraus die Nachhallzeit T:

$$T = \frac{4 \cdot V}{A \cdot c} \cdot 6 \cdot \ln 10 = \frac{55{,}26 \cdot V}{A \cdot c} \tag{9.20}$$

Wird in diese Gleichung die Schallgeschwindigkeit c mit 340 m/sec und die räumlichen Abmessungen in Meter eingesetzt, dann erhält man folgende Gleichung:

$$T = \frac{0{,}163 \cdot V}{A} \tag{9.21}$$

Diese Formel hat der amerikanische Forscher W.C. Sabine (Physikprofessor an der Harvard Universität) bereits um die Jahrhundertwende empirisch gefunden; sie wird daher auch Sabinesche Formel genannt.

Bei sehr großen Sälen kommt es wegen der langen Schallwege zwischen den einzelnen Reflexionen zu nicht mehr vernachlässigbarer Dissipation in der Luft. Diese Verluste verkleinern die Nachhallzeit und werden, wie in /8/ gezeigt ist, durch ein additives Glied im Nenner der Sabineschen Formel berücksichtigt.

$$T = \frac{0,163 \cdot V}{A + 4 \cdot \delta \cdot V} \tag{9.22}$$

(Dissipationskonstante δ ist in m^{-1} einzusetzen; Werte für δ sind in /7/ zu finden)

Die Sabinesche Formel (9.21) gilt für den Abbau eines diffusen Schallfeldes in Räumen, deren mittlerer Schallabsorptionsgrad $\alpha < 0,2$ ist. Für Räume mit höheren mittleren Schallabsorptionsgraden ist die Anwendung der Sabineschen Formel problematisch, da es dann zu immer weniger Schallreflexionen kommt und somit die Voraussetzungen für die statistische Nachhalltheorie /8/ nicht mehr gegeben sind. Für den Fall $\alpha = 1$, d.h. wenn die gesamte Schallenergie bei der ersten Reflexion an den Wänden des Raumes absorbiert wird, sollte die Nachhallzeit null sein. Dies ist jedoch bei der Sabineschen Formel nicht der Fall ($A = 1 \cdot S_{ges}$). Im folgenden wird daher eine Formel abgeleitet, die diesen Mangel nicht mehr aufweist.

Wir nehmen wieder an, daß im Moment des Abschaltens der Schallquelle die Schallintensität des stationären (diffusen) Schallfeldes I_{st} beträgt. Nach der ersten Reflexion des zum Zeitpunkt des Abschaltens ausgesandten Schalles an den Oberflächen des Raumes beträgt die Schallintensität

$$I_1 = I_{st}(1 - \bar{\alpha}) . \tag{9.23}$$

Nach der zweiten Reflexion

$$I_2 = I_1 \cdot (1 - \bar{\alpha}) = I_{st} \cdot (1 - \bar{\alpha})^2 \tag{9.24}$$

und nach der n-ten Reflexion

$$I_n = I_{st} \cdot (1 - \bar{\alpha})^n . \tag{9.25}$$

Wir wollen nun die Anzahl der Reflexionen bestimmen, die notwendig sind, um die Ausgangsintensität I_{st} auf den millionsten Teil zu reduzieren.

$$\frac{I_n}{I_{st}} = 10^{-6} = (1 - \bar{\alpha})^n \qquad (9.26)$$

Diesen Ausdruck nach n aufgelöst ergibt

$$n = \frac{-6 \cdot \ln 10}{\ln (1 - \bar{\alpha})} \qquad (9.27)$$

Wenn wir nun eine mittlere Wegstrecke, die der Schall zwischen zwei Reflexionen zurücklegt, annehmen (nach /8/ ist dies zulässig; diese Strecke wird dort als "freie Weglänge" bezeichnet), so läßt sich mit der Gleichung (9.27) und der Schallgeschwindigkeit c die Nachhallzeit berechnen.

Die totale absorbierte Leistung erhalten wir dann mit folgender Gleichung:

$$P_A = \frac{w \cdot V \cdot \bar{\alpha} \cdot c}{d} \qquad (9.28)$$

Die absorbierte Leistung haben wir bereits mit Gleichung (9.8) berechnet. Setzen wir die beiden Ergebnisse gleich, so ergibt sich für d:

$$d = \frac{4 \cdot V}{S} \qquad (9.29)$$

n Reflexionen werden daher in der Zeit

$$T = \frac{n \cdot d}{c} = \frac{4 \cdot V \cdot n}{S \cdot c} = \frac{24 \cdot V \cdot \ln 10}{-S \cdot c \cdot \ln (1 - \bar{\alpha})} \qquad (9.30)$$

erreicht.

Mit dieser Gleichung erhalten wir für den Absorptionsgrad $\alpha = 1$ die Nachhallzeit null. Für kleine α-Werte ($< 0{,}2$) kann $-S \ln(1-\bar{\alpha})$ durch $S \cdot \bar{\alpha}$ approximiert werden und ergibt damit die Gleichung (9.21) - die Sabinesche Formel.

Wird über eine Schalldruckmessung die Intensität I_{st} bestimmt, so läßt sich mit Gleichung (9.13) die Leistung der Schallquelle berechnen:

$$P = \frac{I_{st} \cdot A}{4} \qquad (9.31)$$

Diese Messung darf aber nur in jenem Bereich des Raumes durchgeführt werden, in den kein direkter Schall von der Schallquelle gelangt. Andernfalls kommt es zur Überlagerung des diffusen Schalles und des direkten Schalles der Quelle. Die sich dadurch ergebende gesamte Schallintensität I_{ges} setzt sich aus der Intensität I_{st} des diffusen Schallfeldes nach Gleichung (9.13) und der Intensität I_{dir} des direkten Schalles nach Gleichung (5.1) zusammen:

$$I_{ges} = I_{st} + I_{dir} = \frac{4 \cdot P}{A} + \frac{P}{4\pi \cdot r^2} \qquad (9.32)$$

(r ist der Abstand von der Schallquelle)

Befindet sich die Schallquelle nicht im geometrischen Mittelpunkt des Raumes, sondern z.B. direkt am Boden oder an der Decke, so muß die geänderte Abstrahlung des Schalles durch den Richtungsgrad bzw. den Richtungsindex berücksichtigt werden. Richtungsgrad D_r und Richtungsindex d_r einer Schallquelle sind definiert durch

$$D_r = \frac{I}{I_{ref}} \qquad (9.33)$$

und

$$d_r = 10 \cdot \lg D_r = 10 \cdot \lg \frac{I}{I_{ref}} . \qquad (9.34)$$

In diesen Gleichungen stellt I die Schallintensität im Abstand r von der Schallquelle dar (in Richtung des zu bestimmenden D_r-Wertes), I_{ref} ist die Referenzintensität.

$$I_{ref} = \frac{P}{4\pi \cdot r^2} \qquad (9.35)$$

Werte für Richtungsgrad und Richtungsindex einer punktförmigen Schallquelle für unterschiedliche Standorte in einem Raum sind in Tab.9.2 angegeben.

Tab.9.2: Richtungsgrad und Richtungsindex für eine punktförmige Schallquelle bei unterschiedlichen Standorten in einem Raum

Standort	Richtungsgrad D_r	Richtungsindex d_r
in Raummitte	1	0
direkt an Fußboden, Decke oder Wand	2	3
Schnittpunkt zweier Flächen (Decke-Wand; Wand-Fußboden)	4	6
Schnittpunkt dreier Flächen (Raumecken)	8	9

Unter Berücksichtigung des Standortes der Schallquelle lautet die Gleichung (9.30)

$$I_{ges} = \frac{4 \cdot P}{A} + \frac{P \cdot D_r}{4\pi \cdot r^2}, \qquad (9.36)$$

oder im Pegelmaß

$$L_{ges} = L_L + 10 \cdot \lg \left(\frac{4}{A} + \frac{D_r}{4\pi \cdot r^2} \right) \qquad (9.37)$$

(L_L ...Leistungspegel, siehe Kapitel 3.9).

Durch Gleichung (9.37) wird der Verlauf des Schallpegels im Fernfeld einer punktförmigen Schallquelle beschrieben. In Abb.9.2 ist dieser Verlauf in Abhängigkeit vom Abstand r von der Schallquelle schematisch dargestellt.

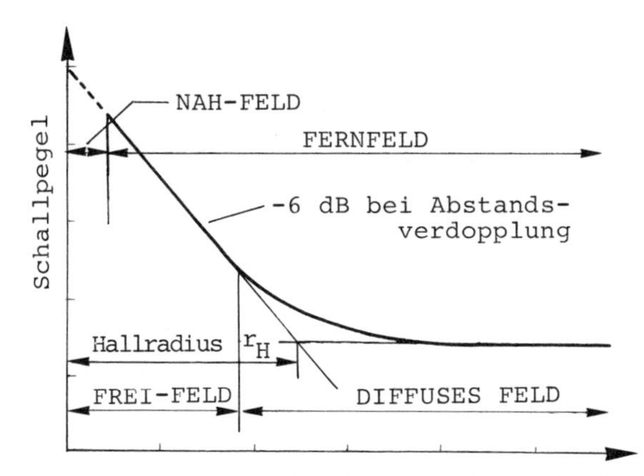

Abb. 9.2: Schallpegel in Abhängigkeit von der Entfernung einer punktförmigen Schallquelle

Das Nahfeld in unmittelbarer Nähe der Schallquelle unterscheidet sich nicht von dem bei Schallausbreitung im Freien (Kapitel 5) und wurde bereits dort besprochen. Das an das Nahfeld angrenzende Fernfeld besteht aus dem Freifeld und dem diffusen Feld (siehe Abb.9.2). Im Freifeld überwiegt der direkte Schall so sehr gegenüber dem diffusen Schall, daß sich eine Schallpegelabnahme mit der Entfernung von der Schallquelle wie bei der Schallausbreitung im Freien ergibt (-6 dB pro Abstandsverdopplung). Im Bereich des diffusen Feldes geht der Schallpegel in einen konstanten Wert (stationärer Schallpegel) über, der in diesem Bereich des Schallfeldes unabhängig vom Abstand der Schallquelle wird.

Als Hallradius r_H wird jener Abstand von der Schallquelle bezeichnet, in dem die Schallintensität des freien und diffusen Feldes gleich groß ist.

$$I_{st} = I_{dir}$$

$$\frac{4 \cdot P}{A} = \frac{P}{4 \cdot r^2 \pi} \qquad (9.38)$$

Daraus ergibt sich der Hallradius zu

$$r_H = \sqrt{\frac{A}{16\pi}} \; . \qquad (9.39)$$

Innerhalb des Hallradius ist der Schallpegel höher als im übrigen Raum. Daher werden, um eine möglichst große Absorption (Dissipation) von Schallenergie zu erreichen, Schallabsorber innerhalb des Hallradius angebracht. Schallabsorbierende Hauben sollten daher möglichst nahe der Schallquelle angebracht werden.

In den obigen Betrachtungen der Schallausbreitung in Räumen fand die Wellennatur des Schalles noch keine Beachtung. Jeder abgeschlossene Luftraum stellt ein schwingungsfähiges System dar. Durch eine exakte Lösung der Wellengleichung (3.2) mit den Randbedingungen, die der Raumgeometrie entsprechen, kann die Wellennatur des Schalles berücksichtigt werden. Das Ergebnis einer solchen mathematischen Behandlung - durchgeführt für den dreidimensionalen Raum - ist eine unendlich große Zahl von Eigenfrequenzen. Zum Beispiel erhält man für einen quaderförmigen Raum die folgenden Eigenfrequenzen f:

$$f^2 = \frac{c^2}{4} \left\{ \left(\frac{n_x}{l_x}\right)^2 + \left(\frac{n_y}{l_y}\right)^2 + \left(\frac{n_z}{lz}\right)^2 \right\} \; ; \qquad (9.40)$$

l_x ist die Länge, l_y die Breite und l_z die Höhe des Raumes. n_x, n_y und n_z = 0, 1, 2, 3,.... und c die Schallgeschwindigkeit.

Die einzelnen Frequenzen können nun durch Einsetzen von verschiedenen Wertetripeln (n_x, n_y, n_z) in Gleichung (9.40) berechnet werden.

Bei quaderförmigen Räumen können die Eigenfrequenzen in drei Arten unterteilt werden:

- Sind zwei Werte des Zahlentripels (n_x, n_y, n_z) in Gleichung (9.40) null, so erhält man die axialen Eigenfrequenzen. Schallwellen mit solchen Eigenfrequenz entstehen durch Überlagerung von zwei fortschreitenden Wellen, deren Ausbreitungsrichtungen parallel zu einer der Raumachsen sind.

- Tangentiale Eigenfrequenzen werden erhalten, wenn zwei Werte des Zahlentripels größer als Null sind. In diesem Fall verlaufen die Schallstrahlen l_1 bis l_4 parallel zu zwei gegenüberliegenden Wänden und werden, wie dies in Abb. 9.3 schematisch gezeigt ist, an den übrigen vier Wänden reflektiert. Die Gesamtlänge l des Schallweges muß ein ganzzahliges Vielfaches der halben Wellenlänge sein.

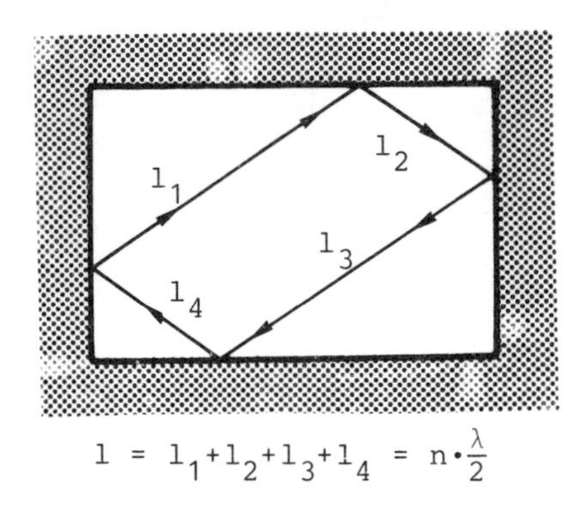

$$l = l_1 + l_2 + l_3 + l_4 = n \cdot \frac{\lambda}{2}$$

Abb. 9.3: Schallstrahlenverlauf von Schallwellen mit tangentialen Eigenfrequenzen

- Schiefe Eigenfrequenzen entstehen, wenn die Schallwellen von allen sechs Wänden reflektiert werden. Im Zahlentripel in Gleichung (9.40) sind für diesen Fall alle drei Werte größer als Null.

Die Begrenzungsflächen eines Raumes haben im allgemeinen unterschiedliche akustische Eigenschaften. In diesem Fall werden sich die Dämpfungen der einzelnen Eigenfrequenzen im Raum stark unterscheiden. Die Anhall- und Nachhalleigenschaften des Raumes werden dadurch wesentlich beeinflußt.

Auch bei einem stationären Schallfeld in einem Raum können ausgeprägte Eigenfrequenzen eine sehr inhomogene , meist nicht erwünschte Energieverteilung (schlechte Diffusität) hervorrufen.

<u>Beispiel:</u> Eine Schallquelle mit der Leistung 10^{-2} W befindet sich in der Mitte eines Raumes (Raumvolumen 1000 m^3, äquivalente Schallabsorptionsfläche 40 m^2). Berechne: $w_{0,1}$ (0,1 s nach dem Abschalten der Schallquelle), w_{st}, I_{st}, L_{st}, L_{ges} in einem Meter Abstand von der Quelle, r_H und die Nachhallzeit T.
(c = 330 m s^{-1})

$$w_{0,1} = \frac{4 \cdot P}{A \cdot c} \cdot \left(1 - e^{-\frac{A \cdot c}{4 \cdot V} \cdot t}\right) = 3 \cdot 10^{-6}\left(1 - e^{-\frac{40 \cdot 330}{4 \cdot 1000} 0,1}\right)$$

$$= 0,84 \cdot 10^{-6} \text{ Ws m}^{-3}$$

$$w_{st} = \frac{4 \cdot P}{A \cdot c} = \frac{4 \cdot 10^{-2}}{4 \cdot 330} = 3 \cdot 10^{-6} \text{ Ws m}^{-3}$$

$$I_{st} = \frac{4 \cdot P}{A} = \frac{4 \cdot 10^{-2}}{40} = 10^{-3} \text{ W m}^{-2}$$

$$L_{st} = 10 \text{ lg } \frac{10^{-3}}{10^{-12}} = 10 \cdot \text{lg } 10^{9} = 90 \text{ dB}$$

$$L_{ges} = 10 \cdot \text{lg } \frac{10^{-2}}{10^{-12}} + 10 \cdot \text{lg } \left(\frac{4}{40} + \frac{1}{4\pi}\right) = 92,5 \text{ dB}$$

$$r_H = \sqrt{\frac{A}{16\pi}} = \sqrt{\frac{40}{16\pi}} = 0,89 \text{ m}$$

$$T = \frac{0,163 \text{ V}}{A} = \frac{0,163 \cdot 1000}{40} = 4,075 \text{ s}$$

10. Raumakustik

Die Raumakustik im Rahmen der Bauphysik beschäftigt sich mit den physikalischen Vorgängen bei der Schallausbreitung in Räumen aller Art (Wohnräume, Büros, Konzertsäle, Kirchen, Turnhallen usw.) zur Schaffung eines, je nach geplantem Verwendungszweck, geeigneten "akustischen Klimas". Grundsätzliche Überlegungen und Kriterien dazu werden im folgenden kurz behandelt. Konstruktive Details und spezielle Probleme können nicht besprochen werden, da dies den Rahmen des Buches übersteigen würde; es wird diesbezüglich auf die Fachliteratur /4,7,8/ hingewiesen.

10.1 Direktschall, Schallreflexionen, Echos

Unter direktem Schall wird jener Schallwellenanteil verstanden, der den Hörer auf dem kürzesten Wege der geradlinigen Verbindung zwischen ihm und der Schallquelle erreicht. Für die Deutlichkeit und Verständlichkeit von Sprache und Musik, sowie für den Lautstärkeeindruck hat der direkte Schall eine große hörpsychologische Bedeutung. Er ist außerdem dafür verantwortlich, daß der durch das Gehör vermittelte Richtungseindruck mit jener Richtung übereinstimmt, in welcher die Schallquelle zu sehen ist. Die Direktschallversorgung der Hörer an allen Orten des Raumes sollte daher möglichst groß und gleichmäßig sein. Es ist also von Vorteil, wenn sich die Hörer möglichst nahe an der Schallquelle befinden, d.h. wenn die Schallwege möglichst kurz sind und die Schallquelle von den Hörern gut gesehen wird. In einem Hörsaal z.B. wird dies erreicht durch ausreichende Sitzüberhöhung und durch einen Raumgrundriß, der eine Sitzanordnung der Hörer in konzentrischen Halbkreisen um die Schallquelle zuläßt.

Für die Berechnung der Direktschallintensität in einem Raum gelten dieselben Gleichungen wie bei der Schallausbreitung im Freien (Kapitel 5); mit zunehmendem Abstand von der Schallquelle nimmt die Intensität ab (Geometrische Intensitätsabnahme).

Ausgleichend für diese Intensitätsabnahme des direkten Schalles wirken sich Schallreflexionen aus. Dieser Schallanteil erreicht den Hörer, bedingt durch die Reflexion an einem Schallhindernis, über einen Umweg. Er trifft daher beim Hörer, verglichen mit dem Direktschall, etwas später ein. Der Zeitunterschied - die Laufzeitdifferenz - kann leicht errechnet werden, indem der Umweg des Schalles durch die Schallgeschwindigkeit ($c \sim 340$ m s^{-1}) dividiert wird. Ist die Laufzeitdifferenz kleiner als 0,05 Sekunden, (entspricht einem maximalen Umweg von 17 m), dann wirken sich diese Reflexionen auf die Hörsamkeit vorteilhaft aus. Sie werden daher als nützliche Reflexionen bezeichnet, und ihre Intensität sollte möglichst groß sein. Beträgt die Laufzeitdifferenz hingegen mehr als 0,05 Sekunden, so stören diese Reflexionen die Verständlichkeit und mindern daher die Hörsamkeit im Raum. Es handelt sich hier um unerwünschte Reflexionen; ihre Intensität sollte daher möglichst klein sein. Reflexionen, die deutlich später als der Direktschall wahrgenommen werden, empfindet man als Echo.

Durch die Anordnung, geometrische Gestalt und Oberflächenbeschaffenheit der Raumbegrenzungen können die Intensitätsverhältnisse der nützlichen und unerwünschten Reflexionen entscheidend gesteuert werden. Grundsätzlich kann zwischen Schallreflektoren und Schallabsorbern unterschieden werden. Als Reflektoren dienen solche Flächen, die einen hohen Reflexionsgrad aufweisen und in ihren Abmessungen viel größer als die Wellenlänge des Schalles sind.

Es sollte angestrebt werden, den Hörer möglichst mit ersten Reflexionen (Direkt-Schall einmal reflektiert) zu versorgen. Dies wird meist durch eine entsprechende konstruktive Gestaltung der oberen Raumbegrenzungen mit Reflektoren erzielt. Reichen die vorhandenen Begrenzungsflächen des Raumes nicht aus, die gewünschte Schallintensitätsverteilung zu bewirken, dann sind zusätzliche Reflektoren notwendig. Diese sollten möglichst in der Nähe der Schallquelle angebracht werden, damit Schall von entfernteren Störschallquellen im Raum nur in sehr geringem Maße zum Hörer reflektiert wird. Sind Reflektoren nicht eben, sondern konkav gekrümmt, dann wirken sie als Schallkonzentratoren. Zum Beispiel haben Kuppeldächer oder zylindrische Rückwände eine schallkonzentrierende Wirkung, die nur in seltenen Fällen erwünscht ist. Ist hingegen die Krümmung von Reflektoren konvex, dann wirken sie schallzerstreuend. Weitere Möglichkeiten zur Realisierung von schallzerstreuenden Wandelementen - auch Diffusoren genannt - sind quader- oder würfelförmige Nischen, Zylinderflächen, Kassetten und "Sägezahnflächen". Diese Elemente eignen sich besonders gut zur Erzeugung eines gleichmäßig diffusen Schallfeldes. Ihre Wirksamkeit ist jedoch nur dann gegeben, wenn die geometrische Akustik Gültigkeit hat. Unerwünschte Schallreflexionen, wie sie zum Beispiel durch die Rückwand eines Hörsaales zustande kommen, verhindert man, indem diese Teile der Raumbegrenzung als Diffusoren ausgestaltet werden. Eine weitere Möglichkeit zur Beseitigung von unerwünschten Schallreflexionen (bzw. Echos) in Räumen stellt das Anbringen von schallabsorbierendem Material und von Schallabsorbern, wie sie in Kapitel 8.1-8.3 bereits besprochen wurden, dar.

Eine besondere Art des Echos ist das Flatterecho. Es entsteht, wenn Schallwellen in sich oder nahezu in sich zwischen zwei parallelen Flächen reflektiert werden. Die dadurch entstehenden, dicht aufeinander folgenden Einzelechos hören sich wie ein "Schnarren" an und vermindern empfindlich die Hörsamkeit im Raum.

Flatterechos treten bevorzugt in hohen Räumen mit gut reflektierenden parallelen Raumbegrenzungen auf. Durch konstruktive Maßnahmen (Vermeidung von parallelen Flächen) oder durch schallabsorbierende Wand- und Deckenbekleidungen bzw. Diffusoren können sie leicht vermieden werden.

Damit der Schallpegel von Störgeräuschen in Räumen (z.B. zufolge Klimatisierung, Belüftung, Außenlärm usw.) einen maximal zulässigen Wert nicht übersteigt, sind Schallisolationsmaßnahmen notwendig, die in Kapitel 11 bzw. in /4,10,13, u.a./ beschrieben sind.

10.2 Nachhallzeitmessung, Nachhallkurve u. optimale Nachhallzeit

Nachhallmessungen sind in der Raumakustik sehr wichtig. Sie werden benötigt

- zur Beurteilung des akustischen Klimas eines Raumes bzw. der Eignung für einen bestimmten Verwendungszweck;
- zur Überprüfung, welche Veränderungen vorgenommen werden müssen, um einen Raum "akustisch" sanieren zu können und
- zur Bestimmung des Schallabsorptionsgrades von Schallabsorbern.

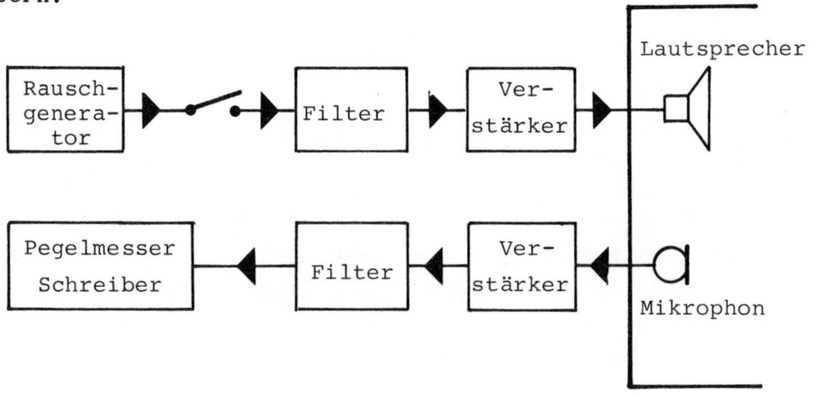

Abb. 10.1: Prinzipschaltbild für Nachhallzeitmessungen

Bei der Messung der Nachhallzeit wird in terzbreiten (bzw. oktavbreiten) Frequenzbändern des raumakustischen Frequenzbereiches (63 Hz bis 8000 Hz) das Abklingen eines Rauschgeräusches entsprechender Bandbreite mit einer Anordnung, wie sie in Abb.10.1 schematisch dargestellt ist, verfolgt. Als Schallquelle zur Erzeugung des Nachhallschallpegels diente früher ein Platzpatronenknall; heute wird ein plötzlicher Schallabstrahlungsabbruch der Schallquelle durch eine elektrische Abschaltung der Lautsprecher realisiert. Der zeitliche Verlauf des Nachhallschallpegels wird über die Meßkette Mikrophon- Filter-Schallpegelmesser-Schreiber aufgezeichnet (meßtechnische Details über Nachhallzeitmessungen sind in /6/ zu finden).

In Abb.10.2 ist ein Beispiel eines Nachhallzeit-Meßergebnisses dargestellt. Der annähernd linear verlaufende Schallpegelabfall kann auf einen Wert von 60 dB extrapoliert werden, um definitionsgemäß die Nachhallzeit ermitteln zu können (siehe Abb.10.2). Der registrierte Kurvenverlauf entspricht umso besser einer Geraden, je besser die Diffusivität des Raumes ist, d.h. je gleichmäßiger die reflektierten Schallwellen den Raum erfüllen. Eigenfrequenzen und schlechte Diffusivität können den Abklingverlauf des Schallpegels so verzerren, daß er aus mehreren Geradenstücken mit unterschiedlicher Steigung besteht; eine Bestimmung der Nachhallzeit ist dann nicht mehr möglich.

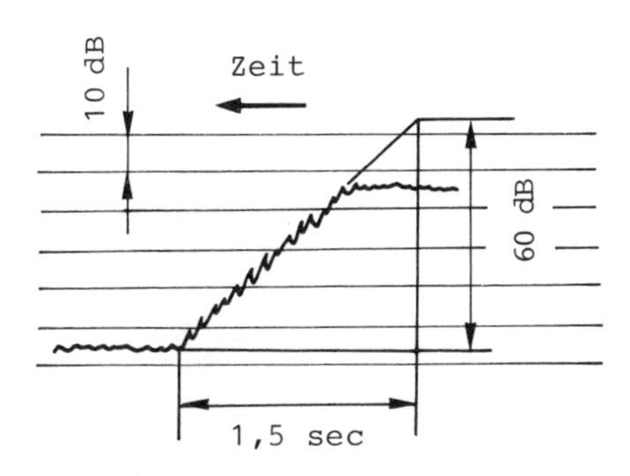

Abb. 10.2: Nachhallzeitbestimmung

Werden die gemessenen Nachhallzeiten der einzelnen Frequenzbänder in Abhängigkeit von der Mittenfrequenz aufgetragen, erhält man die Nachhallkurve. Der zeitliche Verlauf des Nachhallschallpegels in den einzelnen Frequenzbändern und die Nachhallkurve sind für den Akustiker wichtige Anhaltspunkte, um Entscheidungen über akustische Verbesserungsmaßnahmen treffen zu können.

Durch das Anbringen von porösen Absorbern wird in der Regel die Nachhallzeit in höheren Frequenzbereichen verkürzt. Für den niedrigen Frequenzbereich hingegen kommen die verschiedenen Resonatortypen (Kapitel 8) zum Einsatz.

Ein besonderes Problem für den Akustiker stellt die Schallabsorption durch Zuhörer in einem Saal für Musik- und Sprechdarbietungen dar. Der Zuhörer ist durch seine Kleidung ein poröser Absorber für höhere Frequenzen. Ist z.B. ein Saal nur zu einem sehr geringen Teil besetzt, so wird das akustische Verhalten des Saales, verglichen mit dem eines vollbesetzten Saales, wesentlich verändert. Konstruktive Maßnahmen, wie z.B. absorbierende Klappstuhlunterseiten, helfen solche Probleme zu lösen.

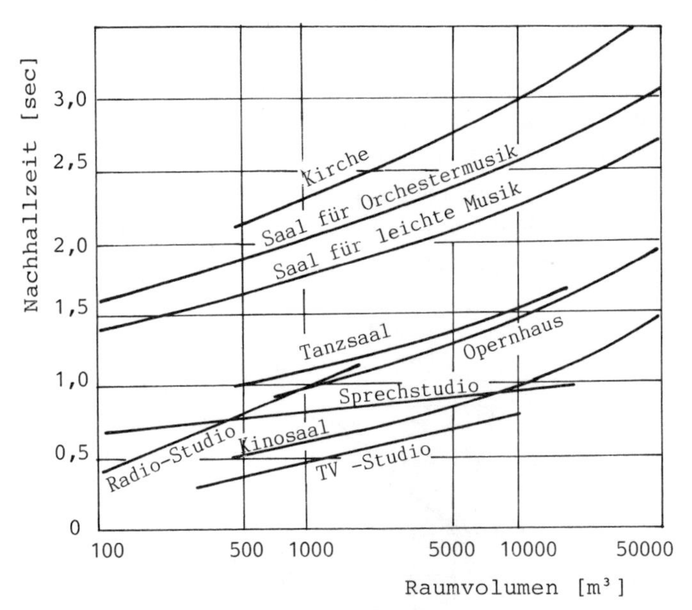

Abb. 10.3: Abhängigkeit der optimalen Nachhallzeit von Saalvolumen und Benützungsart des Saales

In der Raumakustik wird oft der Ausdruck "optimale Nachhallzeit" verwendet. Darunter wird meist jene Nachhallzeit verstanden, die sich einstellt, wenn für einen bestimmten Verwendungszweck das beste akustische Verhalten eines Saales erreicht ist. Für Sprachdarbietungen gibt es objektive Kriterien zur Beurteilung der Silbenverständlichkeit /8/, bei Musikdarbietungen hingegen können nur subjektive Urteile von Einzelpersonen abgegeben werden, für welche klangästhetische Empfindungen den Maßstab bilden und daher gelegentlich weit auseinander liegen können. In Abb.10.3 ist für eine Reihe von Musik- und Sprechdarbietungsräumen die optimale Nachhallzeit in Abhängigkeit vom Volumen der Räume im Frequenzgebiet um 500 Hz aufgetragen. Diese Abbildung zeigt, daß die optimale Nachhallzeit für die verschiedenen Verwendungszwecke von Räumen mit zunehmenden Raumvolumen ansteigt. Für Musikdarbietungen werden größere optimale Nachhallzeiten gefordert, als für Sprechdarbietungen. Bei Mehrzweckräumen ist es von Vorteil, wenn durch Wandvorhänge und andere Einrichtungs- und Wandelemente die Nachhallzeit reguliert werden kann.

Die Bestimmung des Absorptionsgrades von Schallabsorbern wird in sogenannten Hallräumen durchgeführt. Es sind dies große, schallharte Räume mit sehr guter Diffusität und einer Nachhallzeit von ca. 10 Sekunden. Werden nun einige Quadratmeter des zu untersuchenden Materials bzw. Schallabsorbers an verschiedenen Wänden des Hallraumes angebracht, so wird dadurch die Nachhallzeit des Raumes verkleinert. Aus der Änderung der Nachhallzeit läßt sich mit Hilfe der Gleichung (9.21) (Sabinesche Formel) oder mit Gleichung (9.30) der Absorptionsgrad des Probematerials bzw. Absorbers berechnen.

Abschließend sei noch darauf hingewiesen, daß zu Beginn der Forschung auf dem Gebiete der Raumakustik nur der Dauer der Nachhallzeit größere Bedeutung für das akustische Verhalten eines Raumes zugeschrieben wurde. Heute konzentriert man sich nicht mehr ausschließlich auf die Nachhallzeit, sondern es wird auch auf die in Kapitel 10.1 besprochenen Phänomene der geometrischen Akustik sowie auf die in Kapitel 9 behandelten Raumeigenfrequenzen besonders geachtet.

11. Bauakustik

Die Bauakustik befaßt sich mit Problemen der Schallausbreitung in Gebäuden. Ein wichtiges Ziel ist die Vermeidung von Geräuschbelästigungen in Räumen durch den über die verschiedensten Bauelemente eindringenden Schall, anders gesagt, eine ausreichende Schalldämmung (Schallisolation) durch gezielte bauliche Maßnahmen zu erreichen. Besondere Bedeutung kommt daher der Übertragung und Weiterleitung des Schalles in den Bauelementen zu. Im Gegensatz zur Raumakustik, bei der nur der Luftschall in die Betrachtungen einbezogen wurde, muß in der Bauakustik die Luft- und die Körperschallausbreitung berücksichtigt werden. Für diese beiden Schallarten sind die Dämmungsmaßnahmen unterschiedlich. Es werden daher im folgenden die Luft- und die Körperschalldämmung von Bauteilen in getrennten Kapiteln behandelt.

11.1. Luftschalldämmung

11.1.1. Grundbegriffe und Kennzeichnung

Luftschall, der auf ein Bauelement (z.B. Decke, Wand) auftrifft, versetzt dieses durch seinen Wechseldruckcharakter in Schwingung. Der schwingende Bauteil regt die Luft auf der Hinterseite des Bauteiles zu Schallschwingungen an; es kommt also zu einer Schallübertragung. Diese ist umso geringer, je besser die Luftschalldämmung des Bauteiles ist. Die Güte der Luftschalldämmung von Bauelementen - man beachte den Unterschied zur Schalldämpfung - wird durch das Schalldämmaß R (gelegentlich auch Schalldämmzahl oder Schallisolationsmaß genannt) gekennzeichnet. Es ist folgendermaßen definiert:

$$R = 10 \cdot \lg \frac{P_S}{P_E} = 10 \cdot \lg \frac{I_S}{I_E} = 10 \cdot \lg \frac{1}{\tau} \qquad (11.1)$$

P_S ist die auf den Bauteil auftreffende Leistung, P_E die durch ihn hindurchgegangene. I_S ist die auftreffende, I_E die durchgelassene Intensität. Die dimensionslose Größe τ stellt den Transmissionsgrad nach Gleichung (7.3) dar. Die Anwendung dieser Definition auf die Schallübertragung durch einen Bauteil (Decke, Wand), der zwei Räume trennt, führt zu folgendem Ergebnis:

$$R = L_S - L_E + 10 \cdot \lg \frac{S}{A_E} \qquad (11.2)$$

L_S ist der Schallpegel in jenem Raum, in dem sich die Schallquelle befindet (Senderaum), L_E der Schallpegel im Empfangsraum; S gibt die Fläche des raumtrennenden Bauteiles an, A_E ist die äquivalente Schallabsorptionsfläche des Empfangsraumes.

Die Herleitung dieser Beziehung wird im folgenden gezeigt.

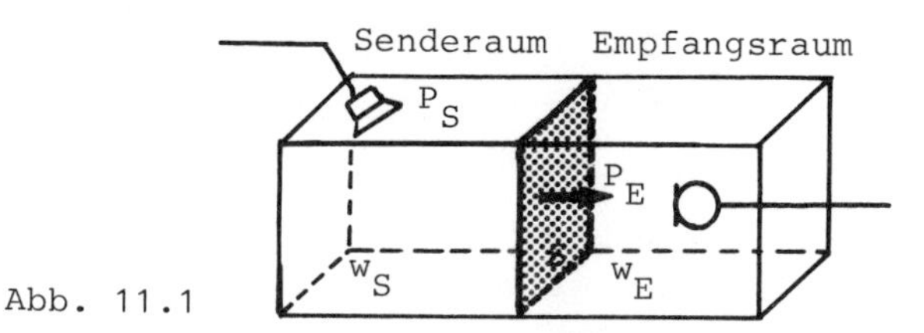

Abb. 11.1

Zwischen Sende- und Empfangsraum befinde sich eine Wand mit der Fläche S (Abb.11.1). Eine Schallquelle soll im Senderaum ein stationäres, diffuses Schallfeld mit der Energiedichte w_S erzeugen. Die auf die Trennwand auftreffende Schalleistung ist dann:

$$P_S = \frac{w_S \cdot c}{4} \cdot S \quad . \qquad (11.3)$$

Die von der Wand durchgelassene (übertragene) Schalleistung P_E beträgt:

$$P_E = P_S \cdot \tau = \frac{w_S \cdot c}{4} S \cdot \tau \qquad (11.4)$$

(Nur über die Trennwand gelangt Schallenergie in den Empfangsraum). Im Empfangsraum soll dadurch ein diffuses Schallfeld mit der Energiedichte w_E entstehen.

$$w_E = \frac{4 \cdot P_E}{c \cdot A_E} \qquad (11.5)$$

Setzt man hier P_E aus Glg.(11.4) ein, so erhält man

$$w_E = \frac{w_S \cdot S}{A_E} \cdot \tau \quad . \qquad (11.6)$$

Der Transmissionsgrad ergibt sich daraus zu

$$\tau = \frac{w_E \cdot A_E}{w_S \cdot S} \quad . \qquad (11.7)$$

Dieses Ergebnis wird nun in die Definitionsgleichung (11.1) eingesetzt und ergibt

$$R = 10 \cdot \lg \frac{w_S}{w_E} + 10 \cdot \lg \frac{S}{A_E} \quad . \tag{11.8}$$

Das Verhältnis w_S/w_E der Energiedichten ist gleich dem Quadrat des Verhältnisses der Wechseldrücke (p_S/p_E). Gleichung (11.8) erhält damit die Form

$$R = 20 \cdot \lg \frac{p_S}{p_E} + 10 \cdot \lg \frac{S}{A_E} \quad . \tag{11.9}$$

Eine einfache Umformung ergibt

$$\begin{aligned} R &= 20 \cdot \lg \frac{p_S}{p_o} - 20 \cdot \lg \frac{p_E}{p_o} + 10 \cdot \lg \frac{S}{A_E} = \\ &= L_S - L_E + 10 \cdot \lg \frac{S}{A_E} \quad , \end{aligned} \tag{11.10}$$

also die herzuleitende Gleichung (11.2).

Bei kleineren möblierten Räumen wird $10 \lg S/A_E$ sehr klein und kann daher bei Abschätzungen vernachlässigt werden.

Enthält die Trennwand vom Flächeninhalt S eine Teilfläche S_1 mit einem geringeren Schalldämmaß R_1 (z.B. Türe oder Fenster), so errechnet sich das gesamte Schalldämmaß R_G der Wand mittels folgender Formel:

$$R_G = R - 10 \cdot \lg\left[1 + \frac{S_1}{S}\left(10^{\frac{R-R_1}{10}} - 1\right)\right] \tag{11.11}$$

R ist darin das Schalldämmaß der Wand vom Flächeninhalt S ohne einen Flächenanteil mit geringerer Schalldämmung. Die Herleitung dieser Gleichung ist in /14/ angegeben.

Mittels Gleichung (11.11) läßt sich auch die Verminderung der Schalldämmung durch Undichtigkeiten (z.B. Fugen, Löcher, Spalte) in Türen, Fenstern und anderen Bauteilen bestimmen. Dabei müssen jedoch die Besonderheiten solcher Undichtigkeiten hinsichtlich ihrer Schalltransmissionseigenschaften berücksichtigt werden. Der Anteil der Schalleistung, der durch die Undichtigkeiten übertragen wird, ist in den meisten Fällen nicht dem Verhältnis der Öffnungsfläche zur übrigen Bauteilfläche proportional, sondern wird durch ihre geometrischen Abmessungen (Länge, Breite, Tiefe) sowie durch die Schallwellenlänge bestimmt.

Das Schalldämmaß R_1 kann in Glg.(11.11) in bestimmten Fällen sogar negativ werden. Diese Besonderheit läßt sich durch Beugungs- und Resonanzerscheinungen erklären. Berechnungshinweise für R_1-Werte sind in /4/ zu finden.

Sind schallaufnehmende und schallabgebende Fläche eines schallübertragenden Bauteiles nicht gleich groß oder nicht bestimmbar, dann kann die Berechnung des Schalldämmaßes nach Glg.(11.1) oder Glg.(11.2) nicht erfolgen. In diesem Fall wird als Maß für die Schalldämmung die Schallpegeldifferenz

$$D = L_S - L_E \qquad (11.12)$$

herangezogen. D ist von der Höhe des Schallpegels L_S unabhängig, da jede Änderung von L_S eine ebenso große von L_E zu Folge hat. Eine Änderung der Schallabsorption im Empfangsraum hingegen beeinflußt nach Gleichung (9.13) - das Vorliegen eines diffusen Schallfeldes wird vorausgesetzt - den Schallpegel L_E und damit D. Durch Einführen einer Bezugs-Schallabsorptionsfläche A_o von 10 m^2 (DIN 52210; entspricht einem kleineren möblierten Zimmer) wird D von der Raumausstattung des Empfangsraumes unabhängig und mit Norm-Schallpegeldifferenz D_n bezeichnet. Diese wird folgendermaßen berechnet:

$$D_n = L_S - L_E + 10 \cdot \lg \frac{A_o}{A_E} \qquad (11.13)$$

Die Güte der Schalldämmung von Bauelementen ist eine frequenzabhängige Eigenschaft, d.h. das Luftschalldämmaß und die Norm-Schallpegeldifferenz sind von der Frequenz des Luftschalles abhängige Größen. Zur einfacheren Kennzeichnung der Schalldämmung wurde daher versucht, über den Frequenzbereich der Bauakustik (100 Hz bis 3200 Hz, siehe Abb.4.1) gemittelte, charakteristische Größen zu definieren:

- Mittleres Schalldämm-Maß R_m: Die Bestimmung von R_m erfolgt durch die Bildung des arithmetischen Mittelwertes der in den 16 Terzen des bauakustischen Meßbereiches bestimmten Schalldämmaßes, wobei der Wert des untersten und des höchsten Frequenzbandes nur das Gewicht 1/2 erhält.

$$R_m = \frac{1}{15}\left(\frac{R_1}{2} + R_2 + \ldots\ldots + R_{15} + \frac{R_{16}}{2}\right) \qquad (11.14)$$

Diese Art der Kennzeichnung hat den Nachteil, daß durch die Mittelwertbildung Bereiche schlechter Schalldämmung durch Bereiche guter Schalldämmung kompensiert werden können und daher günstigere Resultate erzielt werden, als es der wirklichen Empfindung entspricht. Das mittlere Schalldämmaß soll daher in Zukunft nicht mehr verwendet werden.

- Luftschallschutzmaß LSM und bewertetes Schalldämmaß R_W: Als Beurteilungsgrundlage dient bei diesen zwei Maßen eine Bezugskurve (auch Sollkurve genannt), die das Empfindungsverhalten des menschlichen Ohres berücksichtigt und in Abb.11.2 dargestellt ist. In dieses Diagramm werden die in Terzabständen gemessenen R-Werte eingetragen. Zur Ermittlung des LSM nach DIN 52220 wird nun die Bezugskurve gegenüber den Meßpunkten in Ordinatenrichtung um ganze dB soweit verschoben, daß der Mittelwert der Unterschreitungen der Bezugskurve durch die Meßpunkte (Überschreitungen werden nicht berücksichtigt, um zu verhindern, daß positive Werte negative kompensieren) möglichst groß wird, jedoch nicht mehr als 2 dB beträgt. Das Maß der Verschiebung der Bezugskurve aus ihrer ursprünglichen Lage stellt nun das Luftschallschutzmaß LSM dar. Erfolgt eine Verschiebung nach oben, ist das LSM positiv, im umgekehrten Fall negativ. Bei der Berechnung des Mittelwertes der Unterschreitungen (arithmetisches Gewichtsmittel) ist zu beachten, daß die Endwerte bei 100 Hz und 3200 Hz nur mit halbem Gewicht eingehen.

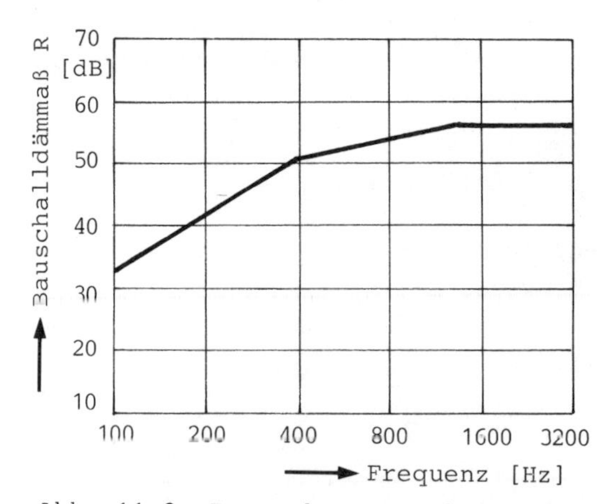

Abb. 11.2: Bezugskurve nach DIN 52210

In DIN 4109 sind die bauaufsichtlich verlangten Mindestanforderungen für die Luftschalldämmung zwischen zwei Wohnräumen festgelegt. Beispielsweise muß bei einer Wohnungstrennwand das LSM mindestens den Wert 0 dB betragen.

Das bewertete Schalldämmaß R_W ist jener Wert, der sich aus der Bezugskurve wie bei der Ermittlung des Luftschallschutzmaßes bei 500 Hz ergibt.

Die genannten drei Mittelwerte sind nach /14/ folgendermaßen miteinander verknüpft:

$$R_W = LSM + 52 \tag{11.15}$$

$$LSM \sim R_m - 49 \ . \tag{11.16}$$

Weitere Details sind DIN 4109 und DIN 52210 zu entnehmen.

11.1.2. Messung der Luftschalldämmung

Der prinzipielle Aufbau einer Meßanordnung zur Bestimmung der Luftschalldämmung von Bauteilen in einem bauakustischen Labor ist in Abb.11.3 dargestellt. Sende- und Empfangsraum sind baulich so gestaltet, daß es zur Entstehung eines diffusen und möglichst homogenen Schallfeldes kommt. Die Schallquelle im Senderaum wird von einem Generator mit breitbandigem Rauschen über einen Verstärker mit vorgeschaltetem Terzfilter mit Energie versorgt. Sowohl im Sende- als auch im Empfangsraum wird der Schallpegel bei gleichbleibender Sendeleistung über die Meßkette Mikrophon-Verstärker-Terzfilter-Schallpegelmesser bestimmt. Zwischen Sende- und Empfangsraum ist das zu prüfende Bauelement, z.B. eine Trennwand, aufgebaut, durch welches Schallenergie übertragen wird. (Sende- und Empfangsraum sollten - mit Ausnahme der Trennwand - durch bauliche Maßnahmen möglichst gut voneinander akustisch isoliert sein). Aus den gemessenen Schallpegelwerten des Sende- und des Empfangsraumes sowie der äquivalenten Schallabsorptionsfläche des Empfangsraumes (wird über Nachhallzeitmessungen bestimmt, siehe Kapitel 9) lassen sich die genannten Schalldämmaße bestimmen.

Häufig wird die Luftschalldämmung in fertigen Bauten gemessen. Es wird im Prinzip die selbe Meßanordnung wie im Laboratorium angewandt. Bei derartigen Messungen erhält man, verglichen mit Laboratoriumsmessungen am gleichen Bauteil, meist kleinere Schalldämmwerte, da nicht nur über den zu messenden Bauteil, sondern auch über Schallnebenwege (Körperschalleitung) Schallenergie vom Senderaum in den Empfangsraum übertragen wird; Näheres dazu siehe /10, 14/. Um Verwechslungen möglichst zu vermeiden, werden diese Bau-Schalldämmwerte in der Fachliteratur meist mit einem Apostroph gekennzeichnet (z.B. R' und D').

Weitere Details und Vorschriften über die Messungen der Schalldämmung, sowie über vereinfachte Meßverfahren, sind in /6,14/ und in DIN 52210 zu finden.

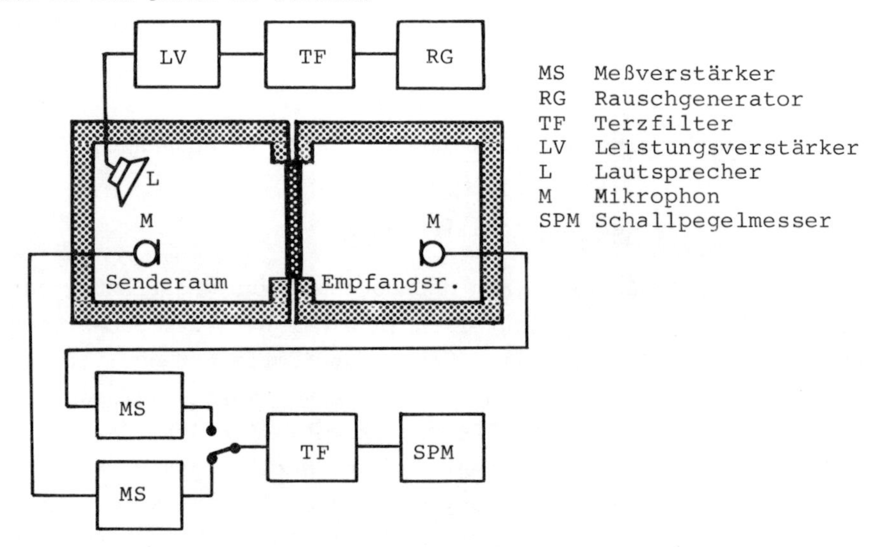

Abb. 11.3: Prinzipschaltbild für Schalldämmungsmessungen

11.1.3. Luftschalldämmung von einschaligen Bauteilen

Besteht ein Bauteil nur aus einer Schicht (Schale) oder aus mehreren starr miteinander verbundenen Schichten mit ähnlichen akustischen Eigenschaften, so handelt es sich um einen einschaligen Bauteil. Zur Luftschalldämmung eignen sich solche Bauteile, wenn sie aus nicht offenporigem Material bestehen, d.h. wenn der Baustoff keine durchgehenden Kanäle für die Luftschallübertragung aufweist. Für dünne Bauteile in Form einer Trennwand wurde bereits in Kapitel 7 der Transmissionsgrad für Luftschall bei senkrechtem Einfall durch Glg.(7.12) angegeben. Wird diese Gleichung in Glg.(11.1) eingesetzt, dann folgt:

$$R_{0°} = 10 \cdot \lg \frac{1}{\tau_{0°}} = 20 \cdot \lg \frac{\omega \cdot M}{2 \cdot Z} . \qquad (11.17)$$

Dies ist das theoretische Massegesetz, das von R. Berger /16/ formuliert wurde und besagt, daß die Schalldämmung einer einschaligen Wand bei senkrechtem Schalleinfall umso höher ist, je größer die flächenbezogene Masse und die Frequenz des Schalles ist. Bei allseitigem Schalleinfall, wie es im diffusen Schallfeld der Fall ist, erhält man die Schalldämmung R durch Einsetzen der Glg.(7.13) in Glg.(11.1):

$$\begin{aligned} R &= 20 \cdot \lg \frac{\omega \cdot M}{2Z\sqrt{2}} = 20 \cdot \lg \frac{\omega \cdot M}{2Z} - 3 \text{ dB} \\ &= R_{0°} - 3 \text{ dB} \end{aligned} \qquad (11.18)$$

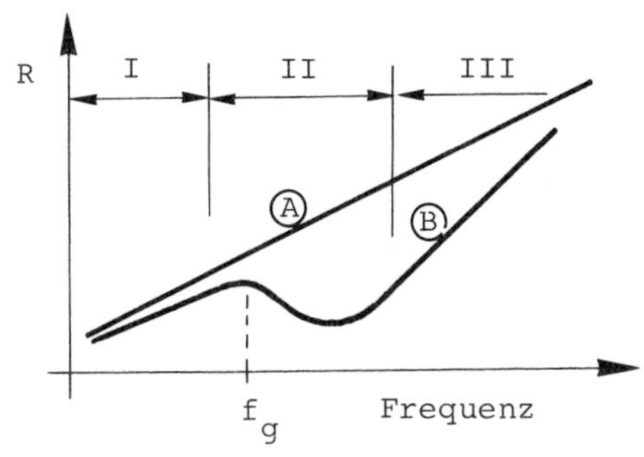

Abb. 11.4: Schematischer Verlauf des Luftschalldämmaßes R in Abhängigkeit der Frequenz einer einschaligen Wand. Ⓐ - berechnet, Ⓑ - gemessen

Mit der Gleichungen (11.17) und (11.18) läßt sich die Schalldämmung eines einschaligen Bauteiles ermitteln. Beispielsweise ist für eine homogene Platte (Wand) das Schalldämmaß R in Abhängigkeit von der Frequenz durch eine gerade Linie A in Abb.11.4 dargestellt. Wird dieser rechnerisch ermittelte Verlauf mit der im Labor gemessenen Schalldämmung (Kurve B in Abb.11.4) verglichen, so treten Diskrepanzen auf, die zum großen Teil auf den Spuranpassungseffekt (siehe Kapitel 7), die endlichen Abmessungen der Platte und die Dämpfung zurückzuführen sind. Die Kurve B kann in drei Bereiche I, II und III unterteilt werden.

- Bereich I: Bei niederen Frequenzen ist im wesentlichen das Massegesetz Glg.(11.17) und (11.18) maßgebend. Daher verlaufen die beiden Kurven A und B fast identisch; die Biegesteifigkeit der Wand kann außer Betracht bleiben.

- Bereich II: In diesem Bereich wirkt sich der Spuranpassungseffekt aus, wodurch es zur Bildung eines Schalldämmminimums im Bereich der Grenzfrequenz f_g kommt. Diese Grenzfrequenz wird nach der Glg.(7.19) berechnet. Das Verhältnis der Plattenabmessung zur Wellenlänge des Luftschalles bei der Grenzfrequenz, sowie die Materialdämpfung der Platte sind bestimmend für die Ausgeprägtheit des Minimums. Bei dicken Platten und großer Materialdämpfung entartet das Minimum zu einem Wendepunkt mit horizontaler Tangente.

- Bereich III: Der geradlinige Verlauf oberhalb der Grenzfrequenz f_g, in dem sich die Schalldämmung allmählich wieder dem Massegesetz nähert, wird nach /4/ durch folgende Gleichung beschrieben:

$$R = R_{0^\circ} - 10 \cdot \lg \frac{1}{2\eta} \cdot \sqrt{\frac{f_g}{f}} \quad ; \qquad (11.19)$$

  η stellt in dieser Gleichung einen Verlustfaktor dar, der hauptsächlich durch die Dämpfungseigenschaften des Materials bestimmt wird.

In der Literatur werden empirische Formeln angegeben, die für bestimmte Bauausführungen von einschaligen Wänden den Verlauf des Schalldämmaßes in Abhängigkeit von der Frequenz im bauakustischen Frequenzbereich in guter Übereinstimmung mit experimentellen Befunden beschreiben /15,17 u.a./.

Der unerwünschte Spuranpassungseffekt-Einfluß auf die Schalldämmung einschaliger Bauteile kann in vielen Fällen dadurch verhindert werden, daß durch eine Vergrößerung oder Verkleinerung der Biegesteifigkeit oder der flächenbezogenen Masse die Grenzfrequenz außerhalb des bauakustischen Frequenzbereiches zu liegen kommt (siehe auch Kapitel 7).

Bei biegeweichen einschaligen Wänden muß darauf geachtet werden, daß durch eine große flächenbezogene Masse eine ausreichende Luftschalldämmung erreicht wird. In DIN 4109 sind Ausführungsbeispiele dazu angegeben. Biegeweiche Bauteile werden öfters als Vorsatzschalen, Unterdecken und als Platten in Türen und Fenstern verwendet.

11.1.4. Luftschalldämmung zweischaliger Bauteile

In schalltechnischer Hinsicht bestehen zweischalige Bauteile aus zwei massiven Schalen, die durch ein weichfederndes Dämmaterial oder durch eine Luftschicht voneinander getrennt sind. Beispiele für solche Bauteile sind Doppelwände, Decken mit Vorsatzschalen und Doppelfenster. Das akustische Verhalten solcher Bauteile kann näherungsweise als Masse-Feder-Masse System, wie es Abb.11.5 zeigt, verstanden werden. Die beiden Schalen des Bauteiles stellen die Massen M_1 und M_2 dar und die Feder wird durch ein Dämmaterial bzw. durch eine Luftschicht gebildet. Prinzipiell läßt sich daher der Verlauf des Schalldämmmaßes einer Doppelwand in Abhängigkeit von der Frequenz des Schalles vorausbestimmen. In Abbildung 11.6 ist ein solcher Verlauf mit Berücksichtigung von Koinzidenz- und Dämpfungseinflüssen schematisch dargestellt. Die strichlierte Linie in dieser Abbildung gibt den Verlauf der Schalldämmung einer einschaligen Wand nach dem theoretischen Massengesetz wieder (die flächenbezogene Masse der einschaligen Wand ist gleich der der Doppelwand).

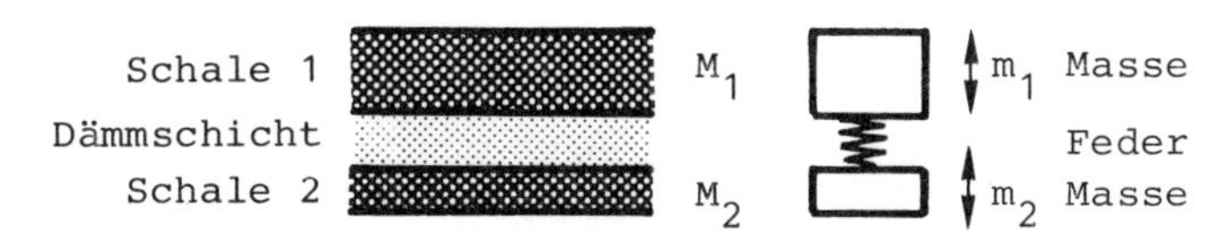

Abb. 11.5: Zweischalige Wand als Zweimassensystem

Der prinzipielle Verlauf der Schalldämmung einer Doppelwand in Abb.11.6 kann in vier Gebiete mit unterschiedlichen Schallanregungszuständen eingeteilt werden.

Gebiet A: In diesem Gebiet verhält sich die Doppelwand wie die gleichschwere Einfachwand; der Kurvenverlauf ist daher identisch; es gilt das Masse-Gesetz.

Gebiet B: Dieses Gebiet umfaßt den Bereich der Resonanz des Masse-Feder-Masse-Systems.

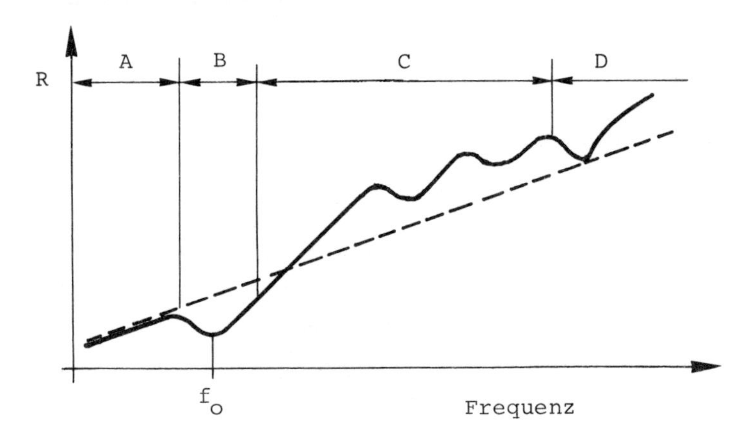

Abb. 11.6: Schematische Darstellung einer Schalldämmkurve eines zweischaligen Bauteiles

Die Schalldämmung der Doppelwand ist im Resonanzgebiet schlechter als die einer gleichschweren Einfachwand. Daher ist es von theoretischem Interesse und von großer praktischer Bedeutung, die Resonanzfrequenz des Zweimassensystems berechnen zu können. Dies wird im folgenden behandelt.

Aus der Schwingungslehre ergibt sich für ein Zweimassensystem die Eigenfrequenz:

$$f_o = \frac{1}{2\pi}\sqrt{D\left(\frac{1}{m_1} + \frac{1}{m_2}\right)} \quad ; \qquad (11.20)$$

m_1 und m_2 sind die Einzelmassen des Systems, D stellt die Federkonstante der elastischen Verbindung der beiden Massen dar. Im Fall der Doppelwand handelt es sich nicht mehr um ein einfaches Masse-Feder-Masse System. Hier liegen komplexe Verhältnisse vor, auch wenn von rein elastischen Körpern ausgegangen wird, aber erst recht bei solchen, die viskoelastisch Energie dissipieren. Will man dennoch mit dem einfachen Masse-Feder-Masse-Modell rechnen, so hat man eine Korrektur am Elastizitätsmodul der federnden Zwischenschichte vorzunehmen. Diese besteht je nach Material und Frequenz der Beanspruchung in einer Erhöhung des Elastizitätsmoduls gegenüber seinem statischen Wert. Es ist üblich, diesen in angemessener Weise erhöhten Elastizitätsmodul als dynamischen Elastizitätsmodul zu bezeichnen /12/.

Wird nun der dynamische Elastizitätsmodul durch die Dicke a der federnden Zwischenschichte dividiert, so erhalten wir die dynamische Steifigkeit s:

$$s = \frac{E_{dyn}}{a} \tag{11.21}$$

Die Resonanzfrequenz für eine Doppelwand erhält man, wenn in Glg.(11.20) statt der Federkonstante D die dynamische Steifigkeit s und statt der Einzelmassen m_1 und m_2 die flächenbezogenen Massen M_1 und M_2 eingesetzt werden:

$$f_o = \frac{1}{2\pi}\sqrt{s\left(\frac{1}{M_1} + \frac{1}{M_2}\right)} \tag{11.22}$$

Sehr häufig wird eine zweischalige Wand aus einer Schale mit großer (aus statischen Gründen) und einer Schale mit kleiner flächenbezogenen Masse (Vorsatzschale) gebaut. In diesem Falle ist M_1 sehr groß gegenüber M_2; $1/M_1$ kann dann vernachlässigt werden.

Besteht eine Doppelwand aus zwei gleichschweren Einzelschalen, dann ergibt sich die Resonanzfrequenz mit folgender Gleichung:

$$f_o = \sqrt{\frac{s}{2\pi \cdot M_{1,2}}} \tag{11.23}$$

Der Raum zwischen den beiden Schalen einer Doppelwand besteht häufig nur aus einer Luftschicht. Für das dynamische elastische Verhalten von Luft haben wir bereits in Kapitel 2 die Glg.(2.2) kennengelernt:

$$E_{dyn} \sim \kappa \cdot p^*$$

(p^* ist der statische Luftdruck und κ der Adiabatenexponent).

Die Resonanzfrequenz einer Doppelwand mit einer federnden Luftschicht beträgt dann

$$f_o = \frac{1}{2\pi}\sqrt{\frac{p^* \cdot \kappa}{a}\left(\frac{1}{M_1} + \frac{1}{M_2}\right)} \ . \tag{11.24}$$

Wird für p^* ein Luftdruck von 10^5 Pa und für κ der Wert 1,4 in diese Gleichung eingesetzt, dann erhält man:

$$f_o \sim 60 \cdot \sqrt{\frac{1}{a} \cdot \left(\frac{1}{M_1} + \frac{1}{M_2}\right)} \tag{11.25}$$

Abb.11.6 zeigt, daß oberhalb der Resonanzfrequenz die Zweischaligkeit von Wänden sich auf die Schalldämmung gegenüber einer einschaligen Wand positiv auswirkt. Es ist daher grundsätzlich anzustreben, die Resonanzfrequenz durch eine geeignete Wahl von M_1, M_2, a und E_{dyn} außerhalb des bauakustischen Frequenzbereiches (also unter 100 Hz) zu halten.

Gebiet C: Die beiden Schalen wirken in diesem Gebiet wie zwei unabhängige Schalen, sie sind entkoppelt. Das Schalldämmaß R steigt daher mit zunehmender Frequenz steiler als im Gebiet A an. In diesem Umstand ist die gute Schalldämmfähigkeit einer zweischaligen Wand trotz eines geringen Gesamtgewichtes begründet.

Der monotone Anstieg der Kurve in Abb.11.6 wird im Gebiet C durch Koinzidenzeinflüsse beider Schalen unterbrochen. Besonders schädlich auf die Schalldämmung wirkt sich ein Zusammenfallen der Koinzidenzen beider Schalen aus. Dies sollte unbedingt vermieden werden und zwar durch eine Verschiebung der Grenzfrequenz aus dem bauakustischen Frequenzbereich.

Gebiet D: Im Raum zwischen den beiden Schalen können stehende Wellen zustande kommen, die nahezu eine starre Kopplung zwischen den beiden Schalen zu Folge haben und daher die Schalldämmung bis auf den Wert der einschaligen Wand mit gleicher flächenbezogener Masse herabsetzen können. Grundsätzlich treten stehende Wellen dann auf, wenn der Abstand der beiden Schalen ein ganzzahliges Vielfache der halben Wellenlänge des Schalles ist. Sie können durch eine starke Dämpfung (z.B. durch poröse Mittelschichtbegrenzungen) in ihrer ungünstigen Wirkung stark abgeschwächt werden.

Die angeführten Überlegungen zur Schalldämmung einer zweischaligen Wand reichen nicht zur genauen quantitativen Beschreibung aus; sie sind jedoch gute Hilfsmittel für eine richtige Planung und zur Analyse von Schalldämmessungen zweischaliger Bauteile.

Es sei noch auf einen nicht zu vernachlässigenden Einfluß auf die Schalldämmung bei zweischaligen Bauteilen hingewiesen, nämlich den der Schallbrücken. Aus praktischen Gründen sind öfters feste Verbindungen der Schalen untereinander und mit dem tragenden Baugerüst notwendig. Diese Verbindungen wirken als

Schallbrücken und vermindern die Schalldämmung. Es sollten daher möglichst wenig Verbindungen der Schalen untereinander vorgesehen werden. Einzelne punktförmige Verbindungen sind weniger störend als linienförmige.

11.2. Körperschalldämmung

Angeregt durch mechanische Krafteinwirkungen, z.B. durch Vibrationen von Maschinen, breiten sich mechanische Wellen in Form von Longitudinal- oder Transversalwellen in Festkörpern aus. In einem Baukörper wird daher Körperschall von Decken und Wänden geleitet, der in angrenzenden Räumen zu störender Luftschallabstrahlung führt. Um dies zu verhindern, gibt es verschiedene Möglichkeiten:

- Die Entstehung des Körperschalls wird möglichst weitgehend vermieden (z.B. durch Beseitigung von Resonanzen, Auswuchtungen).
- Die Übertragung von Körperschall auf den Baukörper wird unterbunden (schwimmende Estriche, dynamische Maschinengründungen).
- Die Körperschallausbreitung wird möglichst stark gedämpft (z.B. Kunststoffauflagen auf Blechen).
- Die Abstrahlung von Luftschall durch den Baukörper wird verhindert (Schalldämmende Vorsatzschalen).

Die erfolgreichste Methode ist meist die Verminderung einer Körperschallübertragung auf den Baukörper, d.h. Unterbrechung des Ausbreitungsweges des Körperschalles durch Zwischenschaltung von Dämmstoffschichten. Als Dämmstoffe eignen sich solche, deren Wellenwiderstand möglichst stark von dem der Bauteilschale verschieden ist. In analoger Weise, wie es für Luftschall in Kapitel 6 bereits besprochen wurde, kommt es an der Grenzfläche zwischen dem Ausbreitungsmedium und der Dämmschicht zur Reflexion des Körperschalles.

Der Wellenwiderstand für Körperschalldämmstoffe wird durch die Dichte und durch den dynamischen Elastizitätsmodul bestimmt:

$$Z = \sqrt{\rho \cdot E_{dyn}} \qquad (11.26)$$

Für die Körperschalldämmung in Beton- und Stahlbauteilen kommen daher Dämmstoffe mit geringer Dichte und kleinem dynamischen Elastizitätsmodul in Betracht. Diese Eigenschaften weisen z.B. weichfedernde Stoffe wie Gummi, Korkschrotmatten und Faserstoffe auf.

Bei der Aufstellung von Maschinen lassen sich durch elastische Unterlagen gute Körperschalldämmergebnisse erzielen.

Haustechnische Anlagen sind oft bei nicht fachgerechter Ausführung Quellen für störenden Schall. In erster Linie soll darauf geachtet werden, daß möglichst geräuscharme Einrichtungen (z.B. Armaturen, Spüleinrichtungen, Aufzüge usw.) eingebaut werden. Ist dies nicht möglich, so sind entsprechende bautechnische Maßnahmen zu treffen. Im Prinzip bestehen sie darin, die festen Verbindungen zwischen den Geräuscherzeugern und dem Baukörper durch weichfedernde Verbindungen (z.B. Metall-Gummi-Elemente) zu ersetzen.

Einen Sonderfall der Körperschallanregung, -übertragung und -dämmung stellt in der Bauphysik der Trittschall dar. Dieser wird durch Begehen von Fußböden verursacht und breitet sich über den Baukörper aus. In den umliegenden Räumen kommt es dadurch zu störenden Luftschallabstrahlungen.

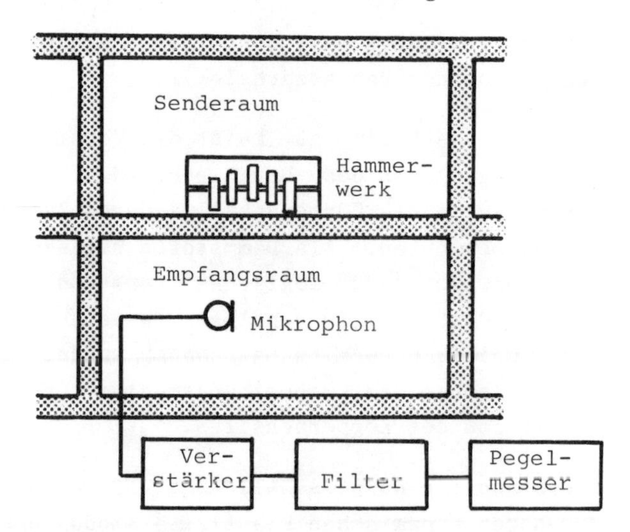

Abb. 11.7: Meßanordnung für Trittschalldämmmessungen

Zur Messung der Trittschallübertragung wird im Senderaum (siehe Abb.11.7) ein genormtes Hammerwerk (DIN 52210) betrieben, dessen Hämmer einzeln nacheinander derart auf die zu untersuchende Decke fallen, daß eine Schlagfrequenz von 10 Schlägen pro Sekunde erreicht wird. Im Empfangsraum wird durch eine Schallpegelmeßeinrichtung der Schallpegel L je Oktav gemessen. Die Höhe dieses Schallpegels wird durch die Decke selbst und durch die Schallabsorption des Empfangsraumes bestimmt. Um von der Eigenschaft des Empfangsraumes unabhängig zu sein, wurde zur Berechnung eines Norm-Trittschallpegels L_n eine Bezugs-Schallabsorptionsfläche A_o von 10 m^2 eingeführt (vgl. dazu Norm-Schallpegeldifferenz D_n in Kapitel 11.1.1). Der Norm-Trittschallpegel wird mit folgender Gleichung berechnet:

$$L_n = L + 10 \cdot \lg \frac{A}{A_o} \qquad (11.27)$$

A ist die Schallabsorptionsfläche des Empfangsraumes und wird nach Glg.(9.6) bestimmt. Der Norm-Trittschallpegel L_n hängt von der Frequenz des Schalles ab.

Um den Trittschallschutz in einfacher Weise durch eine Zahl statt durch eine Funktion zu charakterisieren, wurde ein Trittschallschutzmaß TSM eingeführt, das folgendermaßen berechnet wird. Der Verlauf von L_n wird mit Hilfe einer Bezugskurve (Sollkurve), wie sie Abb.11.8 zeigt, bewertet. Die Ermittlung des TSM erfolgt analog zu jener des Luftschallschutzmaßes LSM, jedoch mit dem Unterschied, daß beim TSM die Überschreitungen der Bezugskurve durch die Meßkurve von entscheidender Bedeutung sind und die Unterschreitungen außer Betracht bleiben. Das Trittschallschutzmaß TSM ist dann jener Betrag, um den die Bezugskurve in Ordinatenrichtung verschoben wurde. Erfolgte eine Verschiebung nach unten, dann ist das TSM positiv, bei einer Verschiebung nach oben negativ.

Für Wohnungstrenndecken ist unmittelbar nach der Fertigstellung ein TSM von mindestens +15 dB vorgeschrieben. Ein störungsfreies Wohnen ist jedoch nur bei einem TSM von +20 dB gesichert. Um solche Trittschalldämmungen zu erreichen, müssen Rohdecken mit geeigneten Deckenauflagen versehen werden. Die Kennzeichnung der Trittschalldämmung solcher Deckenauflagen wird in Abhängigkeit von der Frequenz meist so vorgenommen, daß der Norm-Trittschallpegel einer Decke ohne (L_{no}) und mit (L_{nm}) dem Belag geprüft wird; die Differenz

$$\Delta L = L_{no} - L_{nm} \quad (11.28)$$

bezeichnet man als Verbesserung des Trittschallschutzes oder als Trittschallminderung. Wie die schematische Abbildung 11.9 zeigt, nimmt ΔL mit der Frequenz zu und verbessert besonders bei hohen Frequenzen die Trittschalldämmung.

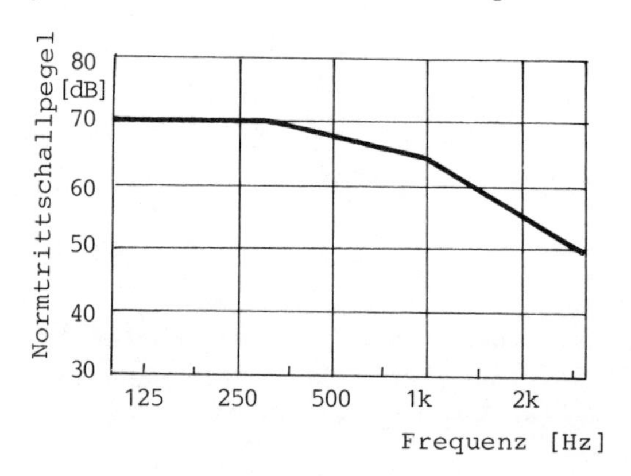

Abb. 11.8: Bezugskurve nach DIN 52210

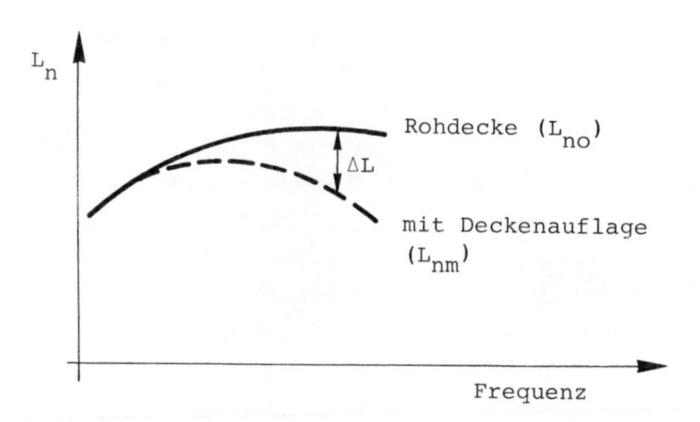

Abb. 11.9: Zur Definition der Trittschallminderung ΔL von Deckenauflagen

Nach DIN 4109 bzw. DIN 52210 wird auf hier nicht näher beschriebene Weise an Hand einer Abbildung, wie sie in Abb.11.9 dargestellt ist, ein Mittelwert berechnet, der als Verbesserungsmaß VM des Trittschallschutzes bezeichnet wird. Er gibt die Erhöhung des Trittschallschutzmaßes einer bestimmten Decke (nach DIN 52210) an, wenn der zu beurteilende Belag auf diese Decke aufgebracht wird. Das Trittschall-Verbesserungsmaß VM wird zur Bewertung der Trittschalldämmeigenschaften von Deckenauflagen herangezogen. Es gibt annähernd die Verbesserung des TSM durch eine Deckenauflage an. In der Praxis fällt jedoch der Verbesserungseffekt meist geringer aus als das VM angibt, da im Gebäude noch Körperschalleitung über Nebenwege mitberücksichtigt werden muß.

Zur Verbesserung des Trittschallschutzes von Rohdecken finden vielfach sogenannte schwimmende Estriche und weichfedernde Gehbeläge Anwendung. Wird ein Estrich unmittelbar auf die Rohdekke aufgebracht, so tritt keine merkbare Verbesserung des Trittschallschutzes ein. Erst wenn eine weichfedernde Dämmschicht zwischen Rohdecke und Estrich eingelegt wird, erreicht man eine große Trittschalldämmung. Wie bei einer zweischaligen Wand besteht eine solche Deckenausführung aus einem Masse-Feder-Masse-System. Da die Rohdecke meist gegenüber dem Estrich eine viel größere Masse aufweist kann die Resonanzfrequenz des Systems mit folgender Gleichung berechnet werden:

$$f_o = \frac{1}{2\pi}\sqrt{\frac{s}{M}} \qquad (11.29)$$

(M ist die flächenbezogene Masse des Estrichs und s die dynamische Steifigkeit der Dämmschichte). Analog zu zweischaligen Wänden wird auch bei schwimmenden Estrichen versucht, die Resonanzfrequenz möglichst unter 100 Hz zu halten.

Weiche Gehbeläge sind trittschalldämmend auf Grund der Federwirkung des Belages. Die Dämmwirkung des Belages ist umso besser, je geringer seine dynamische Steifigkeit s ist. Besonders wirksame Trittschalldämmung erhält man naturgemäß durch Teppichbeläge oder durch Kork- oder Schaumstoffunterlagen, auch wenn sie nur wenige Millimeter dick sind.

Spezielle Ausführungsbeispiele und detaillierte Planungs- und Konstruktionshinweise für Bauteile aus dem Bereich Hochbau können in diesem Buch nicht besprochen werden. Es wird daher diesbezüglich auf die Fachliteratur /4,10,15,18/ verwiesen.

Beispiel: In einer Wand (Fläche 30 m^2, R = 40 dB) befindet sich ein Fenster (Fläche 2 m^2, R_1 = 20 dB). Berechne das gesamte Schalldämmaß der Wand.

$$R_G = 40 - 10 \lg [1 + \frac{S_1}{S} (10^{\frac{R-R_1}{10}} - 1)]$$

$$R_G = 40 - 10 \cdot \lg [(1 + \frac{2}{30} \cdot (10^{\frac{40-20}{10}} - 1)]$$

$$= 40 - 8{,}8 = 31{,}2 \text{ dB}$$

Beispiel: Berechne die Grenzfrequenz einer 16 cm dicken Schwerbetonwand (ρ = 240 kg m^{-3}, E = 2,1 10^{10} Pa) und die Schalldämmung R nach dem Massegesetz bei senkrechtem Schalleinfall für die Frequenz 1000 Hz.

$$f_g = \frac{c_L^2}{2\pi} \cdot \sqrt{\frac{M}{B}} \qquad B \sim \frac{E \cdot d^3}{12}$$

$$f_g = \frac{330^2}{2\pi} \cdot \sqrt{\frac{2400 \cdot 12}{2{,}1 \cdot 10^{10} \cdot 0{,}16^3}} = 317 \text{ Hz}$$

$$R_{0^\circ} = 20 \cdot \lg \frac{\omega \cdot M}{2 \cdot Z} = 20 \cdot \lg \frac{2\pi \cdot 1000 \cdot 384}{2 \cdot 400} = 70 \text{ dB}$$

Beispiel: Bei welcher Frequenz ist die Schalldämmung einer zweischaligen Wand besonders schlecht, wenn ihre beiden 10 cm dicken Schalen einen Abstand von 2 cm haben und die flächenbezogene Masse einer jeden Schale 100 kg m^{-2} beträgt?

$$f_o = 60 \cdot \sqrt{\frac{1}{0{,}02} \cdot (\frac{1}{100} + \frac{1}{100})} = 60 \text{ Hz}$$

Literatur

/1/ L. Bergmann, Cl. Schaefer, Lehrbuch der Experimentalphysik, Band I, Mechanik-Akustik-Wärmelehre, Berlin - New York 1975, De Gruyter

/2/ A. Sommerfeld, Vorlesungen über theoretische Physik, Band II, Leipzig 1964, Geest & Portig

/3/ W.H. Westphal, Physik, Berlin, Göttingen, Heidelberg 1963, Springer-Verlag

/4/ W. Fasold, E. Sonntag, Bauphysikalische Entwurfslehre, Band 4, Bauakustik, Köln-Braunschweig 1971, Verlagsg. Müller

/5/ B.C. Günther, K.H. Hansen, I. Veit, Technische Akustik - Ausgewählte Kapitel, Grafenau/Württ. 1978, Expert Verlag

/6/ J.R. Hassall, K. Zaveri, Acoustic Noise Measurements, 1979, Brüell & Kjaer

/7/ W. Furrer, Raum- und Bauakustik, Lärmabwehr, Basel und Stuttgart 1961, Birkhäuser Verlag

/8/ L. Cremer, H.A. Müller, Die wissenschaftlichen Grundlagen der Raumakustik, Band I und II, Stuttgart 1976/1978, S. Hirzel Verlag

/9/ S.W. Redfearn, Phil.Mag. 7, 30,(1940)

/10/ E. Schild, H.F. Casselmann, G. Dahmen, R. Pohlenz, Bauphysik: Planung und Anwendung, Braunschweig/Wiesbaden 1982, Friedr.Vieweg & Sohn

/11/ E. Meyer, E.G. Neumann, Physikalische und Technische Akustik, Braunschweig 1974, Friedr. Vieweg & Sohn

/12/ J. Berber, Bauphysik, Hamburg 1973, Handwerk und Technik

/13/ G. Kurtze, H. Schmiedt, W. Westphal, Physik und Technik der Lärmbekämpfung, Karlsruhe 1975, Verlag G.Braun

/14/ K. Engelländer, F. Diepold, Schallschutz im Bauwesen, Regensburg 1976, Werner Verlag

/15/ Gösele-Schüle, Schall, Wärme, Feuchtigkeit, Wiesbaden 1977 Bauverlag

/16/ R. Berger, Über die Schalldurchlässigkeit, Dissertation, München 1910

/17/ F. Bruckmayer, Schalltechnik im Hochbau, Wien 1962, Deuticke

/18/ H.W. Bobran, Handbuch der Bauphysik, Braunschweig 1967, Friedr.Vieweg & Sohn

Wärmelehre im Bauwesen

Die wärmetechnischen Eigenschaften eines Bauwerkes sind in vielerlei Hinsicht von Bedeutung. Zum ersten soll es den thermischen Beanspruchungen, denen es infolge der Witterungseinflüsse ausgesetzt ist, standhalten können. Zum zweiten gehört es zur Funktion eines bewohnten Gebäudes, daß es Schutz sowohl gegen sommerliche Hitze als auch gegen winterliche Kälte bietet. Zum dritten - dieser Aspekt gewinnt immer mehr an Bedeutung - soll es im Winter eine sparsame Heizung ermöglichen, natürlich ohne Komforteinbuße.

Die Methode, mit der man sich Einblick in das thermische Verhalten eines Bauwerkes verschafft, ist im Grunde immer die gleiche. Aufgrund von Wärmebilanzen errechnet man je nach vorliegendem Problem die gesuchten Temperaturen oder Heizleistungen. Wichtig ist dabei die Kenntnis der richtigen Beschreibung von Wärmetransportvorgängen, insbesondere der Wärmeleitung. Letzterer ist daher auch das umfangreichste Kapitel gewidmet.

Die wichtigsten klimatischen Einflüsse auf ein Gebäude sind durch Außenlufttemperatur und Sonneneinstrahlung gegeben. Letztere wird in der bauphysikalischen Praxis noch immer zu wenig berücksichtigt. In einem eigenen Kapitel wird daher kurz gezeigt, wie man wenigstens die wichtigsten klimatischen Einflüsse auf ein Bauwerk rechnerisch erfassen kann.

1. Wärmemenge und Temperatur

"Wärme" und "Temperatur" sind zwei aus dem täglichen Leben vertraute Begriffe, deren umgangssprachliche - und damit verschwommene - Bedeutung die für den wissenschaftlichen und technischen Gebrauch notwendige Präzisierung in der Thermodynamik erfährt. Die beiden Begriffe sollen hier nur kurz rekapituliert werden.

Die Temperatur ist eine Zustandsgröße, dient also - neben anderen Zustandsgrößen wie etwa der Massendichte - zur Charakterisierung des momentanen Zustandes eines materiellen Körpers ohne Rücksicht auf seine Vorgeschichte /1/. Eine Veränderung der Temperatur eines Körpers ist stets von anderen Veränderungen begleitet. Als Beispiele seien angeführt:

- Änderung des Volumens (z.B. von Quecksilber)
- Änderung der elektrischen Leitfähigkeit (z.B. von Platin)
- Änderung des Druckes in einem abgeschlossenen Gasvolumen
- Änderung der Farbe (Thermocolore)
- Änderung des Aggregatzustandes (Schmelzen, Verdampfen usw.)

Solche Veränderungen ermöglichen die Messung der Temperatur (Quecksilberthermometer, Widerstandsthermometer u.s.w.) /3/.

Die gebräuchlichsten Temperaturskalen sind die Celsius-Skala (^{o}C) und die Kelvin-Skala (K). Sie unterscheiden sich nur durch die Wahl des Skalennullpunktes, nicht durch die Größe der Einheit. Bei der Celsius-Skala fällt der Nullpunkt mit der Temperatur des schmelzenden Eises zusammen, bei der Kelvin-Skala mit dem absoluten Nullpunkt. Die Kelvin-Skala kennt somit keine negativen Temperaturwerte.

Bezeichnet θ eine Temperatur in ^{o}C, T die gleiche Temperatur in K (Kelvin), so gilt

$$\theta = T - T_o \quad , \qquad (1.1)$$

wobei $T_o = 273{,}15$ K ist /5/.

Für die Differenz zweier Temperaturen erhält man - das folgt aus Glg.(1.1) - in beiden Skalen die gleiche Maßzahl. Bei Temperaturdifferenzen ist es daher gleichgültig, ob man sie in K oder in °C angibt.

Bei Gasen läßt sich eine Beziehung zwischen der Temperatur T und zwei anderen Zustandsgrößen, dem Druck p und der Massendichte ρ, angeben, die thermische Zustandsgleichung

$$F(p,\rho,T) = 0 \quad . \tag{1.2}$$

Für stark verdünnte (ideale) Gase hat sie die Form

$$\frac{p}{\rho} = \frac{R}{\mu}\cdot T \quad ; \tag{1.3}$$

hierin ist $R = 8{,}31\ J\cdot K^{-1}\cdot mol^{-1}$ die universelle Gaskonstante und μ die Masse pro Mol des betreffenden Gases /3/.

Beispiel: Für Luft kann $\mu = 0{,}029\ kg\cdot mol^{-1}$ angenommen werden (tatsächlich hängt μ noch von der Zusammensetzung der Luft ab, insbesondere von ihrem Wasserdampfgehalt). Daraus erhält man

$$\frac{R}{\mu} = 286{,}55\ J\cdot kg^{-1}K^{-1} \; .$$

Nun läßt sich leicht die Dichte ρ der Luft bei gegebener Temperatur und gegebenem Druck ausrechnen. Für $p = 10^5$ Pa (Atmosphärendruck) und T = 293,15 K (20°C) findet man

$$\rho = 1{,}19\ kg\cdot m^{-3} \quad .$$

*

Neben der thermischen Zustandsgleichung (1.2) kann man für Gase auch eine kalorische Zustandsgleichung formulieren /1/, welche die auf die Masseneinheit bezogene innere Energie u als Funktion zweier der drei Größen p, ρ, T liefert. Bei idealen Gasen, also solchen, die der thermischen Zustandsgleichung (1.3) gehorchen, ist u eine Funktion von T alleine:

$$u = c_v\cdot T \; . \tag{1.4}$$

Die Konstante c_v ist die spezifische Wärme bei konstantem Volumen, also jene Wärmemenge, die dem Gas bei konstantem Volumen zuzuführen ist, um eine Temperaturerhöhung um eine Temperatureinheit zu bewirken. c_v kann also in $J\cdot kg^{-1}\cdot K^{-1}$ angegeben werden.

Bezeichnet dq die pro Masseneeinheit zugeführte Wärme, dT die Temperaturerhöhung, so gilt bei konstant gehaltenem Volumen

$$dq = c_v \cdot dT \quad . \tag{1.5}$$

In der bauphysikalischen Wärmelehre interessieren naturgemäß hauptsächlich solche Vorgänge, bei denen nicht das Volumen konstant bleibt, sondern der Druck - zumindest annähernd. Um bei konstantem Druck eine bestimmte Temperaturerhöhung der Luft - oder sonst eines Gases - zu bewirken, muß man offenbar mehr Wärme zuführen als bei konstantem Volumen, da die Luft sich bei der Erwärmung ausdehnt und gegen ihre Umgebung dabei auf Kosten der zugeführten Wärme Arbeit leistet. Die spezifische Wärme c_p bei konstantem Druck ist daher größer als c_v. Für ideale Gase gilt /1/3/

$$c_p = c_v + \frac{R}{\mu} \quad . \tag{1.6}$$

Für Luft ist annähernd

$$c_v = 713 \ J \cdot kg^{-1} \cdot K^{-1} \quad ; \qquad c_p = 1000 \ J \cdot kg^{-1} \cdot K^{-1} \quad .$$

Bei konstantem Druck ist

$$dq = c_p \cdot dT \quad . \tag{1.7}$$

Unter Verwendung der spezifischen Wärme c_p kann man leicht berechnen, wieviel Energie man einer bestimmten Luftmasse zuführen muß, um ihre Temperatur um einen bestimmten Betrag zu erhöhen. Das ist jedoch nicht mehr in so einfacher Weise möglich, wenn man die Lufttemperatur verringern will! Der Grund liegt darin, daß bei Temperaturerhöhungen der Luft keine Phasenumwandlungen auftreten, die Luft daher - trotz ihrer Zusammensetzung aus verschiedenen Gasen - wie ein homogenes ideales Gas behandelt werden kann. Bei Temperaturerniedrigung hingegen kann es vorkommen, daß ein Teil des in der Luft enthaltenen Wasserdampfes kondensiert, also als flüssiges Wasser ausfällt. In diesem Fall ist die Rechnung nicht mehr so einfach - siehe Teil III, "Feuchtigkeit".

Beispiel: In einem Raum vom Volumen $V = 75 \ m^3$ beträgt die Lufttemperatur $\theta_o = 5^oC$. Welche Wärmemenge muß man der Raumluft zuführen, um ihre Temperatur auf $\theta_1 = 20^oC$, also um 15 K, anzuheben? Dabei soll angenommen werden, daß durch Druckausgleich mit der Außenluft der Druck ständig $p = 10^5$ Pa beträgt. Wärmeverluste - etwa durch Wärmeübertragung an die Wände - werden nicht berücksichtigt.

Bezeichnet Q die gesuchte Wärmemenge, so erhält man zunächst dQ durch Multiplikation von dq gemäß Glg.(1.7) mit der im Raum vorhandenen Luftmasse $m = V \cdot \rho$:

$$dQ = V \cdot \rho \cdot c_p \cdot dT$$

Mittels der thermischen Zustandsgleichung (1.3) wird daraus

$$dQ = V \cdot c_p \cdot \frac{\mu \cdot p}{R} \cdot \frac{dT}{T}$$

Integration liefert

$$Q = \frac{V \cdot c_p \cdot \mu \cdot p}{R} \cdot \int_{T_o}^{T_1} \frac{dT}{T} = \frac{V \cdot c_p \cdot \mu \cdot p}{R} \cdot \ln \frac{T_1}{T_o}$$

und nach Einsetzen der gegebenen Werte

$$Q = 137472 \text{ J} = 137{,}472 \text{ kJ} = 0{,}38 \text{ kWh} .$$

*

Beispiel: In einem Raum vom Volumen $V = 80$ m^3 herrscht eine Temperatur von $\theta_1 = 20^\circ$C. Diesem Raum wird kontinuierlich Außenluft der Temperatur $\theta_o = -5^\circ$C zugeführt, gleichzeitig wird Raumluft der Temperatur θ_1 abgeführt; der Luftdruck im Raum beträgt $p = 10^5$Pa. Die beschriebene Lüftung soll einen dreifachen stündlichen Luftwechsel $L = 3$ h^{-1} bewirken. Welche Leistung muß die Heizung zur Deckung der Lüftungswärmeverluste erbringen?

Der Massendurchsatz beträgt

$$\dot{m} = V \cdot \rho \cdot L \quad .$$

Damit erhält man

$$\dot{Q} = \dot{m} \cdot c_p \cdot (\theta_1 - \theta_o) = V \cdot \rho \cdot L \cdot c_p \cdot (\theta_1 - \theta_o)$$

und aufgrund der thermischen Zustandsgleichung (1.3)

$$\dot{Q} = \frac{V \cdot L \cdot p \cdot \mu \cdot c_p}{R \cdot T_1} (T_1 - T_o) \quad .$$

Durch Einsetzen der gegebenen Werte ($L = 0{,}833\ 10^{-3}$s^{-1}) erhält man

$$\dot{Q} = 1984 \text{ W} = 1{,}984 \text{ kW} \quad .$$

*

Auch bei festen Körpern führt Wärmezufuhr zu einer der zugeführten Wärmemenge proportionalen Temperaturerhöhung. Die spezifische Wärme c ist für verschiedene Materialien verschieden und hängt zumindest in den normalerweise in der Bauphysik zu berücksichtigenden Temperaturbereichen nicht nennenswert von der Temperatur ab. Auch ist c nur in sehr geringem Maße davon abhängig, ob die Verformung des Körpers behindert wird oder nicht. Die bei Gasen durchaus notwendige Unterscheidung zwischen c_p und c_v kann daher bei festen Körpern im Rahmen der Bauphysik unterbleiben, und c einfach als Materialkonstante angesehen werden. Auch bei Flüssigkeiten ist dies zulässig. Nachstehende Tabelle gibt für einige Materialien die spezifischen Wärmen an.

Tabelle spez. Wärmen für einige Festkörper und Flüssigkeiten

	$J \cdot kg^{-1}K^{-1}$		$J \cdot kg^{-1}K^{-1}$		$J \cdot kg^{-1}K^{-1}$
Stahl	460	Aluminium	920	Glas	840
Holz	2500	Beton	1130	Ziegel	920
Eis	2250	Wasser	4180	Petroleum	2140
Benzin	1800	Äthylalkohol	2430	Quecksilber	140

<u>Beispiel:</u> Wieviel Energie benötigt man, um 60 kg Wasser - das sind ungefähr 60 Liter - von 15°C auf 65°C zu erwärmen? Die gesuchte Energie Q ist das Produkt aus Masse, spezifischer Wärme und Temperaturdifferenz. Man erhält also

$$Q = 60 \cdot 4{,}18 \cdot (65 - 15)\ J = 12540\ J = 3{,}48\ Wh \quad .$$ *

Die Zufuhr von Wärme muß bei einem Körper nicht unbedingt zu einer Temperaturerhöhung führen, sie kann auch andere Effekte hervorrufen. Beispiele dafür sind etwa das Schmelzen von Eis oder das Verdampfen von Wasser. Charakteristisch für derlei Vorgänge ist, daß der Körper bei der Wärmezufuhr von einer Phase in eine andere übergeht - von einem Aggregatzustand in den anderen.

Die pro Masseneinheit für die Überführung von der festen in die flüssige Phase benötigte Wärmemenge nennt man (massenbezogene) Schmelzwärme. Sie ist betragsmäßig gleich jener Wärmemenge, die man der flüssigen Phase entziehen muß, um den Körper zum Erstarren zu bringen. Allerdings kann das Schmelzen ebenso wie das Erstarren bei gegebenem Druck - das ist in der Bauphysik so gut wie immer der atmosphärische Druck von etwa 10^5 Pa - nur bei einer ganz bestimmten, für das jeweilige Material charakteristischen, Temperatur stattfinden, der Schmelztemperatur. In der nachstehenden Tabelle sind für einige Materialien die Schmelzwärmen und die zugehörigen Schmelztemperaturen angegeben.

Tabelle von Schmelzwärmen und Schmelztemperaturen

Material	Schmelzwärme $kJ\cdot kg^{-1}$	Schmelztemperatur ^{o}C
Aluminium	376,8	658
Blei	25,1	327
Wasser	333,7	0
Quecksilber	11,7	-39

Die pro Masseneinheit für die Überführung von der flüssigen in die gasförmige Phase benötigte Wärmemenge nennt man (massenbezogene) Verdampfungswärme. Sie ist betragsmäßig gleich jener Wärmemenge, die man der gasförmigen Phase entziehen muß, um das Gas zu einer Flüssigkeit zu kondensieren; in diesem Fall spricht man oft auch von Kondensationswärme.

Einer etwas genaueren Erörterung bedarf die Frage nach den Drücken und den Temperaturen, bei denen Verdampfungs- bzw. Kondensationsvorgänge stattfinden. Dies läßt sich am besten am Beispiel des Verdampfens von Wasser oder des Kondensierens von Wasserdampf schildern. Das Schmelzen von Eis und auch das Erstarren (Gefrieren) von Wasser findet bei Atmosphärendruck erfahrungsgemäß nur bei Über- oder Unterschreiten einer Temperatur von $0^{o}C$, der Schmelztemperatur des Eises, statt. Hingegen verdunstet (verdampft!) Wasser, wie jeder weiß, unter Atmosphärendruck bei den verschiedensten Temperaturen! Erst bei einer Temperatur von etwa $100^{o}C$ nimmt dieses Verdampfen im Vergleich zu dem recht still vor sich gehenden Verdunsten spektakuläre Formen an - das Wasser beginnt zu sieden! Gibt es also zu einem gegebenen Druck - etwa dem Atmosphärendruck - unendlich viele Verdampfungstemperaturen? Stellt die Siedetemperatur von rund $100^{o}C$ nur eine Obergrenze dieser Verdampfungstemperaturen dar?

Die Antwort auf diese Fragen ist recht einfach. Die Verhältnisse sind im Grunde die gleichen wie beim Schmelzen und Erstarren, d.h. es besteht eine eindeutige - sogar eine umkehrbar eindeutige - Beziehung zwischen Verdampfungstemperatur und Verdampfungsdruck! Diese Tatsache wird nur dadurch verschleiert, daß die Luft, die insgesamt Atmosphärendruck aufweist, aus mehreren Gasen besteht, unter anderem auch aus Wasserdampf. Jeder der Bestandteile der Luft - der Stickstoff, der Sauerstoff, der Wasserdampf und in geringem Maße auch Argon, Kohlendioxyd u.s.w. - leistet seinen Beitrag zu diesem Gesamtdruck. Für das Verdampfen von Wasser ist aber nur der vom Wasserdampf herrührende Druckanteil, der Partialdruck des Wasserdampfes, maßgebend. Zwischen diesem Partialdruck des Wasserdampfes und der Verdampfungstemperatur des Wassers besteht in der Tat eine eineindeutige Beziehung. Man stellt sie meist in der Form dar, daß man zu jeder Temperatur den zugehörigen "Sättigungsdampfdruck" angibt. Eine Tabelle des Sättigungsdampfdruckes für Wasserdampf in Abhängigkeit von der Temperatur ist in Teil III (Feuchtigkeit) angegeben.

Wasser, das mit der umgebenden Luft in Kontakt steht, wird also so lange verdunsten (verdampfen), bis entweder der Partialdruck des Wasserdampfes in der Luft infolge zunehmenden Wasserdampfgehaltes den zur vorhandenen Temperatur gehörigen Sättigungsdampfdruck erreicht hat oder alles Wasser verdunstet ist.

Da der Partialdruck des Wasserdampfes in der Atmosphäre nicht über den gesamten Atmosphärendruck anwachsen kann, ist auch der Verdampfungstemperatur eine Grenze gesetzt. Wasser kann daher unter Atmosphärendruck in seiner flüssigen Phase nur bis etwa 100°C existieren und beginnt bei dieser Temperatur zu sieden!

In der nachstehenden Tabelle sind Verdampfungswärmen für einige Stoffe angegeben.

Tabelle von Verdampfungswärmen und Siedetemperaturen bei einem Druck von 101300 Pa

Material	Verdampfungswärme $kJ \cdot kg^{-1}$	Siedetemperatur °C
Aceton	525	56,70
Quecksilber	284	353,25
Wasser	2246	100,00

2. Wärmetransportvorgänge

Wärme ist eine Energieform. Für die Energie als solche gilt ein Erhaltungssatz, d.h. die in einem bestimmten Raumgebiet vorhandene Energie kann nur dadurch vermehrt oder vermindert werden, daß durch die Begrenzung dieses räumlichen Gebietes Energie zu- oder abströmt. Energie kann man also bilanzieren.

Für die Wärme als spezielle Energieform gilt kein Erhaltungssatz in diesem Sinne, denn Wärme kann aus anderen Energieformen entstehen oder in solche umgewandelt werden. Beschränkt man sich jedoch auf Vorgänge, bei denen keine derartige Umwandlung von oder in Wärmeenergie stattfindet, so kann man auch die Wärme für sich bilanzieren. Insbesondere ist es möglich, von Wärmetransporten zu sprechen, also das Strömen von Wärme von einem Ort zum anderen zu verfolgen.

Findet eine Umwandlung einer anderen Energieform in Wärme statt, wie das beispielsweise bei einer elektrischen Widerstandsheizung der Fall ist, so kann man dem durch die explizite Einführung von Wärmequellen Rechnung tragen, und unter Berücksichtigung dieser Wärmequellen nach wie vor eine Wärmebilanz vornehmen.

In diesem Abschnitt sollen die wichtigsten Wärmetransportmechanismen besprochen werden, also Energietransportarten, bei denen andere Energieformen nicht direkt zu berücksichtigen sind. Für alle diese Wärmetransportvorgänge ist charakteristisch, daß der Wärmetransport nie in der Richtung von Stellen geringerer Temperatur zu solchen höherer Temperatur stattfinden kann (zweiter Hauptsatz der Thermodynamik).

Wärmetransporte können stattfinden:

a) durch Vermittlung eines materiellen Mediums, jedoch ohne gleichzeitigen Massentransport; man spricht in diesem Fall von Wärmeleitung.
b) ohne Vermittlung eines materiellen Mediums; man spricht von Wärmestrahlung.
c) verbunden mit Massentransporten; Konvektion.

2.1. Wärmeleitung

Die Beschreibung von Wärmeleitungsvorgängen in einem festen Körper erfolgt durch Angabe der Temperaturverteilung im Körper und durch Erfassung der dabei auftretenden Wärmeströme - genauer der Wärmestromdichten.

Die Temperaturverteilung wird im allgemeinen dadurch beschrieben, daß man die Temperatur T als Funktion der drei Ortskoordinaten und der Zeit t darstellt, bei Verwendung eines cartesischen Koordinatensystems mit den Koordinaten x, y, z also durch

$$T = T(x,y,z,t) \quad . \tag{2.1}$$

In diesem allgemeinen Fall spricht man von dreidimensionaler instationärer Wärmeleitung. Hängt die Temperatur nicht von der Zeit ab, ist sie also eine Funktion der Ortskoordinaten alleine, so liegt stationäre Wärmeleitung vor. Hängt die Temperatur nur von einer oder zwei Ortskoordinaten ab, so spricht man von ein- oder zweidimensionaler Wärmeleitung.

Als Wärmestrom bezeichnet man die pro Zeiteinheit durch ein Flächenstück hindurchströmende Wärmemenge; Wärmeströme werden also in Leistungseinheiten gemessen (z.B. in Watt). Dividiert man den Wärmestrom durch den Flächeninhalt der Fläche, durch die er hindurchtritt, so erhält man eine Wärmestromdichte - einen flächenbezogenen Wärmestrom ($W \cdot m^{-2}$).

Legt man durch einen Punkt des Raumes parallel zu den drei Koordinatenebenen drei Flächenelemente, so bilden die zu diesen Flächenelementen gehörigen Wärmestromdichten q_x, q_y und q_z die Komponenten eines Vektors, des Wärmestromdichtevektors $\vec{q}$. Letzterer spielt für die Wärmeströmung eine ähnliche Rolle wie der Geschwindigkeitsvektor für die Strömung einer Flüssigkeit.

Die Wärmeströmung wird also im allgemeinen durch ein zeitabhängiges Vektorfeld

$$\vec{q} = \vec{q}(x,y,z,t) \tag{2.2}$$

der Wärmestromdichte beschrieben.

Nun bedarf es noch zweier Feststellungen. Zum einen ist eine Beziehung zwischen dem Temperaturfeld T(x,y,z,t) und den durch es bewirkten Wärmestromdichten $\vec{q}(x,y,z,t)$ herzustellen, zum anderen ist eine Bilanzgleichung aufzustellen, die gewährleistet, daß - bei Abwesenheit von Wärmequellen - nirgends Wärme entsteht oder verloren geht.

Die Beziehung zwischen Temperaturfeld und Wärmestromdichte wurde von Fourier (1822) formuliert und besagt, daß die Wärmestromdichte zum Temperaturgefälle proportional ist; den Proportionalitätsfaktor nennt man Wärmeleitfähigkeit.

Die Bilanzgleichung bringt zum Ausdruck, daß der Überschuß der in ein Volumelement eintretenden über die austretenden Wärmeströme ein der Masse und spezifischen Wärme entsprechendes Anwachsen der Temperatur bewirkt.

2.1.1. Eindimensionale stationäre Wärmeleitung ohne Wärmequellen

Hält man die Oberflächen einer durch zwei parallele Ebenen begrenzten homogenen Platte auf zeitlich unveränderlichen Temperaturen T_1 und T_2, so stellt sich nach einiger Zeit in der Platte eine Temperaturverteilung ein, bei der ebenfalls keine zeitlichen Änderungen mehr feststellbar sind - also eine stationäre Temperaturverteilung. Sind die Abmessungen der Platte im Vergleich zu ihrer Dicke groß genug, so wird die Temperatur in der Platte nur mehr von der Koordinate senkrecht zur Plattenebene abhängen; diese Koordinate soll mit x bezeichnet werden. Die Temperaturverteilung wird also durch

$$T = T(x) \tag{2.3}$$

beschrieben.

Die Formulierung des Fourierschen Gesetzes für die Wärmestromdichte ist in diesem Fall sehr einfach, da nur die Komponente q_x der Wärmestromdichte interessiert, das Temperaturgefälle in x-Richtung offenbar durch $-dT/dx$ dargestellt wird:

$$q_x = \lambda \cdot \left(-\frac{dT}{dx}\right) \tag{2.4}$$

Der Proportionalitätsfaktor λ - die Wärmeleitfähigkeit - darf, da die Platte als homogen vorausgesetzt ist, nicht explizit von x abhängen. Hingegen ist eine Abhängigkeit der Wärmeleitfähigkeit von der Temperatur, wie sie bei den meisten Stoffen auch tatsächlich auftritt, in diesem Ansatz keineswegs ausgeschlossen.

Auch die Bilanzgleichung kann im stationären eindimensionalen Fall leicht formuliert werden. Da zeitliche Änderungen der Temperatur nicht auftreten, muß in jede beliebige Schicht der Platte genau so viel Wärme einströmen wie aus ihr ausströmt, d.h. die Wärmestromdichte q_x muß konstant sein oder - anders ausgedrückt -

$$\frac{dq_x}{dx} = 0 \quad . \tag{2.5}$$

Setzt man hier q_x aus Glg.(2.4) ein, so erhält man

$$\frac{d}{dx}(\lambda \cdot \frac{dT}{dx}) = 0 \quad . \tag{2.6}$$

Das ist die stationäre Wärmeleitungsgleichung im eindimensionalen Fall.

Nimmt man λ als temperaturunabhängig an, was bei Beschränkung auf nicht zu große Temperaturbereiche meist zulässig ist, so reduziert sich die Wärmeleitungsgleichung auf

$$\frac{d^2T}{dx^2} = 0 \quad . \tag{2.7}$$

In diesem letzteren Fall, der den Anwendungen in der Bauphysik meist zugrunde liegt, läßt sich die allgemeine Lösung sofort hinschreiben:

$$T = C_1 \cdot x + C_2 \quad . \tag{2.8}$$

Der Temperaturverlauf in der Platte ist also linear. Es treten zwei Konstanten C_1 und C_2 auf, weil die Wärmeleitungsgleichung eine - in diesem einfachen Fall gewöhnliche - Differentialgleichung zweiter Ordnung ist. Zur Bestimmung von C_1 und C_2 bedarf es zusätzlicher Bedingungen, etwa der Vorgabe der Temperatur für zwei verschiedene Werte von x - also z.B. an den beiden Plattenoberflächen.

Für gewöhnlich interessiert man sich weniger für die Temperaturverteilung in der homogenen Platte - daß sie linear ist, weiß man ja - sondern vielmehr für die aufgrund der an den Oberflächen gegebenen Temperaturen sich einstellende Wärmestromdichte q_x. Hat die Platte die Dicke d, und sind die Oberflächentemperaturen T_1 und T_2, so ist das Temperaturgefälle des linearen Temperaturverlaufes wegen durch

$$- \frac{dT}{dx} = - \frac{T_2-T_1}{d} \qquad (2.9)$$

gegeben. Setzt man dies in Glg.(2.4) ein, so erhält man für die gesuchte Wärmestromdichte

$$q_x = - \frac{\lambda}{d} (T_2-T_1) = \frac{\lambda}{d} \cdot (T_1-T_2) \qquad (2.10)$$

Die Wärmestromdichte q_x ist also proportional zur angelegten Temperaturdiffferenz. Der Proportionalitätsfaktor

$$\Lambda = \frac{d}{\lambda} \qquad (2.11)$$

spielt dabei die Rolle eines flächenbezogenen Leitwertes ($W \cdot m^{-2} K^{-1}$). Seinen Kehrwert d/λ bezeichnet man als Wärmedurchlaßwiderstand D der Platte:

$$D = \frac{d}{\lambda} \ . \qquad (2.12)$$

Zur Vorzeichenwahl in Glg.(2.10) bedarf es noch einer Bemerkung. Die Wärmestromdichte q_x gemäß Glg.(2.4) nimmt positive Werte an, wenn die Wärme in Richtung zunehmender Werte von x strömt. Man muß also, will man Unsicherheiten hinsichtlich des Vorzeichens von q_x ausschließen, die Richtung der positiven x-Achse festlegen. Bei einem raumbegrenzenden Bauteil orientiert man die x-Achse meist nach außen und erhält damit eine positive Wärmestromdichte, wenn der Raum durch den Bauteil Wärme verliert.

Beispiel: Eine Rechteckplatte von a=3m Länge und b=2m Breite sei d=0,05m dick und bestehe aus einem Material mit der Wärmeleitfähigkeit $\lambda = 0{,}8\ W \cdot m^{-1} K^{-1}$ (z.B. Steinsplittbeton). Welcher Wärmestrom fließt durch die Platte, wenn ihre eine Oberfläche auf $\theta_1 = 15^oC$ gehalten wird, ihre andere auf $\theta_2 = -7^oC$?

Der flächenbezogene Leitwert Λ der Platte ist

$$\Lambda = \frac{\lambda}{d} = 8\ W \cdot m^{-2} K^{-1} \quad .$$

Die Wärmestromdichte q_x ist dann

$$q_x = \Lambda \cdot (\theta_1 - \theta_2) = 176\ W \cdot m^{-2} \quad .$$

Den gesuchten Wärmestrom $\dot{Q}$ erhält man nun durch Multiplikation der Wärmestromdichte q_x mit der Fläche der Platte:

$$\dot{Q} = a \cdot b \cdot q_x = 1056 \text{ W} .$$

*

Zur Vereinfachung der Berechnung von Wärmeströmen durch Bauteile ist es nützlich, einen nicht flächenbezogenen Leitwert L und seinen Kehrwert, den Wärmewiderstand W einzuführen. Ist A die Fläche eines plattenförmigen Bauteiles, Λ sein flächenbezogener Leitwert, so ist der Leitwert L des Bauteiles durch

$$L = A \cdot \Lambda \qquad (2.13)$$

gegeben. Sein Wärmewiderstand ist

$$W = \frac{1}{L} = \frac{1}{A \cdot \Lambda} = \frac{D}{A} \quad . \qquad (2.14)$$

Leitwert L und Wärmewiderstand W spielen für die durch Temperaturdifferenzen bewirkten Wärmeströme die gleiche Rolle wie elektrische Leitwerte und Widerstände für die durch elektrische Potentialdifferenzen (elektrische Spannungen) ausgelösten elektrischen Ströme. Glg.(2.10) geht durch Multiplikation mit der Plattenfläche A in

$$\dot{Q} = L \cdot (T_1 - T_2) \qquad (2.15)$$

über. Unter Verwendung des Wärmewiderstandes W macht man daraus

$$T_1 - T_2 = W \cdot \dot{Q} \quad . \qquad (2.16)$$

Die Gleichung (2.15) und die ihr gleichwertige Gleichung (2.16) stellen das Pendant zum Ohmschen Gesetz der Elektrizitätslehre dar. Diese Gleichungen können zur Beschreibung thermischer Netzwerke in der gleichen Weise herangezogen werden wie das Ohmsche Gesetz bei elektrischen Netzwerken. Insbesondere gelten für Serien- und Parallelschaltungen von Wärmewiderständen die gleichen Regeln wie für die entsprechenden Schaltungen elektrischer (Ohmscher) Widerstände:

Der Wärmewiderstand von in Serie geschalteten Widerständen ist gleich der Summe der Einzelwiderstände.

Der Leitwert einer Parallelschaltung ist gleich der Summe der einzelnen Leitwerte.

Mit in Serie geschalteten Widerständen hat man es bei einem plattenförmigen Bauteil zu tun, der aus mehreren homogenen Schichten aufgebaut ist. Abb. 2.1 zeigt die Verhältnisse bei einem zweischichtigen Bauteil.

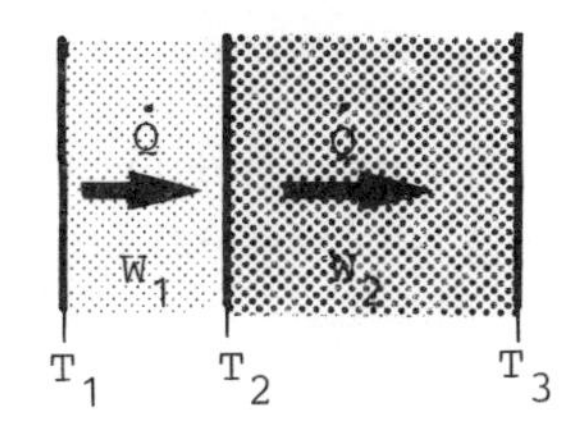

Abb. 2.1: Zweischichtiger Bauteil.
Serienschaltung von Widerständen

Formuliert man Glg.(2.16) für jede der beiden Schichten, so erhält man

$$T_1 - T_2 = W_1 \cdot \dot{Q} \qquad (2.17)$$

und

$$T_2 - T_3 = W_2 \cdot \dot{Q} \quad . \qquad (2.18)$$

Addition liefert

$$T_1 - T_3 = (W_1 + W_2) \cdot \dot{Q} \quad . \qquad (2.19)$$

Damit hat man für den gesamten zweischichtigen Bauteil wieder eine Gleichung der Bauart (2.16),

$$T_1 - T_3 = W \cdot \dot{Q} \quad , \qquad (2.20)$$

wobei

$$W = W_1 + W_2 \qquad (2.21)$$

ist. Die Verallgemeinerung dieser Gleichung für n-schichtige Bauteile,

$$W = \sum_{i=1}^{n} W_i \qquad (2.22)$$

kann man - wenn man will - durch vollständige Induktion beweisen.

Bei mehrschichtigen plattenförmigen Bauteilen ist die Fläche A für jede Schicht gleich groß. Drückt man die Wärmewiderstände in Glg.(2.22) gemäß Glg.(2.14) durch die Wärmedurchlaßwiderstände aus, so kürzt sich A heraus, und man erhält

$$D = \sum_{i=1}^{n} D_i \qquad (2.23)$$

oder - mit Glg.(2.12) -

$$D = \sum_{i=1}^{n} \frac{d_i}{\lambda_i} \quad . \tag{2.24}$$

Bei mehrschichtigen plattenförmigen Bauteilen ist also auch der Wärmedurchlaßwiderstand des Bauteiles gleich der Summe der Wärmedurchlaßwiderstände der einzelnen Schichten.

Liegen mehrere Bauteile nebeneinander in dem Sinne, daß alle an einer Seite die gleiche Oberflächentemperatur T_1 besitzen, an der anderen Seite die - ebenfalls für alle beteiligten Bauteile gleiche - Oberflächentemperatur T_2, so hat man es mit einer Parallelschaltung zu tun. Formuliert man Glg.(2.15) für zwei derartige Bauteile, so erhält man

$$\dot{Q}_1 = L_1 \cdot (T_1 - T_2) \tag{2.25}$$

und

$$\dot{Q}_2 = L_2 \cdot (T_1 - T_2) \quad . \tag{2.26}$$

Insgesamt tritt durch die beiden Bauteile der Wärmestrom

$$\dot{Q} = \dot{Q}_1 + \dot{Q}_2 \tag{2.27}$$

hindurch, der sich durch Addition der beiden vorigen Gleichungen zu

$$\dot{Q} = (L_1 + L_2) \cdot (T_1 - T_2) \tag{2.28}$$

ergibt, also als zum Leitwert

$$L = L_1 + L_2 \tag{2.29}$$

gehörig.

Da die beiden Bauteile keineswegs die gleiche Oberfläche besitzen müssen, darf Glg.(2.29) nicht unmittelbar für die flächenbezogenen Leitwerte übernommen werden. Unter Verwendung von Glg.(2.13) erhält man vielmehr

$$A \cdot \Lambda = A_1 \cdot \Lambda_1 + A_2 \cdot \Lambda_2 \tag{2.30}$$

mit

$$A = A_1 + A_2 \quad . \tag{2.31}$$

Daraus folgt für den flächenbezogenen mittleren Leitwert

$$\Lambda = \frac{A_1 \cdot \Lambda_1 + A_2 \cdot \Lambda_2}{A_1 + A_2} \quad . \tag{2.32}$$

Für den allgemeinen Fall von n nebeneinander liegenden Bauteilen gilt, wie leicht durch vollständige Induktion zu beweisen ist,

$$L = \sum_{i=1}^{n} L_i \tag{2.33}$$

beziehungsweise

$$\Lambda = \frac{\sum_{i=1}^{n} A_i \cdot \Lambda_i}{\sum_{i=1}^{n} A_i} \quad . \tag{2.34}$$

Bei der Bestimmung des Wärmewiderstandes oder des Wärmedurchlaßwiderstandes eines mehrschichtigen Bauteiles als Summe der Einzelwiderstände gibt es kaum Probleme. Anders liegen die Dinge bei der Parallelschaltung, also bei nebeneinander liegenden Bauteilen! Hier hat man noch zu prüfen, ob die Voraussetzung eindimensionaler Wärmeleitung auch wirklich - wenigstens annähernd - erfüllt ist, oder ob zwischen den Bauteilen Wärmetransporte in Querrichtung zu erwarten sind. Um dies zu überprüfen, hat man sich ein Bild von der Temperaturverteilung in jedem Bauteil zu machen.

Bei eindimensionaler stationärer Wärmeleitung stellt sich in einer homogenen Platte ein linearer Temperaturverlauf ein, wenn in der Platte keine Wärmequellen auftreten - siehe Glg.(2.8). In einem aus mehreren homogenen Platten zusammengesetzten mehrschichtigen Bauteil (Sandwichkonstruktion) wird der Temperaturverlauf daher durch eine stückweise lineare Funktion beschrieben, die an den Schichtgrenzen im allgemeinen Knickstellen aufweisen wird.

Die Bestimmung der Temperaturen an den Schichtgrenzen ist recht einfach. Glg.(2.10) läßt sich unter Verwendung des in Glg.(2.12) definierten Wärmedurchlaßwiderstandes D in der Form

$$\frac{T_2 - T_1}{D} = -q \tag{2.35}$$

schreiben. Dabei ist der Index x bei der Wärmestromdichte der Einfachheit halber weggelassen. Man liest aus dieser Gleichung ab, daß das Verhältnis der in einer Schicht auftretenden Temperaturdifferenz zum Durchlaßwiderstand der Schicht durch die Wärmestromdichte gegeben ist. Da die Wärmestromdichte in allen Schichten eines mehrschichtigen Bauteiles den gleichen Wert annimmt, tut dies auch das erwähnte Verhältnis. Dieses Verhältnis ist aber nichts anderes als die Steigung des Temperaturverlaufes, wenn man anstelle der Schichtdicken die Durchlaßwiderstände aufträgt.

Dies eröffnet einen überaus einfachen Weg zur graphischen Bestimmung der Schichtgrenztemperaturen! Man zeichnet die Schichtgrenzen des Bauteiles als parallele Geraden in Abständen, die ihren Durchlaßwiderständen entsprechen - im "Widerstandsmaßstab". Mit einer Temperaturskala in Richtung dieser Parallelen wird der Temperaturverlauf im Bauteil durch eine Gerade beschrieben, die man sofort zeichnen kann, wenn man die Temperaturen an zwei Schichtgrenzen - etwa den Bauteiloberflächen - kennt.

Beispiel: Temperaturverlauf in einem vierschichtigen Bauteil.

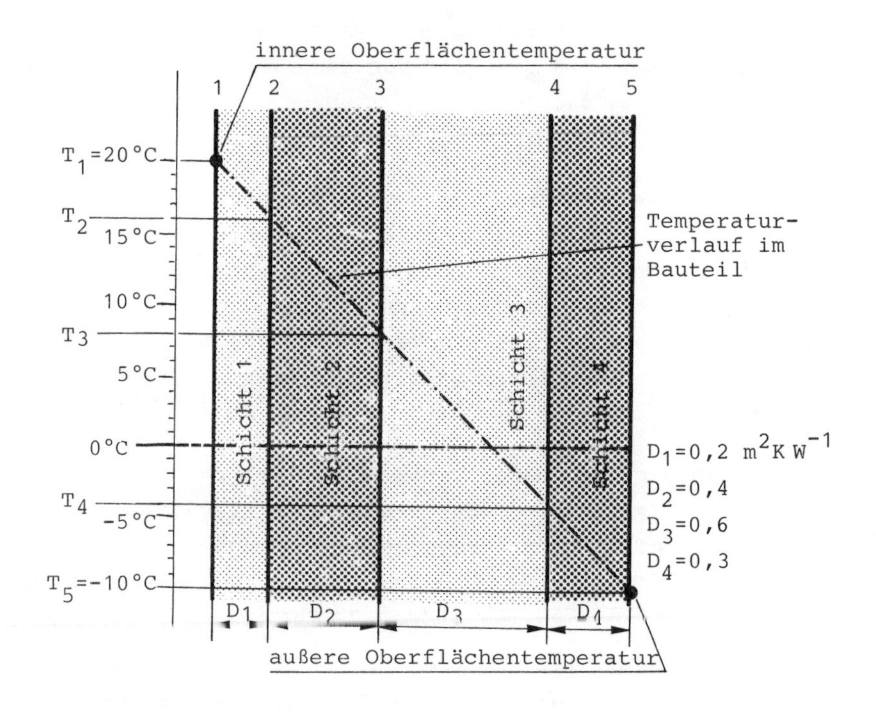

Die Lösung auch der einfachsten Wärmeleitungsprobleme setzt neben der Kenntnis der geometrischen Bedingungen und der Materialeigenschaften (Wärmeleitfähigkeit) voraus, daß zusätzliche Angaben vorliegen - beispielsweise Oberflächentemperaturen gegeben sind. Diese zusätzlichen Angaben bzw. Bedingungen nennt man, da sie sich meist auf die Berandung des betrachteten Körpers beziehen, "Randbedingungen". Die einfachsten Randbedingungen liegen vor, wenn an den Rändern Temperaturen oder Wärmestromdichten gegeben sind.

In der Praxis ist mit diesen beiden Typen von Randbedingungen sicher nicht das Auslangen zu finden, da die Oberflächentemperaturen meist ebensowenig bekannt sind wie die Wärmestromdichte. Meist hat man es damit zu tun, daß ein Bauteil an ein gasförmiges (Luft) oder flüssiges (Wasser) Medium grenzt, dessen Temperatur - in einiger Entfernung von der Bauteiloberfläche - bekannt ist. Das ist beispielsweise bei einer Außenwand eines Raumes der Fall, wenn man die Lufttemperatur im Raum und auch die Außenlufttemperatur kennt, ebenso auch bei einem Rohr, das von Wasser bekannter Temperatur durchströmt wird und außen von Luft bekannter Temperatur umgeben ist.

Die Wärmeübertragungsvorgänge zwischen der Oberfläche eines festen Körpers und einem mit dieser Oberfläche in Kontakt stehenden Fluid - Gas oder Flüssigkeit - sind ziemlich kompliziert. Sie lassen sich jedoch in den meisten Fällen gut durch einen Ansatz erfassen, bei dem die auftretende Wärmestromdichte proportional zur Differenz von Fluidtemperatur T_o und Oberflächentemperatur T_1 gesetzt wird:

$$q = \alpha \cdot (T_o - T_1) \qquad (2.36)$$

Dieser Ansatz geht auf Newton zurück und bedeutet nichts anderes als die Einführung eines flächenbezogenen Leitwertes für die Wärmeübertragung zwischen Fluid und Festkörper. Der "Wärmeübergangskoeffizient" α hat die gleiche Dimension wie der in Glg.(2.11) eingeführte flächenbezogene Leitwert Λ und wird daher auch in den gleichen Einheiten angegeben - z.B. $W \cdot m^{-2} K^{-1}$.

Natürlich kann man aus dem Wärmeübergangskoeffizienten α durch Übergang zum Reziprokwert $1/\alpha$ einen Wärmedurchlaßwiderstand erhalten; man nennt ihn "Wärmeübergangswiderstand". Der Wärmeübergangswiderstand ist - könnte man sagen - der Wärmedurchlaßwiderstand einer fiktiven Schicht, die man sich an der realen Körperoberfläche zusätzlich angebracht zu denken hat, um dann mit dem so ergänzten Körper in der gleichen Weise weiterrechnen zu können, wie wenn die Fluidtemperatur seine Oberflächentemperatur wäre. Die "Wärmeübergangsschicht" bleibt natürlich eine fiktive Schicht - es kann ja auch niemand ihre Dicke exakt angeben!

Es ist klar, daß man komplizierte Wärmeübertragungsprobleme wie das eben erwähnte nicht durch eine bloßen Ansatz, einen "ingenieusen Trick", lösen kann. Abgesehen davon, daß der Newtonsche Ansatz (2.36) nur näherungsweise Gültigkeit beanspruchen kann, bedarf er noch der Ergänzung durch die Angabe halbwegs zutreffender Werte der Wärmeübergangskoeffizienten. Darauf soll später noch eingegangen werden.

Den Wärmedurchlaßwiderstand eines Bauteiles einschließlich der an den beiden Seiten auftretenden Wärmeübergangswiderstände bezeichnet man als seinen Wärmedurchgangswiderstand, den Kehrwert davon - also den zugehörigen flächenbezogenen Leitwert - als Wärmedurchgangskoeffizienten oder kürzer als k-Wert. Es gilt also, wenn man "inneren" und "äußeren" Wärmeübergangskoeffizienten noch durch angebrachte Indizes "i" und "a" unterscheidet, und mit D den Durchlaßwiderstand der eigentlichen Wand bezeichnet,

$$\frac{1}{k} = \frac{1}{\alpha_i} + D + \frac{1}{\alpha_a} \quad . \tag{2.37}$$

Das Rechnen mit "k-Werten" ist deshalb so bequem, weil die k-Werte die den häufigsten Fragestellungen der bauphysikalischen Wärmelehre angepaßten flächenbezogenen Leitwerte sind. Man darf dabei jedoch nicht übersehen, daß der k-Wert eines Bauteiles - im Gegensatz zu seinem Wärmedurchlaßwiderstand - nicht ein Charakteristikum des Bauteiles selbst ist, sondern zusätzliche Annahmen hinsichtlich der Wärmeübergänge an den Oberflächen beinhaltet.

Für im Sinne des Wärmestromes nebeneinander liegende Bauteile kann man einen "mittleren k-Wert" k_m durch sinngemäße Anwendung von Glg.(2.34) berechnen. Man hat nur die dort auftretenden flächenbezogenen Leitwerte Λ_i durch die entsprechenden k-Werte k_i zu ersetzen und k_m statt Λ zu schreiben:

$$k_m = \frac{\sum_{i=1}^{n} A_i \cdot k_i}{\sum_{i=1}^{n} A_i} \quad . \tag{2.38}$$

Dieser Formel liegt natürlich nicht mehr die Annahme gleicher Oberflächentemperaturen aller beteiligten Bauteile zugrunde sondern die Annahme gleicher Fluidtemperaturen.

Das Rechnen mit Durchlaßwiderständen und flächenbezogenen Leitwerten von Schichten kann man bei mehrschichtigen Konstruktionen auch auf Luftschichten ausdehnen, indem man sie einfach wie Schichten gegebenen Durchlaßwiderstandes behandelt. Das Problem liegt hier in der Bestimmung des Durchlaßwiderstandes einer Luftschicht; dies wird an späterer Stelle erörtert.

Nun wollen wir uns nochmals der Bestimmung von Schichtgrenztemperaturen zuwenden - diesmal mit rechnerischen Methoden. Gegeben sei eine aus n Schichten aufgebaute Wand - siehe Abb. 2.2. Die Wärmeübergänge sollen ebenfalls berücksichtigt werden.

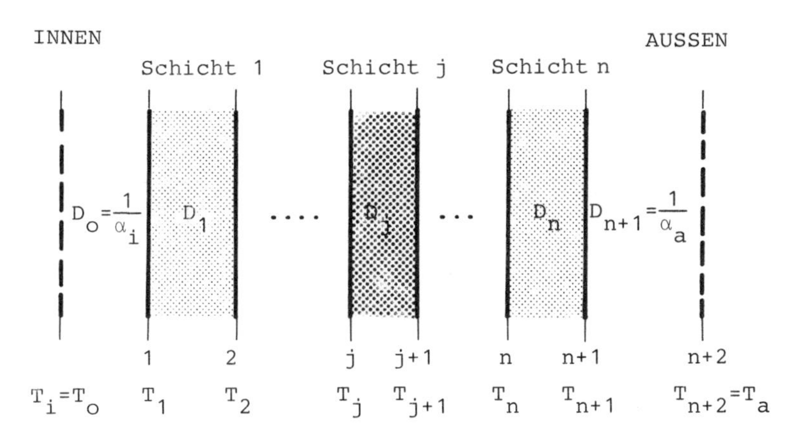

Abb. 2.2: Schema einer n-schichtigen Wand mit beiderseitigem Wärmeübergang

Numeriert man die eigentlichen Schichten der Wand von 1 bis n, so wird es zweckmäßig sein, der inneren "Wärmeübergangsschicht" die Nummer 0 zuzuteilen, der äußeren die Nummer n+1. Die innere Oberflächentemperatur wird mit T_1 bezeichnet, die äußere - da eine n-schichtige Wand n+1 Schichtgrenzen besitzt - mit T_{n+1}. Für die Innenlufttemperatur bleibt dann T_o, für die Außenlufttemperatur T_{n+2}. Die Durchlaßwiderstände der Schichten werden mit D_j bezeichnet. Dabei erfaßt man die Wärmeübergangswiderstände ebenfalls, wenn man j von 0 bis n+1 laufen läßt.

Nun kann man den Wärmedurchgangswiderstand leicht als Summe aller Durchlaßwiderstände einnschließlich der Übergangswiderstände berechnen, durch anschließende Bildung des Kehrwertes auch den k-Wert:

$$\frac{1}{k} = \sum_{j=0}^{n+1} D_j \quad . \tag{2.39}$$

Sind nun Innenlufttemperatur $T_i = T_o$ und Außenlufttemperatur $T_a = T_{n+2}$ gegeben, so erhält man daraus die in der Wand auftretende Wärmestromdichte zu

$$q = k \cdot (T_i - T_a) \quad . \tag{2.40}$$

Nun gilt für die j-te Schicht - vgl. Glg.(2.35) -

$$T_{j+1} - T_j = -q \cdot D_j \quad . \tag{2.41}$$

Hieraus kann T_{j+1} berechnet werden, wenn T_j schon bekannt ist. Beginnt man mit j=0, also mit der bekannten Innentemperatur T_o, so kann man die Schichtgrenztemperaturen sukzessive berechnen.

2.1.2. Eindimensionale stationäre Wärmeleitung mit Wärmequellen

Wärmequellen können bei Bauteilen flächenhaft verteilt auftreten, etwa an Oberflächen oder Schichtgrenzen, ebenso aber auch räumlich verteilt. Im ersteren Fall werden sie durch eine flächenbezogene Leistung charakterisiert, im letzteren durch eine volumenbezogene. Zunächst sollen die flächenhaft verteilten Wärmequellen besprochen werden, wie sie etwa durch Absorption von Sonnenstrahlung an einer Bauteiloberfläche oder durch Heiztapeten hervorgerufen werden; auch Fußboden- oder Deckenheizungen können näherungsweise als flächenhaft verteilte Wärmequellen aufgefaßt werden.

Treten in irgend einer zu den Begrenzungen des Bauteiles parallelen Ebene flächenhaft verteilte Wärmequellen mit der flächenbezogenen Heizleistung s auf, so muß sich an dieser Stelle auch im stationären Fall die Wärmestromdichte ändern - siehe Abbildung 2.3 . Bezeichnet man die zur linken Seite der Wärmequelle auftretende Wärmestromdichte mit q_L, die rechts davon mit q_R, so gilt offenbar

$$q_R = q_L + s \quad . \tag{2.42}$$

Die Wärmestromdichte erleidet also an der Stelle der Wärmequelle einen Sprung vom Betrag s. Dementsprechend zeigt die Temperaturverteilung an dieser Stelle einen Knick, links und rechts davon ist sie linear.

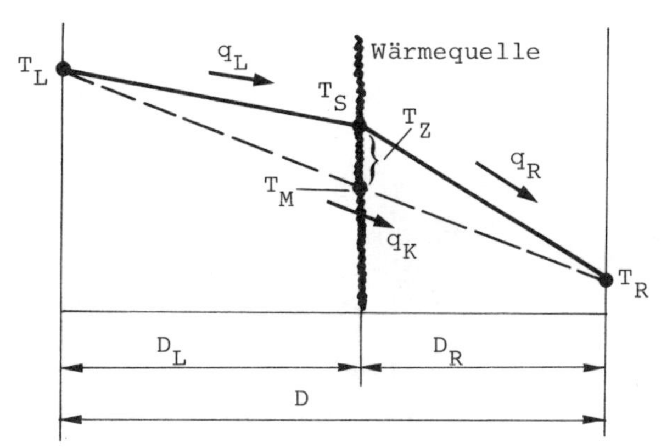

Abb. 2.3: Temperaturverteilung in einem Bauteil mit Wärmequelle an einer Schichtgrenze

Bezeichnet D den Durchlaßwiderstand des Bauteiles zwischen jenen Stellen, an denen Randbedingungen - etwa die Temperaturen - vorgeschrieben sind, so wird durch die Lage der Wärmequelle eine Aufteilung von D in einen Durchlaßwiderstand D_L links der Wärmequelle und einen Durchlaßwiderstand D_R rechts der Wärmequelle herbeigeführt - Abb. (2.3). Man kann nun bei gegebenen Randtemperaturen einerseits nach der Temperatur T_s am Ort der Wärmequelle fragen, andererseits auch nach den Wärmestromdichten q_L und q_R links und rechts davon.

Die Beantwortung dieser Fragen erleichtert man sich wesentlich, wenn man nicht nach diesen Größen direkt fragt, sondern nach den Abweichungen gegenüber dem Fall ohne Wärmequelle! Bezeichnet q_K die bei Abwesenheit von Wärmequellen im ganzen Bauteil konstante Wärmestromdichte, T_m die an der Stelle der Wärmequelle für s=0 sich einstellende Temperatur, so gilt offenbar

$$\frac{T_m - T_L}{D_L} = \frac{T_R - T_m}{D_R} = \frac{T_R - T_L}{D} = -q_k \quad . \tag{2.43}$$

Nun wird

$$q_L = q_K + q_1 \quad , \tag{2.44}$$

$$q_R = q_K + q_2 \tag{2.45}$$

und

$$T_s = T_m + T_z \tag{2.46}$$

gesetzt. Nun ist

$$q_L = -\frac{1}{D_L}\cdot(T_S-T_L) = -\frac{1}{D_L}\cdot(T_z+T_m-T_L) = -\frac{1}{D_L}\cdot T_z+q_k \tag{2.47}$$

$$q_R = -\frac{1}{D_R}\cdot(T_R-T_S) = -\frac{1}{D_R}\cdot(T_R-T_m\mp T_z) = \frac{1}{D_R}\cdot T_z+q_k \quad . \tag{2.48}$$

Setzt man dies in Glg.(2.42) ein, so fällt q_K heraus und man erhält

$$s = T_z\cdot\left(\frac{1}{D_L} + \frac{1}{D_R}\right) \tag{2.49}$$

oder - wegen $D_L+D_R=D$ -

$$T_z = s\cdot\frac{D_L\ D_R}{D} \quad . \tag{2.50}$$

Die am Ort der Wärmequelle durch sie bewirkte Temperaturerhöhung T_z ist also von den Randwerten der Temperatur völlig unabhängig.

Die aus der Wärmequelle sich ergebenden zusätzlichen Wärmestromdichten q_1 und q_2 erhält man durch Vergleich der Gleichungen (2.44) und (2.45) mit (2.47) und (2.48) zu

$$q_1 = -\frac{1}{D_L}\cdot T_z \tag{2.51}$$

und

$$q_2 = \frac{1}{D_R}\cdot T_z \quad . \tag{2.52}$$

Setzt man hier T_z aus Glg.(2.50) ein, so erhält man schließlich

$$q_1 = -s\cdot\frac{D_R}{D} \tag{2.53}$$

und

$$q_2 = +s\cdot\frac{D_L}{D} \quad . \tag{2.54}$$

Auch die zusätzlichen Wärmestromdichten sind also von den Randwerten der Temperatur unabhängig.

An dieser Stelle sind vielleicht noch zwei Hinweise nützlich. Zum einen ist festzustellen, daß in die Herleitung der Formeln

(2.50), (2.53) und (2.54) nirgends die Annahme eingeht, es handle sich um einen einschichtigen homogenen Bauteil. Die Formeln gelten also für Bauteile mit beliebig vielen Schichten. Auch "Wärmeübergangsschichten" kommen in Betracht; dann ist natürlich D als Wärmedurchgangswiderstand zu interpretieren.

Zum zweiten ist zu bemerken, daß man bei Vorhandensein von Wärmequellen an mehreren Stellen des Bauteiles die Wärmestromdichten q_1 und q_2 für jede Wärmequelle gesondert berechnen und anschließend superponieren kann.

Treten Wärmequellen im Bauteil räumlich verteilt mit einer volumenbezogenen Leistung s(x) auf, dann ändert sich die Wärmestromdichte q nicht sprunghaft an einzelnen Stellen sondern kontinuierlich. Ihre örtliche Änderung ist durch die Quelldichte s(x) gegeben:

(2.55)

Diese Beziehung tritt an die Stelle der bei Abwesenheit von Wärmequellen geltenden Glg.(2.5) und liefert zusammen mit dem Fourierschen Ansatz (2.4) die Wärmeleitungsgleichung in der Form

$$\frac{d}{dx}(\lambda \cdot \frac{dT}{dx}) + s(x) = 0 \quad . \qquad (2.56)$$

Räumlich verteilte Wärmequellen finden also in der Differentialgleichung der Wärmeleitung ihren Niederschlag, während flächenhaft verteilte nur über die Randbedingungen berücksichtigt wurden. Diese methodisch unterschiedliche Behandlung von zwei im Grunde gleichartigen Phänomenen braucht jedoch nicht zu befremden. Sie ist jedem Bauingenieur aus der Statik wohlbekannt, wo auch kontinuierliche Lastverteilungen methodisch anders als Einzelkräfte behandelt werden. Unter Verwendung geeigneter mathematischer Methoden (Distributionstheorie) läßt sich diese Diskrepanz durchaus vermeiden.

2.1.3. Dreidimensionale stationäre Wärmeleitung

Es ist leicht zu sehen, daß - auch bei stationären, d.h. zeitlich unveränderlichen, Temperaturverteilungen - die vorhin besprochenen eindimensionalen Wärmeleitungsvorgänge nur Sonderfälle darstellen. Im allgemeinen Fall wird die Temperatur eine Funktion aller drei kartesischen Raumkoordinaten sein, also

$$T = T(x,y,z) \quad . \tag{2.57}$$

Aus diesem Skalarfeld (Temperaturfeld) erhält man durch Bilden der partiellen Ableitungen nach den Koordinaten die Komponenten eines Vektorfeldes, des "Temperaturgradienten":

$$\text{grad}\, T = \left(\frac{\partial T}{\partial x}, \frac{\partial T}{\partial y}, \frac{\partial T}{\partial z}\right) \quad . \tag{2.58}$$

Der Temperaturgradient zeigt in die Richtung des stärksten Temperaturanstieges und gibt durch seinen Betrag die Größe der örtlichen Temperaturänderung in dieser Richtung an. Den mit -1 multiplizierten Temperaturgradienten -grad T nennt man das "Temperaturgefälle".

Nach Fourier ist der Vektor $\vec{q}$ der Wärmestromdichte zum Temperaturgefälle proportional:

$$\vec{q} = -\lambda \cdot \text{grad}\, T \tag{2.59}$$

oder - in Koordinatenschreibweise -

$$q_x = -\lambda \cdot \frac{\partial T}{\partial x} \; , \quad q_y = -\lambda \cdot \frac{\partial T}{\partial y} \; , \quad q_z = -\lambda \cdot \frac{\partial T}{\partial z} \quad . \tag{2.60}$$

Der Proportionalitätsfaktor λ ist die schon von der eindimensionalen Wärmeleitung her bekannte Wärmeleitfähigkeit.

Hier bedarf es allerdings einer wesentlichen Bemerkung. Eine skalare Wärmeleitfähigkeit λ - sie kann natürlich noch vom Ort und auch von der Temperatur selbst abhängen - gestattet nur die Beschreibung jener Fälle, in denen sich das Material, in dem die Wärmeleitung stattfindet, nach allen Richtungen gleich verhält - wie man auch sagt, "isotrop" ist. Bei Materialien von faserartiger Struktur - z.B. Holz - oder bei Kristallen ist dies im allgemeinen nicht der Fall.

Bei isotropen Materialien hat der Vektor $\vec{q}$ der Wärmestromdichte in Übereinstimmung mit Glg.(2.59) die gleiche Richtung wie das Temperaturgefälle, die Wärme strömt also in Richtung des Temperaturgefälles. Bei anisotropen Materialien weicht die Richtung der Wärmestromdichte im allgemeinen von jener des Temperaturgefälles ab. In diesen Fällen bedarf es einer Verallgemeinerung les Fourierschen Ansatzes, die wir hier jedoch nicht behandeln werden, sondern auf die Literatur verweisen /6/.

Treten in dem betrachteten Gebiet des Raumes keine Wärmequellen auf - und das soll hier angenommen werden -, dann muß bei jedem Teilgebiet in jedem Zeitintervall ebensoviel Wärme ein- wie ausströmen. Der Überschuß der je Volums- und Zeiteinheit aus einem Volumenelement austretenden Wärme über die eintretende ist - siehe z.B./1/ - durch

$$\operatorname{div} \vec{q} = \frac{\partial q_x}{\partial x} + \frac{\partial q_y}{\partial y} + \frac{\partial q_z}{\partial z} \quad , \tag{2.61}$$

die Divergenz der Wärmestromdichte, gegeben. Im stationären Fall und bei Abwesenheit von Wärmequellen muß also

$$\operatorname{div} \vec{q} = 0 \tag{2.62}$$

sein. Setzt man hier $\vec{q}$ aus Glg.(2.59) ein, so erhält man

$$\operatorname{div}(\lambda \cdot \operatorname{grad} T) = 0 \quad , \tag{2.63}$$

die stationäre Wärmeleitungsgleichung. Sie wird besonders einfach, wenn die Wärmeleitfähigkeit konstant ist. Dann kann man nämlich λ herausziehen, und Glg.(2.63) geht über in

$$\frac{\partial^2 T}{\partial x^2} + \frac{\partial^2 T}{\partial y^2} + \frac{\partial^2 T}{\partial z^2} = 0 \quad . \tag{2.64}$$

Das ist die Laplacesche Differentialgleichung, die unter Verwendung des Laplace-Operators

$$\Delta = \frac{\partial^2}{\partial x^2} + \frac{\partial^2}{\partial y^2} + \frac{\partial^2}{\partial z^2} \tag{2.65}$$

häufig in der kurzen Form

$$\Delta T = 0 \tag{2.66}$$

geschrieben wird.

Die einfache Schreibweise der Gleichung (2.66) soll nicht darüber hinwegtäuschen, daß ihre Lösung unter gegebenen Randbedingungen - also beispielsweise bei gegebenem Temperaturverlauf auf der Berandung des interessierenden Gebietes - in den meisten Fällen erheblichen numerischen Aufwand erfordert. Da das Problem, die Laplace-Gleichung zu lösen, aber in den verschiedensten Sparten der Physik auftritt, sind hiefür längst geeignete mathematisch-numerische Methoden und EDV-Programme entwikkelt worden. Solcher Programme wird man sich bedienen, wenn man beispielsweise den Wärmedurchgang durch nicht plattenförmige Bauteile berechnen will.

An dieser Stelle mag die Anmerkung nützlich sein, daß man sich im Wege dreidimensionaler Wärmedurchgangsberechnungen auch für kompliziert gestaltete Bauteile Leitwerte bzw. Wärmewiderstände verschaffen kann, die sich dann ebenso einfach weiter verwerten lassen, wie Leitwerte oder Wärmewiderstände ebener (plattenförmiger) Bauteile.

Zwei einfache Fälle, in denen man mit elementaren Methoden zum Ziel kommt, also nicht explizit auf Glg.(2.66) oder Glg.(2.63) zurückgreifen muß, sollen nachstehend besprochen werden.

2.1.4. Zylindersymmetrischer Fall der stationären Wärmeleitung

Der stationäre Wärmedurchgang durch ein zylindrisches Rohr läßt sich dann leicht berechnen, wenn man annehmen darf, daß die Temperatur T nur von der Entfernung r von der Rohrachse abhängt. In diesem Fall ist nur die radiale Komponente q_r der Wärmestromdichte von null verschieden, und der Fouriersche Ansatz (2.59) reduziert sich auf

$$q_r = -\lambda \cdot \frac{dT}{dr} \quad . \tag{2.67}$$

Den durch den Mantel eines gedachten Zylinders mit dem Radius r und der Höhe h hindurchgehenden Wärmestrom $\dot{Q}$ erhält man, indem man die Wärmestromdichte q_r mit der Mantelfläche $2 \cdot \pi \cdot r \cdot h$ multipliziert:

$$\dot{Q} = -2\pi \cdot r \cdot h \cdot \lambda \cdot \frac{dT}{dr} \quad . \tag{2.68}$$

Treten keine Wärmequellen auf, dann muß der Wärmestrom $\dot{Q}$ für Zylinder mit den verschiedensten Radien gleich ausfallen, also von r unabhängig sein. $\dot{Q}$ ist also, wie auch λ und h, eine Konstante. Glg.(2.68) ist eine gewöhnliche Differentialgleichung zur Bestimmung der Temperaturverteilung T(r), bei der sich die Variablen leicht trennen lassen:

$$dT = -\frac{\dot{Q}}{2\pi \cdot h \cdot \lambda} \cdot \frac{dr}{r} \quad . \tag{2.69}$$

Beiderseitige Integration liefert

$$T = -\frac{\dot{Q}}{2\pi h\lambda} \cdot \ln r + C \qquad (2.70)$$

mit der zunächst unbestimmten Integrationskonstanten C. Wie man sieht, ist der Temperaturverlauf keineswegs linear, sondern folgt einer Logarithmusfunktion.

Sind nun für zwei verschiedene Radien, etwa den Innenradius r_1 und den Außenradius r_2 des Rohres, die Temperaturen T_1 und T_2 gegeben, dann kann man diese in Glg.(2.70) einsetzen und erhält

$$T_1 = -\frac{\dot{Q}}{2\pi h\lambda} \cdot \ln r_1 + C \qquad (2.71)$$

und

$$T_2 = -\frac{\dot{Q}}{2\pi h\lambda} \cdot \ln r_2 + C \quad . \qquad (2.72)$$

Eliminiert man C, indem man die Differenz dieser beiden Gleichungen bildet, und löst anschließend nach $\dot{Q}$ auf, so erhält man

$$\dot{Q} = \frac{2\pi h\lambda}{\ln \frac{r_2}{r_1}} \cdot (T_1 - T_2) \quad . \qquad (2.73)$$

Wie man sieht, ist auch hier - wie bei ebenen Wänden - der Wärmestrom proportional zur Differenz der Oberflächentemperaturen. Der Faktor

$$L = \frac{2\pi h\lambda}{\ln \frac{r_2}{r_1}} \qquad (2.74)$$

ist ein Leitwert (z.B. in W/K anzugeben). Hier fällt es schwer, wie bei ebenen Wänden zu einem flächenbezogenen Leitwert überzugehen, da keineswegs klar ist, auf welche Fläche man beziehen soll. Vielfach hat sich eingebürgert, auf die Fläche des äußeren Zylindermantels zu beziehen, doch ist dies keineswegs in der Sache selbst begründet. Wir wollen uns daher diesem Brauch auch nicht anschließen. Allenfalls ist es noch sinnvoll, einen längenbezogenen Leitwert einzuführen, indem man auf die Zylinderhöhe h bezieht.

Der Reziprokwert von L liefert einen Wärmewiderstand in dem in 2.1.1. eingeführten Sinn:

$$W = \frac{\ln \frac{r_2}{r_1}}{2\pi h\lambda} \quad . \qquad (2.75)$$

Besteht ein zylindrisches Rohr aus mehreren koaxialen Schichten, so erhält man seinen gesamten Wärmewiderstand - es handelt sich um eine Serienschaltung - durch Addition der Einzelwiderstände.

Auch die durch inneren und äußeren Wärmeübergang mit den Wärmeübergangskoeffizienten α_i und α_a bedingten Wärmewiderstände

$$\frac{1}{2\pi \cdot r_i \cdot h \cdot \alpha_i} \quad \text{und} \quad \frac{1}{2\pi \cdot r_a \cdot h \cdot \alpha_a} \tag{2.76}$$

kann man noch hinzufügen.

2.1.5. Kugelsymmetrischer Fall der stationären Wärmeleitung

Auch der Wärmedurchgang durch eine von konzentrischen Kugeln begrenzte Wand läßt sich elementar erfassen, wenn die Temperatur T nur von der Entfernung r vom Kugelmittelpunkt abhängt. Für die radiale Komponente q_r der Wärmestromdichte gilt

$$q_r = -\lambda \cdot \frac{dT}{dr} \quad . \tag{2.77}$$

Den durch eine gedachte Kugel mit dem Radius r hindurchgehenden Wärmestrom erhält man, indem man q_r mit der Kugeloberfläche multipliziert:

$$\dot{Q} = -4r^2\pi \cdot \lambda \cdot \frac{dT}{dr} \quad . \tag{2.78}$$

Dieser Wärmestrom muß, wenn keine Wärmequellen auftreten, konstant sein. Trennt man in der Differentialgleichung (2.78) die Variablen, so erhält man

$$dT = -\frac{\dot{Q}}{4\pi\lambda} \cdot \frac{dr}{r^2} \quad . \tag{2.79}$$

Integration liefert

$$T = \frac{\dot{Q}}{4\pi\lambda} \cdot \frac{1}{r} + C \quad . \tag{2.80}$$

Auch hier ist die Temperaturverteilung nicht linear, sondern zeigt einen hyperbolischen Verlauf.

Setzt man die Temperaturen T_1 und T_2 für die Radien r_1 und r_2 ein und eliminiert die Integrationskonstante C, so kommt man für den Wärmestrom $\dot{Q}$ auf die Darstellung

$$\dot{Q} = \frac{4\pi \cdot \lambda \cdot r_1 \cdot r_2}{r_2 - r_1} \cdot (T_1 - T_2) \quad . \tag{2.81}$$

Auch hier ist der Wärmestrom zur Temperaturdifferenz proportional, somit auch die Einführung eines Leitwertes

$$L = \frac{4\pi \cdot \lambda \cdot r_1 \cdot r_2}{r_2 - r_1} \cdot (T_1 - T_2) \qquad (2.82)$$

und eines Wärmewiderstandes

$$W = \frac{r_2 - r_1}{4\pi \cdot \lambda \cdot r_1 \cdot r_2} \qquad (2.83)$$

möglich. Einen flächenbezogenen Leitwert einzuführen scheint ebensowenig sinnvoll wie im zylindersymmetrischen Fall.

2.1.6. Dreidimensionale instationäre Wärmeleitung

Bei allen bisher geschilderten Wärmeleitungsproblemen wurde angenommen, die räumliche Temperaturverteilung in dem betrachteten Körper wäre zeitlich unveränderlich. Diese Annahme mag in einzelnen Fällen für längere Zeiträume annähernd zutreffen, generell ist sie sicher nicht erfüllt. Zwar ist man meist bestrebt, die Innentemperatur in den Räumen eines Gebäudes annähernd konstant zu halten, die Außentemperatur ist aber sicher jahres- und tageszeitlichen Schwankungen unterworfen, die sehr beträchtlich sein können.

Damit tritt einerseits das Problem auf, zeitlich veränderliche Temperaturverteilungen und die dabei auftretenden "instationären" Wärmeleitungsvorgänge rechnerisch zu erfassen, andererseits erhebt sich die Frage, ob nicht die bisher besprochenen "stationären" Berechnungsverfahren so wirklichkeitsfremd sind, daß ihre Anwendung auf praktische Fragestellungen sinnlos wird.

Bei stationärer Wärmeleitung muß das Temperaturfeld $T(x,y,z)$, wie in 2.1.3. geschildert, der Differentialgleichung (2.63) genügen. Es ist durch diese Differentialgleichung und zusätzliche Randbedingungen - etwa die Vorgabe der Temperaturverteilung auf der Oberfläche des betrachteten Gebietes - auch vollständig bestimmt, wenngleich oft nur mühsam zu berechnen. Ähnlich sind die Verhältnisse bei einem zeitlich veränderlichen Temperaturfeld $T(x,y,z,t)$. Auch dafür kann man eine Differentialgleichung aufstellen. Da div $\vec{q}$ - die Divergenz der Wärmestromdichte - den Überschuß der je Volums- und Zeiteinheit aus einem Volumenelement austretenden Wärme über die eintretende angibt, muß sich dieses Element abkühlen, wenn div $\vec{q}$ positiv ist, im gegenteiligen Fall erwärmen. Die Geschwindigkeit, mit der sich die Temperatur ändert, also die Ableitung $\partial T/\partial t$, ist proportional zu div $\vec{q}$, genauer

$$c \cdot \rho \cdot \frac{\partial T}{\partial t} = - \operatorname{div} \vec{q} \quad . \qquad (2.84)$$

Hierin ist c die spezifische Wärme und ρ die Massendichte.

Zusammen mit dem auch bei instationärer Wärmeleitung gültigen Fourierschen Ansatz

$$\vec{q} = - \lambda \cdot \operatorname{grad} T \qquad (2.85)$$

ergibt Glg.(2.84) die instationäre Wärmeleitungsgleichung

$$c \cdot \rho \cdot \frac{\partial T}{\partial t} = \operatorname{div}(\lambda \cdot \operatorname{grad} T) \quad , \qquad (2.86)$$

die bei konstanter Wärmeleitfähigkeit λ und mit der Abkürzung

$$a^2 = \frac{\lambda}{c \cdot \rho} \qquad (2.87)$$

die einfache Form

$$\frac{\partial T}{\partial t} = a^2 \cdot \Delta T \qquad (2.88)$$

annimmt. Der Faktor a^2 - er hat die Dimension einer Flächengeschwindigkeit, kann also z.B. in $m^2 s^{-1}$ angegeben werden - trägt die nicht sehr glückliche Bezeichnung "Temperaturleitfähigkeit".

Eine spezielle Lösung der Wärmeleitungsgleichung (2.88) - also ein bestimmtes zeitabhängiges Temperaturfeld T(x,y,z,t) - wird festgelegt, wenn man neben i.a. zeitabhängigen Randbedingungen auch noch eine Anfangsbedingung vorgibt, etwa eine anfängliche Temperaturverteilung T(x,y,z,0).

Auf die Schilderung der mathematischen und numerischen Methoden zur Lösung der Wärmeleitungsgleichung (2.88) unter gegebenen Anfangs- und Randbedingungen muß hier schon alleine aus Platzgründen verzichtet werden. Der Verzicht fällt umso leichter, als es zu diesem Thema schon eine ganze Reihe ausgezeichneter Bücher gibt /2/7/8/9/.

Offensichtlich ist das Lösen von instationären Wärmeleitungsproblemen viel schwieriger als das von stationären. Damit gewinnt die oben aufgeworfene Frage, ob stationäre Lösungen bei praktischen Problemstellungen überhaupt sinnvolle Aussagen liefern können, sehr an Bedeutung. Sie ist glücklicherweise mit ja zu beantworten.

Die Lösungen der instationären Wärmeleitungsgleichung haben eine Eigenschaft, die auch bei anderen Ausgleichsvorgängen zu finden ist: der Einfluß der Anfangsbedingungen klingt mit zunehmendem zeitlichen Abstand immer mehr ab. Ändern sich also beispielsweise die Randtemperaturen längere Zeit nicht, dann nähert sich die Temperaturverteilung im Körper immer mehr der stationären Temperaturverteilung. Dann aber ist die stationäre Rechnung sicher zulässig. Berechnet man, wie es bei der Heizlastberechnung üblich ist, die Wärmeverluste eines Raumes bei der tiefsten anzunehmenden Außentemperatur unter der Annahme stationärer Wärmeleitung, dann tut man so, als ob diese tiefe Außentemperatur längere Zeit andauern würde. Das bedeutet offensichtlich, daß man die Wärmeverluste etwas zu hoch einschätzt, die nach dieser Einschätzung dimensionierte Heizungsanlage also kaum zu schwach bemessen sein wird.

Es gibt aber auch noch einen anderen wichtigen Fall, bei dem die stationäre Rechnung vernünftige Ergebnisse liefert, obwohl die Voraussetzung konstanter Randtemperaturen nicht erfüllt ist. Gemeint ist die Bestimmung der durch Wärmeleitung bedingten Wärmeverluste - der "Transmissionswärmeverluste" - eines Raumes oder eines Gebäudes über eine ganze Heizsaison. Dabei interessiert man sich meist nicht so sehr für den zeitlichen Verlauf des aus dem Raum austretenden Wärmestromes als für den Gesamtverlust, der durch das Zeitintegral des Wärmestromes über die Heizsaison gegeben ist. Dies läuft auf das gleiche hinaus, wie wenn man nach dem zeitlichen Mittelwert des Wärmestromes fragt.

Für den zeitlichen Mittelwert $\overline{\vec{q}}$ der Wärmestromdichte $\vec{q}$ erhält man eine Darstellung, wenn man Glg.(2.85) nach der Zeit integriert und anschließend durch die (zeitliche) Länge des Integrationsintervalles dividiert:

$$\overline{\vec{q}} = - \lambda \cdot \text{grad}\ \overline{T} \tag{2.89}$$

Hierin ist $\overline{T}$ das nur mehr vom Ort abhängige Zeitmittel der Temperatur.

Integriert man nun auch Glg.(2.84) nach der Zeit und dividiert anschließend durch die Länge α des Integrationsintervalles, so erhält man

$$c \cdot \rho \cdot \frac{T_e - T_a}{\tau} = - \operatorname{div} \vec{q} \quad . \qquad (2.90)$$

T_a ist dabei die Temperatur zu Beginn und T_e jene zum Ende des Integrationsintervalles (der Heizsaison).

Nun ist einerseits anzunehmen, daß der Unterschied zwischen T_a und T_e nicht sehr groß sein wird, andererseits ist der Nenner τ in dem in Glg.(2.90) auftretenden Bruch so groß, daß man den ganzen Bruch mit gutem Gewissen vernachlässigen kann. Daher gilt mit hinreichender Genauigkeit

$$\operatorname{div} \vec{q} = 0 \quad . \qquad (2.91)$$

Mit Glg.(2.89) und der zuletzt gewonnenen Gleichung sind wir aber bei der Beschreibung eines stationären Wärmeleitungsvorganges angelangt, wie ein Vergleich mit den Gleichungen (2.59) und (2.62) unmittelbar zeigt. Allerdings gelten die neuen Gleichungen nicht für die Momentanwerte von Temperatur und Wärmestromdichte, sondern für deren zeitliche Mittelwerte. Natürlich gilt auch die stationäre Wärmeleitungsgleichung

$$\operatorname{div}(\lambda \cdot \operatorname{grad} \overline{T}) = 0 \qquad (2.92)$$

oder, bei konstanter Wärmeleitfähigkeit λ,

$$\Delta \overline{T} = 0 \qquad (2.93)$$

Dieses Ergebnis kann man auch so aussprechen:

Die zeitlichen Mittelwerte von Temperatur und Wärmestromdichte über hinreichend lange Zeiträume genügen den Gleichungen der stationären Wärmeleitung.

Für die Bauphysik bedeutet das, daß für die Transmissionswärmeverluste eines Raumes oder Gebäudes über eine ganze Heizsaison in erster Linie die stationären Kenngrößen seiner Bauteile (k-Werte und Wärmedurchlaßwiderstände) maßgebend sind.

Das heißt natürlich nicht, daß in jedem Fall mit einer stationären Rechnung das Auslangen zu finden ist. Immer dann, wenn - kurz gesagt - das Wärmespeichervermögen der beteiligten Körper eine nicht mehr vernachlässigbare Rolle spielt, ist eine instationäre Rechnung nicht zu vermeiden. Glücklicherweise kann man sich dabei in vielen bauphysikalisch wichtigen Fällen auf eindimensionale Wärmeleitung beschränken.

2.1.7. Eindimensionale instationäre Wärmeleitung

Im eindimensionalen Fall reduziert sich die Wärmeleitungsgleichung (2.88) - wir wollen die Wärmeleitfähigkeit λ als konstant voraussetzen - auf

$$\frac{\partial T}{\partial t} = a^2 \cdot \frac{\partial^2 T}{\partial x^2} \quad . \tag{2.94}$$

Es ist nicht schwer, spezielle Lösungen dieser Differentialgleichung anzugeben, jedoch kann man nicht von vornherein erwarten, daß diese mehr oder minder "erratenen" Lösungen auch den in konkreten Fällen zu stellenden Rand- und Anfangsbedingungen genügen. Das Aufsuchen von Lösungen zu vorgegebenen Rand- und Anfangsbedingungen ist ein schwieriges Problem, das häufig nur mit numerischen Methoden näherungsweise gelöst werden kann.

Einige spezielle Lösungen, die auch in der Praxis eine gewisse Rolle spielen, wollen wir hier angeben. Da sind an erster Stelle die sogenannten Grundlösungen

$$T(x,t) = C \cdot t^{-\frac{1}{2}} \cdot e^{-\frac{x^2}{4a^2 t}} \tag{2.95}$$

und

$$T(x,t) = C \cdot t^{-\frac{3}{2}} \cdot x \cdot e^{-\frac{x^2}{4a^2 t}} \tag{2.96}$$

sowie die "Fehlerfunktionslösung"

$$T(x,t) = C \cdot \mathrm{erf}\left(\frac{x}{2a \cdot \sqrt{t}}\right) \tag{2.97}$$

zu nennen, worin C eine beliebige Konstante ist. Die "Fehlerfunktion" erf(z) ist mit dem bekannten Gaußschen Fehlerintegral

$$\mathrm{erf}(z) = \frac{2}{\sqrt{\pi}} \cdot \int_0^z e^{-\xi^2} d\xi \tag{2.98}$$

identisch.

Natürlich erfüllt auch jede Konstante die Wärmeleitungsgleichung. Außerdem erhält man durch Addition oder allgemeiner durch Linearkombination zweier Lösungen der Wärmeleitungsgleichung stets wieder eine Lösung.

Schließlich sei noch die spezielle Lösung

$$T(x,t) = C \cdot e^{K \cdot x + a^2 K^2 \cdot t} \tag{2.99}$$

genannt, in der neben C noch eine weitere Konstante K auftritt.

Die Lösung (2.97) gestattet eine interessante Anwendung im Zusammenhang mit dem Problem der Kontakttemperatur. Dabei geht es um die Frage, welche Temperatur sich an der Berührungsfläche einstellt, wenn man zwei ursprünglich auf verschiedenen Temperaturen befindliche Körper in Kontakt bringt, beispielsweise mit bloßen Füßen einen Boden betritt. Aus Erfahrung weiß man, daß etwa ein Steinboden von - sagen wir - 10°C ein stärkeres Kältegefühl auslöst als ein Holzboden gleicher Temperatur, also wohl auch zu einer anderen Kontakttemperatur führt.

Zunächst sei die Lösung (2.97) kurz diskutiert. Offenkundig ist diese Lösung nur für $t>0$ und - bedingt - noch im Grenzfall $t=0$ definiert. Wegen $erf(0)=0$ ist $T(0,t)=0$, d.h. an der Stelle $x=0$ bleibt die Temperatur stets gleich. Für $x \to \infty$ strebt die Fehlerfunktion gegen 1, die Temperatur also gegen C. Für kleine Werte von t erfolgt diese Annäherung rascher als für große. In Abb.(2.4) ist $T(x,t)$ gemäß Glg.(2.97) für einige Werte von t skizziert. Dabei ist der Bereich $x<0$, in den man sich die Kurven zentrisch symmetrisch fortgesetzt denken kann, weggelassen.

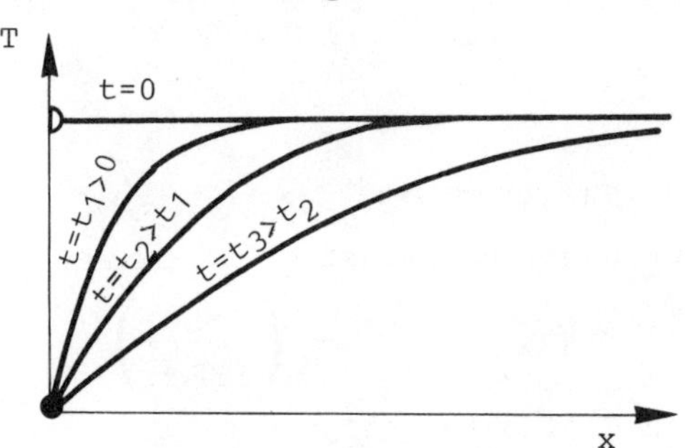

Abb. 2.4: Fehlerfunktionslösung der Wärmeleitungsgleichung

Die Wärmestromdichte $\vec{q}$ wird bei eindimensionaler Wärmeleitung durch die Komponente $q=q_x$ ausreichend beschrieben, da die beiden anderen Komponenten identisch verschwinden. Gemäß Glg.(2.85) ist dann in völliger Übereinstimmung mit Glg.(2.4)

$$q = -\lambda \cdot \frac{\partial T}{\partial x} \quad . \tag{2.100}$$

Im speziellen Fall der Fehlerfunktionslösung (2.97) erhält man wegen

$$\frac{d}{dz}\,\mathrm{erf}(z) = \frac{2}{\sqrt{\pi}} \cdot e^{-z^2} \tag{2.101}$$

hiefür

$$q(x,t) = -\frac{C\cdot\lambda}{a\cdot\sqrt{\pi}\cdot\sqrt{t}} \cdot e^{-\frac{x^2}{4a^2t}} \quad . \tag{2.102}$$

Der in dieser Gleichung auftretende Faktor

$$b = \frac{\lambda}{a} = \sqrt{\lambda\cdot c\cdot\rho} \tag{2.103}$$

wird meist als "Wärmeeindringfähigkeit" oder "Kontaktkoeffizient" bezeichnet.

Ein Vergleich der Darstellung

$$q(x,t) = -\frac{C\cdot b}{\sqrt{\pi}}\cdot\frac{1}{\sqrt{t}} \cdot e^{-\frac{x^2}{4a^2t}} \tag{2.104}$$

der Wärmestromdichte mit Glg.(2.95) zeigt übrigens, daß diese Darstellung von q die Bauart der ersten Grundlösung der Wärmeleitungsgleichung hat. An der Stelle $x=0$ ist

$$q(0,t) = -\frac{C\cdot b}{\sqrt{\pi}}\cdot\frac{1}{\sqrt{t}} \quad . \tag{2.105}$$

Wie man sieht, beschreibt die Fehlerfunktionslösung die Auskühlung eines ursprünglich auf der Temperatur $T(x,0)=C$ befindlichen Halbraumes $x>0$, wenn seine Begrenzungsebene $x=0$ plötzlich auf die Temperatur $T(0,t)=0$ gebracht und dort gehalten wird. Die Wärmestromdichte, mit der dem Halbraum an seiner Begrenzungsfläche Wärme zugeführt oder entzogen wird, ist durch Glg.(2.105) gegeben. Sie nimmt proportional zu $1/\sqrt{t}$ ab und ist umso größer, je größer die Wärmeeindringfähigkeit b des wärmeleitenden Materials ist.

Gleichung (2.105) kann man in leicht abgewandelter Form zur Bestimmung der Kontakttemperatur zweier Körper heranziehen. Der Körper 1 habe die Anfangstemperatur T_1 und die Wärmeeindringfähigkeit b_1; er fülle den Halbraum $x>0$ aus. Der Körper 2 mit der Wärmeeindringfähigkeit b_2 befinde sich ursprünglich auf der Temperatur T_2 und werde zum Zeitpunkt $t=0$ mit dem Körper 1 längs der Ebene $x=0$ verbunden; er füllt dann den Halbraum $x<0$ aus.

An der Berührungsfläche wird sich alsbald eine Kontakttemperatur T_o einstellen. Ist diese Kontakttemperatur konstant, dann läßt sich - vgl. Glg.(2.105) - die in den Körper 1 eintretende Wärmestromdichte durch

$$q_1(0,t) = -\frac{(T_1-T_0)\cdot b_1}{\sqrt{\pi}\cdot\sqrt{t}} \tag{2.106}$$

darstellen, die aus dem Körper 2 austretende durch

$$q_2(0,t) = -\frac{(T_o-T_2)\cdot b_2}{\sqrt{\pi}\cdot\sqrt{t}} \quad . \tag{2.107}$$

Diese beiden Wärmestromdichten müssen übereinstimmen, wenn an der Berührungsfläche keine Wärmequellen auftreten. Beim Gleichsetzen der beiden Ausdrücke fällt t heraus - eine Bestätigung unserer Vermutung, die Kontakttemperatur T_o wäre konstant. Man erhält

$$(T_o - T_2)\cdot b_2 = (T_1 - T_o)\cdot b_1 \quad . \tag{2.108}$$

Hieraus kann man durch Auflösen nach T_o die Kontakttemperatur berechnen:

$$T_o = \frac{b_1\cdot T_1 + b_2\cdot T_2}{b_1 + b_2} \quad . \tag{2.109}$$

Wie man sieht, ergibt sich die Kontakttemperatur als arithmetisches Gewichtsmittel der ursprünglichen Temperaturen der beiden beteiligten Körper, wobei die Wärmeeindringkoeffizienten als Gewichte auftreten. Die Kontakttemperatur liegt daher näher an der ursprünglichen Temperatur des Körpers mit dem höheren Kontaktkoeffizienten als an der des anderen.

Gleichung (2.109) macht verständlich, warum man barfuß auf einem kalten Steinboden eher friert als auf einem gleich kalten Holzboden.

Natürlich kann eine solche Berechnung die tatsächlichen Verhältnisse nur annähernd richtig wiedergeben. Erstens kann man einen menschlichen Fuß geometrisch noch weniger als einen Fußboden durch einen sich ins Unendliche erstreckenden Halbraum annähern. Zweitens ist ein menschlicher Fuß infolge seiner Durchblutung und der damit verbundenen inneren Wärmetransportvorgänge sicher kein Material, für das der Fouriersche Wärmestromansatz gilt. Deshalb erfolgt die Prüfung von Fußböden hinsichtlich ihrer Fähigkeit zur Wärmeableitung auch nicht rechnerisch sondern experimentell /DIN 52614/.

2.1.8. Der periodisch eingeschwungene Fall

Zeitlich periodische Vorgänge spielen in der Bauphysik eine sehr große Rolle. Die periodische Wiederkehr der Jahreszeiten, der Wechsel von Tag und Nacht, sie bestimmen das Jahr mit rund 365 Tagen und den Tag mit 24 Stunden als die beiden für die Bauphysik wichtigsten Perioden.

Das Wort "Periode" ist hier in dem in der Mathematik üblichen Sinn zu verstehen, d.h. daß jeweils nach Ablauf einer Periodendauer die zur Zustandsbeschreibung herangezogenen Größen bei den gleichen Werten angelangt sind wie zu Beginn der Periode. Wir vermeiden deshalb auch Bezeichnungen wie "Heizperiode" und sagen stattdessen lieber "Heizsaison", da die Länge einer Heizsaison nicht als Periode im eigentlichen Sinn angesehen werden kann.

Natürlich erfolgen Witterungsabläufe nicht streng periodisch, doch kann man die tatsächlichen Verläufe als Überlagerung periodischer Vorgänge durch mehr oder minder regellose Störungen betrachten. Interessieren letztere nur wenig, so wird man sich damit begnügen, den periodischen Anteil als den wesentlichen alleine zu betrachten.

Periodische Funktionen kann man bekanntlich durch Überlagerung von Sinus- und Kosinusfunktionen in Form von Fourierreihen darstellen. Ist f(z) eine stückweise stetige beschränkte Funktion mit der Periode P, also für beliebige Werte von z stets

$$f(z+P) = f(z) \quad , \tag{2.110}$$

so kann man f(z) durch die Fourierreihe

$$f(z) = \frac{\alpha_o}{2} + \sum_{\nu=1}^{\infty}(\alpha_\nu \cdot \cos\frac{2\nu\pi z}{P} + \beta_\nu \cdot \sin\frac{2\nu\pi z}{P}) \tag{2.111}$$

darstellen; an den Sprungstellen von f(z) liefert die Fourierreihe das arithmetische Mittel aus links- und rechtsseitigem Grenzwert. Wegen der Bestimmung der Fourierkoeffizienten α_ν und β_ν bei gegebener Funktion f(z) verweisen wir auf die Literatur /9/10/.

Die Möglichkeit, weitgehend beliebige periodische Funktionen durch Überlagerung von Sinus- und Kosinusfunktionen zu erfassen, läßt es angezeigt erscheinen, nach Lösungen der Wärmeleitungsgleichung (2.94) zu suchen, die hinsichtlich ihres zeitlichen Verhaltens durch solche Winkelfunktionen beschrieben werden. Derartige Lösungen sind in der Tat leicht zu finden. Erinnert man sich der fundamentalen Eulerschen Formel

$$e^{i\cdot z} = \cos z + i\cdot\sin z \quad , \tag{2.112}$$

die die Exponentialfunktion mit imaginärem Exponenten - hier ist $i=\sqrt{-1}$ - mit den Winkelfunktionen verknüpft, so muß man nur einen Blick auf die Lösung (2.99) werfen. Wählt man die Konstante K so, daß K^2 rein imaginär wird, also etwa

$$a^2\cdot K^2 = i\cdot\omega \tag{2.113}$$

ist, so hat man schon eine Lösung der gewünschten Bauart gefunden. Man prüft leicht nach, daß

$$K = \pm\,\omega'\cdot(1+i) \tag{2.114}$$

die Gleichung (2.113) erfüllt, wenn man

$$\omega' = \frac{\sqrt{\omega}}{a\cdot\sqrt{2}} \tag{2.115}$$

wählt. Gleichung (2.99) geht dann über in

$$\begin{aligned} T(x,t) &= C\cdot e^{\pm(1+i)\cdot\omega'\cdot x \,+\, i\cdot\omega\cdot t} \\ &= C\cdot e^{\pm\omega' x}\, e^{i(\pm\omega'\cdot x \,+\, \omega\cdot t)} \quad . \end{aligned} \tag{2.116}$$

Unter Verwendung der Eulerschen Formel (2.112) wird daraus

$$T(x,t) = C\, e^{\pm\,\omega' x}\,[\cos(\pm\omega'\cdot x + \omega\cdot t) + i\cdot\sin(\pm\omega'\cdot x + \omega\cdot t)]. \tag{2.117}$$

Natürlich heißt das nicht, daß man nun komplexe Temperaturen anzunehmen hat. Vielmehr hat man dadurch zwei - wegen der unterschiedlichen Möglichkeiten der Vorzeichenwahl sogar vier - reelle Lösungen

$$T_1(x,t) = C\cdot e^{\pm\,\omega'\cdot x}\cdot\cos(\pm\,\omega'\cdot x + \omega\cdot t) \tag{2.118}$$

und

$$T_2(x,t) = C\cdot e^{\pm\,\omega'\cdot x}\cdot\sin(\pm\,\omega'\cdot x + \omega\cdot t) \tag{2.119}$$

der Wärmeleitungsgleichung gefunden, da sich leicht nachweisen läßt, daß Real- und Imaginärteil einer komplexen Lösung für sich alleine ebenfalls Lösungen der Wärmeleitungsgleichung sind.

Wir wollen uns mit der Lösung (2.118) unter Beschränkung auf das negative Vorzeichen bei ω' noch etwas näher befassen. Da der Kosinus eine gerade Funktion ist, läßt sie sich auch in der Form

$$T(x,t) = C\cdot e^{-\omega'\cdot x}\cdot\cos(\omega'\cdot x - \omega\cdot t) \tag{2.120}$$

schreiben. Hält man hierin x fest, so hat man einen rein sinusförmigen zeitlichen Temperaturverlauf. Die Amplitude dieser Sinusfunktion - der Kosinus ist ja nur ein phasenverschobener Sinus - ist durch $C\cdot e^{-\omega' x}$ gegeben, nimmt also mit wachsendem x exponentiell ab. Die Phasenlage ist durch $\omega'\cdot x$ bestimmt, hängt von x also linear ab.

Temperaturverteilungen der durch Glg.(2.120) dargestellten Art kann man zumindest näherungsweise im Erdboden vorfinden. Dabei bezeichnet x die Tiefe unter der als horizontal angenommenen Erdoberfläche. Die Temperaturleitfähigkeit des Erdbodens wird der Einfachheit halber als konstant angenommen. Denkt man sich nun den Jahresverlauf der Oberflächentemperatur durch die aus Glg.(2.120) für x=0 entstehende Funktion

$$T(0,t) = C\cdot\cos\omega t \tag{2.121}$$

beschrieben, dann gibt Glg.(2.120) die örtliche und zeitliche Temperaturverteilung im Boden an. Dabei ist der Nullpunkt der Temperaturskala beim Jahresmittel der Oberflächentemperatur gewählt zu denken, der Nullpunkt der Zeitmessung fällt mit dem Auftreten der maximalen Oberflächentemperatur zusammen.

Natürlich kann man durch Hinzufügen eines konstanten Summanden auch zu einer der gebräuchlichen Temperaturskalen, etwa der Celsius-Skala, übergehen, ebenso durch Einführen einer konstanten Phasenverschiebung den Nullpunkt der Zeitskala beispielsweise auf den 1. Jänner oder auf den Frühlingsanfang verlegen. Da dies jedoch im Grunde belanglos ist, sehen wir davon ab.

Aus Gleichung (2.120) lassen sich einige recht interessante Dinge ablesen. So sieht man etwa, daß sich das Jahresmittel der Bodentemperatur in jeder Tiefe mit dem gleichen Wert ergibt wie an der Oberfläche. Diese Lösung erfaßt also nicht die bekannte Temperaturzunahme in größeren Tiefen. Hält man t konstant, betrachtet also eine Momentaufnahme des Temperaturverlaufes im Boden, so findet man einen Verlauf, der der bildlichen Darstellung einer gedämpften Schwingung in allen Einzelheiten gleicht, nur ist die unabhängige Variable nicht die Zeit sondern eine Ortskoordinate. Schließlich findet man in der in Glg.(2.120) auftretenden Kosinusfunktion, wenn man also den Exponentialfaktor beiseite läßt, die bekannte Darstellung einer fortschreitenden Sinuswelle. Man spricht deshalb in diesem Zusammenhang auch oft von Temperaturwellen, die der Exponentialfunktion wegen allerdings mit zunehmender Tiefe immer kleinere Amplituden aufweisen.

Die "Wellenlänge" L' dieser "Wellen" - wir bezeichnen sie absichtlich nicht mit λ, um Verwechslungen mit der Wärmeleitfähigkeit vorzubeugen - ist mit der "Kreiswellenzahl" ω' offenbar durch

$$L' = \frac{2\pi}{\omega'} \quad (2.122)$$

verknüpft, die zeitliche Periode oder Schwingungsdauer P mit der Kreisfrequenz ω durch

$$P = \frac{2\pi}{\omega} \quad . \quad (2.123)$$

Aufgrund der Beziehung (2.115) zwischen ω und ω' kommt man auch zu einer Beziehung zwischen P und L', nämlich

$$L' = 2 \cdot \sqrt{\pi} \cdot a \cdot \sqrt{P} \quad . \quad (2.124)$$

Die "Wellenlänge" L' ist also proportional zur Quadratwurzel aus der Schwingungsdauer P. Auch die Tiefe x_h - man könnte sie Halbwertstiefe nennen -, in der die Amplitude der Temperaturschwankung auf die Hälfte ihres Oberflächenwertes absinkt, ist proportional zu $\sqrt{P}$:

$$x_h = \frac{\ln 2}{\sqrt{\pi}} \cdot a \cdot \sqrt{P} \quad . \quad (2.125)$$

Für die Jahreswelle ergeben sich in natürlichen Böden aus Glg.(2.124) Wellenlängen zwischen 10 m und 30 m, dementsprechend Halbwertstiefen von etwas über 1 m bis rund 3,5 m. Für die Tageswelle findet man nur mehr den $\sqrt{365}$-ten Teil, also rund 5% davon. Die Wellenlängen der Tageswellen liegen also zwischen etwa 0,5 m und 1,5 m, die Halbwertstiefen gar nur zwischen 5 cm und 17 cm.

In der durch die halbe Wellenlänge gegebenen Tiefe ist nicht nur die Amplitude auf rund 5% ihres Oberflächenwertes gesunken, auch der Zeitverlauf ist um die halbe Schwingungsdauer verschoben, d.h. das Temperaturmaximum tritt in dieser Tiefe zur gleichen Zeit auf wie das Temperaturminimum an der Oberfläche et vice versa.

Die starke Dämpfung der Temperaturschwankungen mit zunehmender Tiefe und die dabei auftretenden Phasenverschiebungen sind Effekte, die man nicht nur im gewachsenen Boden erwarten wird, sondern in ganz ähnlicher Weise auch in Außenbauteilen von Bauwerken. Gerade die bei der Tageswelle im Erdboden sich ergebenden geringen Halbwertstiefen von wenigen Zentimetern lassen vermuten, daß äußere Temperaturschwankungen durch Außenwände eines Gebäudes beträchtlich gedämpft werden können.

Stellen wir zunächst einige grundsätzliche Überlegungen zur Behandlung periodisch eingeschwungener Wärmeleitungsvorgänge in einer ebenen Wand an! Wie schon in 2.1.6. und 2.1.7. erwähnt, ist die Temperaturverteilung in einer Wand durch die Angabe der Oberflächentemperaturen in ihrem zeitlichen Verlauf und durch die anfängliche Temperaturverteilung in der Wand - die Anfangsbedingung - völlig bestimmt. Periodische Randbedingungen - also beispielsweise periodische Zeitverläufe der Oberflächentemperaturen - garantieren noch nicht, daß auch die Temperaturverteilung in der Wand zeitlich periodisch verläuft; das hängt von der Anfangsbedingung ab. Da allerdings - auch das haben wir schon erwähnt - der Einfluß der Anfangsbedingung im Laufe der Zeit immer mehr abnimmt, nähert sich die Temperaturverteilung in der Wand bei periodischen Randbedingungen immer mehr einer periodischen. Zur Bestimmung dieser periodisch eingeschwungenen Lösung bedarf es keiner Anfangsbedingung mehr, diese wird durch die Forderung der Periodizität ersetzt.

Man kann also bei gegebenen periodischen Zeitverläufen der Oberflächentemperaturen aus diesen alleine die periodisch eingeschwungene Temperaturverteilung in der Wand berechnen. Daraus wiederum läßt sich die Verteilung der Wärmestromdichte in der Wand ermitteln und somit, was besonders interessiert, auch die Zeitverläufe der Wärmestromdichten an den Oberflächen. Zusammenfassend können wir also feststellen:

Sind $T_1(t)$ und $T_2(t)$ die periodischen Verläufe der beiden Oberflächentemperaturen, $q_1(t)$ und $q_2(t)$ jene der Wärmestromdichten an den Oberflächen, dann wird durch die wärmetechnischen Eigenschaften des Bauteiles eine Beziehung

$$T_1(t),\ T_2(t) \Rightarrow q_1(t),\ q_2(t) \tag{2.126}$$

vermittelt, also eine Funktionaltransformation, die dem Funktionenpaar T_1, T_2 das Funktionenpaar q_1, q_2 zuordnet.

Als Vorgriff auf das anschließend Auszuführende wollen wir noch bemerken, daß man nicht nur bei gegebenen Temperaturen T_1 und T_2 die zugehörigen Wärmestromdichten q_1 und q_2 berechnen kann, sondern, was uns wichtiger ist, aus T_1 und q_1 auch T_2 und q_2. Die uns eigentlich interessierende Transformation

$$T_1(t),\ q_1(t) \Rightarrow T_2(t),\ q_2(t) \tag{2.127}$$

soll also, wenn man den Verlauf von Temperatur und Wärmestromdichte an der einen Wandoberfläche kennt, die zugehörigen Verläufe an der anderen Wandoberfläche liefern.

Um uns die gesuchte Transformation (2.127) zu verschaffen, haben wir zunächst periodische Lösungen der Wärmeleitungsgleichung (2.94) zu suchen. Dabei wollen wir uns, obwohl das möglich wäre, nicht von vornherein auf die Lösung (2.99) stützen, sondern einen anderen Weg einschlagen.

Die Darstellung periodischer Funktionen durch Fourierreihen kann nicht nur in der Form (2.111) erfolgen, sondern wegen der durch die Eulersche Formel (2.112) gegebenen Beziehung zwischen Exponentialfunktion und Winkelfunktionen auch in der viel einfacheren Form

$$f(z) = \frac{1}{2} \sum_{\nu=-\infty}^{+\infty} A_\nu \cdot e^{i\omega_\nu z} \quad , \tag{2.128}$$

worin

$$\omega_\nu = \nu \cdot \frac{2\pi}{P} \tag{2.129}$$

ist.

Die komplexen Fourierkoeffizienten A_ν hängen mit den reellen α_ν und β_ν aus Glg.(2.111) durch

$$\begin{aligned} A_\nu &= \alpha_\nu - i\beta_\nu \qquad &\text{für } \nu \geqq 0 \\ A_\nu &= \alpha_{-\nu} + i\beta_{-\nu} \qquad &\text{für } \nu < 0 \end{aligned} \tag{2.130}$$

zusammen /9/. Der absolute Betrag

$$|A_\nu| = \sqrt{\alpha_\nu^2 + \beta_\nu^2} \qquad (2.131)$$

des komplexen Fourierkoeffizienten ist mit der Amplitude der betreffenden Sinusschwingung identisch, sein Argument

$$\arg A_\nu = - \arctan \frac{\beta_\nu}{\alpha_\nu} \qquad (\nu>0) \qquad (2.132)$$

bestimmt die Phasenlage.

Für das folgende können wir uns auf ein einzelnes Glied der komplexen Fourierreihe beschränken. Unter Weglassen des Index ν setzen wir also

$$T(x,t) = \frac{1}{2}\cdot A(x)\cdot e^{i\omega t} \qquad (2.133)$$

an. Der Fourierkoeffizient A - wir werden ihn auch als (komplexe) Amplitude bezeichnen - hängt in vorerst noch unbekannter Weise von x ab.

Geht man mit diesem Ansatz in die Wärmeleitungsgleichung (2.94) hinein, dann fallen die zeitabhängigen Ausdrücke heraus und man erhält für A(x) die gewöhnliche Differentialgleichung

$$A'' - \frac{i\cdot\omega}{a^2}\cdot A = 0 \quad . \qquad (2.134)$$

Hier begegnet uns im Koeffizienten von A wieder jene Konstante, die wir in Glg.(2.113) mit K^2 bezeichnet haben. Die Differentialgleichung (2.134) kann also auch als

$$A'' - K^2\cdot A = 0 \qquad (2.135)$$

geschrieben werden. Sie hat die allgemeine Lösung

$$A(x) = C_1\cdot \text{ch } Kx + C_2\cdot \text{sh } Kx \quad . \qquad (2.136)$$

Die Verwendung der Hyperbelfunktionen ch Kx und sh Kx anstelle der Exponentialfunktionen e^{Kx} und e^{-Kx} hat gute Gründe. Sie wird uns die physikalische Interpretation der Konstanten C_1 und C_2 erleichtern.

Nun wollen wir neben der Temperaturamplitude A(x) auch jene der Wärmestromdichte betrachten. Aus der Temperaturdarstellung (2.133) erhält man mit dem Fourierschen Ansatz (2.100) sofort

$$q(x,t) = - \frac{1}{2}\cdot\lambda\cdot A'(x)\cdot e^{i\omega t} \qquad (2.137)$$

oder, mit der Abkürzung

$$- \lambda \cdot A'(x) = B(x) \tag{2.138}$$

schließlich

$$q(x,t) = \frac{1}{2} \cdot B(x) \cdot e^{i\omega t} \quad . \tag{2.139}$$

Für die komplexe Amplitude B(x) der Wärmestromdichte erhält man wegen (2.138) unter Verwendung von (2.136) die Darstellung

$$B(x) = - \lambda \cdot C_1 \cdot K \text{ sh } Kx - \lambda \cdot C_2 \cdot \text{ch } Kx \quad . \tag{2.140}$$

Nun läßt sich die Bedeutung von C_1 und C_2 leicht erkennen. Die von C_1 entnimmt man unmittelbar aus Glg.(2.136), indem man dort x=0 setzt:

$$C_1 = A(0) \quad . \tag{2.141}$$

Für C_2 findet man auf die gleiche Art aus Glg.(2.140)

$$C_2 = - \frac{B(0)}{\lambda \cdot K} \quad . \tag{2.142}$$

Setzt man dies in die Gleichungen (2.136) und (2.140) ein, so erhält man

$$A(x) = A(0) \cdot \text{ch } Kx + B(0) \cdot (-\frac{1}{\lambda \cdot K} \cdot \text{sh } Kx) \tag{2.143}$$

und

$$B(x) = A(0) \cdot (- \lambda \cdot K \cdot \text{sh } Kx) + B(0) \cdot \text{ch } Kx \quad . \tag{2.144}$$

Damit aber sind Temperaturverteilung und Verteilung der Wärmestromdichte in der Wand gefunden, wenn nur die komplexen Amplituden von Temperatur und Wärmestromdichte an der Stelle x=0 bekannt sind. Setzt man für x die Dicke der betreffenden Wand oder Bauteilschicht ein, so liefern die Gleichungen (2.143) und (2.144) für die Fourierkoeffizienten die gesuchte Transformation (2.129).

Die Darstellung wird noch etwas durchsichtiger, wenn man die Abkürzungen

$$\begin{aligned} F(x) &= \text{ch } Kx & G(x) &= -\frac{1}{\lambda \cdot K} \cdot \text{sh } Kx \\ f(x) &= -\lambda \cdot K \cdot \text{sh } Kx & g(x) &= \text{ch } Kx \end{aligned} \tag{2.145}$$

einführt und das aus (2.143) und (2.144) damit hervorgehende Gleichungssystem

$$A(x) = F(X)\cdot A(0) + G(X)\cdot B(0) \qquad (2.146)$$

$$B(x) = f(x)\cdot A(0) + g(x)\cdot B(0) \qquad (2.147)$$

in Matrizenschreibweise darstellt:

$$\begin{vmatrix} A(x) \\ B(x) \end{vmatrix} = \begin{vmatrix} F(x) & G(x) \\ f(x) & g(x) \end{vmatrix} \cdot \begin{vmatrix} A(0) \\ B(0) \end{vmatrix} \quad . \qquad (2.148)$$

Die Verhältnisse an der Stellle x=0 - man kann sich darunter die eine Wandoberfläche vorstellen - sind durch die komplexen Amplituden A(0) und B(0) gegeben, also durch die ganz rechts stehende einspaltige Matrix. Die Amplituden an einer beliebigen Stelle x erhält man daraus durch Multiplikation mit der Matrix

$$\mathbf{W} = \begin{vmatrix} F & G \\ f & g \end{vmatrix} \quad . \qquad (2.149)$$

Letztere charakterisiert, wenn man für x die Dicke der Wand oder der betrachteten Schicht einsetzt, den Zusammenhang zwischen den Randwerten und damit das Verhalten der Wand bzw. Schicht. Die Matrix **W** wird daher als Wand- oder Schichtmatrix bezeichnet. Über die Regeln für die Matrizenmultiplikation und die Matrizenrechnung im allgemeinen kann man sich in jedem Lehrbuch über lineare Algebra informieren, z.B. in /11/.

Hat man es mit einer aus mehreren homogenen Schichten aufgebauten Wand zu tun, so kann man sich zunächst die Matrizen der einzelnen Schichten verschaffen. In Abb.2.5 ist eine solche Wand schematisch dargestellt. Die Matrizengleichung (2.148) nimmt mit den Bezeichnungen dieser Abbildung für die j-te Schicht die Form

$$\begin{pmatrix} A_{j+1} \\ B_{j+1} \end{pmatrix} = \begin{pmatrix} F_j & G_j \\ f_j & g_j \end{pmatrix} \cdot \begin{pmatrix} A_j \\ B_j \end{pmatrix} = \mathbf{W}_j \begin{pmatrix} A_j \\ B_j \end{pmatrix} \qquad (2.150)$$

an. Die Amplituden A_{n+1} und B_{n+1} an der im Bild rechten Wandoberfläche kann man somit aus jenen der linken Oberfläche durch sukzessives Ausmultiplizieren mit den Schichtmatrizen bekommen:

$$\begin{pmatrix} A_{n+1} \\ B_{n+1} \end{pmatrix} = \mathbf{W}_n \cdot \mathbf{W}_{n-1} \cdot \ldots \ldots \cdot \mathbf{W}_2 \cdot \mathbf{W}_1 \cdot \begin{pmatrix} A_1 \\ B_1 \end{pmatrix} \quad . \tag{2.151}$$

Die Matrix $\mathbf{W}$ der mehrschichtigen Wand ist also das Produkt der einzelnen Schichtmatrizen:

$$\mathbf{W} = \mathbf{W}_n \cdot \mathbf{W}_{n-1} \cdot \ldots \ldots \cdot \mathbf{W}_2 \cdot \mathbf{W}_1 \quad . \tag{2.152}$$

Dabei ist die Reihenfolge der Faktoren strikt einzuhalten, da die Matrizenmultiplikation nicht kommutativ ist.

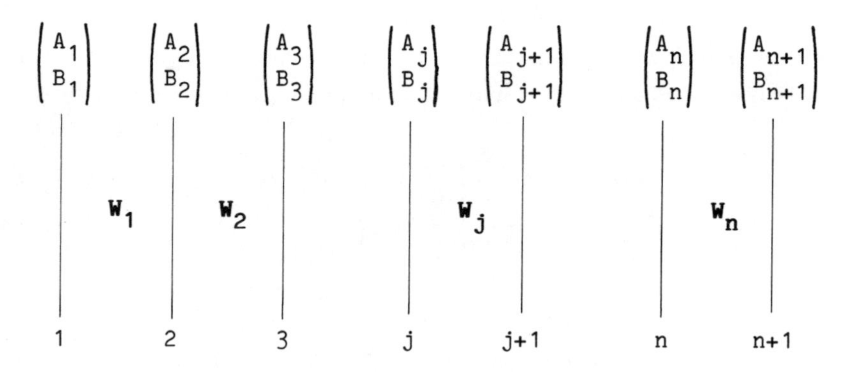

Abb. 2.5: n-schichtige Wand und zugehörige Matrizen

Die Matrizen $\mathbf{W}_1$ bis $\mathbf{W}_n$ der einzelnen Schichten ergeben sich aus deren Dicken und Materialeigenschaften (λ, c, ρ) mittels der Gleichungen (2.145), wobei für x die jeweilige Schichtdicke d einzusetzen ist. Diese Gleichungen sind nur auf reine Dämmschichten nicht unmittelbar anwendbar. Unter einer reinen Dämmschicht versteht man eine solche, der zwar ein - unter Umständen sogar recht großer - Wärmedurchlaßwiderstand zukommt, deren Dichte man aber vernachlässigen kann und dementsprechend $\rho=0$ setzt. Für eine reine Dämmschicht vom Durchlaßwiderstand D nimmt die Schichtmatrix die Form

$$\begin{pmatrix} 1 & -D \\ 0 & 1 \end{pmatrix} \tag{2.153}$$

an. Da mit ρ auch K verschwindet, kann man dieses Resultat aus den Formeln (2.145) durch den Grenzübergang $K \to 0$ erhalten. Matrizen reiner Dämmschichten sind z.B. die "Wärmeübergangsmatrizen" mit den Durchlaßwiderständen $1/\alpha_a$ und $1/\alpha_i$.

Bezeichnet man die Elemente der Matrix **W** einer - meist durch die "Wärmeübergangsschichten" ergänzten - mehrschichtigen Wand wie in Gleichung (2.149), dann werden diese natürlich nicht mehr durch die Gleichungen (2.145) dargestellt, sondern ergeben sich durch Matrizenmultiplikation. Gleichwohl haben sie noch einige Eigenschaften, die man bei den Elementen der Schichtmatrizen vorfindet und dort auch unmittelbar verifizieren kann. Zunächst kann man feststellen, daß die Elemente F und g dimensionslos sind. Das Element G hat die gleiche Dimension wie ein Durchlaßwiderstand, wird also für gewöhnlich in $m^2K \cdot W^{-1}$ anzugeben sein; das Element f hat die reziproke Dimension, also die eines k-Wertes. Die Determinante einer jeden komplexen Bauteilmatrix hat den Wert 1, d.h. es ist

$$F \cdot g - G \cdot f = 1 \quad . \tag{2.154}$$

Das läßt sich für eine jede Schichtmatrix mittels der Darstellungen (2.145) unmittelbar ausrechnen, für die Wand- oder Bauteilmatrix folgt es dann aus der bekannten Tatsache, daß die Determinante eines Matrizenproduktes mit dem Produkt der Determinanten der einzelnen Faktoren übereinstimmt.

Zu einer anschaulichen Deutung der Matrizenelemente kommt man mittels der Gleichungen (2.146) und (2.147), die ja sinngemäß auch für mehrschichtige Wände gelten; hiebei mögen A(0) und B(0) die komplexen Amplituden von Temperatur und Wärmestromdichte an der Innenseite der Wand bedeuten, A(x) und B(x) jene an der Außenseite.

Setzt man B(0)=0, nimmt also an, daß die Wärmestromdichte an der Innenseite keinen zeitlichen Schwankungen unterliegt, dann reduzieren sich die Gleichungen (2.146) und (2.147) auf

$$A(x) = F(x) \cdot A(0) \tag{2.155}$$

und

$$B(x) = f(x) \cdot A(0) \quad . \tag{2.156}$$

Hieraus folgt für die Matrizenelemente F(x) und f(x)

$$F(x) = \frac{A(x)}{A(0)} \tag{2.157}$$

und

$$F(x) = \frac{B(x)}{A(0)} \quad . \qquad (2.158)$$

F ist also das Verhältnis zweier (komplexen) Temperaturamplituden beiderseits der Wand. Sein absoluter Betrag

$$\Theta = |F| \quad , \qquad (2.159)$$

das Verhältnis der reellen Temperaturamplituden, wird als "Temperaturamplitudendämpfung" bezeichnet. Das Matrixelement f ist, wie man aus Gleichung (2.158) entnimmt, das Verhältnis aus der komplexen Amplitude der Wärmestromdichte an der Außenseite und der komplexen Amplitude der inneren Oberflächen- oder Lufttemperatur; ob die Randtemperaturen als Oberflächen- oder Lufttemperaturen zu interpretieren sind, hängt davon ab, ob die Wandmatrix ohne oder mit den Wärmeübergangsmatrizen gebildet wurde.

Eine anschauliche Deutung der Matrixelemente G und g erhält man, indem man A(0)=0 setzt, also konstante Temperatur an der Wandinnenseite annimmt. Die Gleichungen (2.146) und (2.147) reduzieren sich unter dieser Voraussetzung auf

$$A(x) = G(x) \cdot B(0) \qquad (2.160)$$

und

$$B(x) = g(x) \cdot B(0) \quad . \qquad (2.161)$$

Die Matrixelemente G(x) und g(x) ergeben sich daraus zu

$$G(x) = \frac{A(x)}{B(0)} \qquad (2.162)$$

und

$$g(x) = \frac{B(x)}{B(0)} \quad . \qquad (2.163)$$

G ist das Verhältnis der äußeren komplexen Temperaturamplitude zur inneren komplexen Amplitude der Wärmestromdichte. Sein absoluter Betrag

$$\Omega = |G| \qquad (2.164)$$

wird als "thermischer Wechselstromwiderstand" oder dynamischer Widerstand der Wand bezeichnet. Er ist immer größer als der Wärmedurchlaßwiderstand D.

Das Matrixelement g ist gemäß Glg.(1.163) ein Verhältnis von komplexen Amplituden von Wärmestromdichten, sein absoluter Betrag wird als "Wärmestromamplitudendämpfung" bezeichnet.

Die vier komplexen Elemente einer Bauteilmatrix **W** geben aufgrund der eben besprochenen Deutungen Anlaß zur Einführung von acht Kenngrößen, nämlich den vier Absolutbeträgen und - hier nicht näher besprochen - den vier zugehörigen Phasenverschiebungen. Für die Zwecke der Praxis sind all diese Kenngrößen jedoch nur bedingt brauchbar, da ihre Bedeutung an ganz spezielle Randbedingungen geknüpft ist, die nur selten den tatsächlichen entsprechen. Das instationäre Verhalten eines Bauteiles wird nicht durch einzelne Kenngrößen beschrieben, sondern durch das Gleichungssystem (2.146),(2.147) bzw. dessen Koeffizienten, also die Bauteilmatrix **W**. Diese fällt zudem für verschiedene Periodenlängen P unterschiedlich aus. Für manche Zwecke wird es genügen, sich auf eine Periode von 24 Stunden zu beschränken, für genauere Berechnungen wird man auch noch die Perioden einiger Oberschwingungen berücksichtigen müssen.

Bauteilmatrizen können nicht nur zur Berechnung des Temperaturverlaufes im Bauteil unter gegebenen Randbedingungen verwendet werden. Man kann sie auch zur instationären Berechnung von Raumlufttemperaturen oder Heizleistungen in Räumen heranziehen und dabei auch die thermischen Wechselwirkungen mit der äußeren Umgebung und den angrenzenden Räumen des Gebäudes berücksichtigen. Die praktische Durchführung derartiger Berechnungen erfolgt mittels elektronischer Datenverarbeitungsanlagen. Bezüglich der genaueren Einzelheiten des Rechnens mit Bauteilmatrizen wird auf die Literatur verwiesen /12/13/14/.

2.2. W ä r m e s t r a h l u n g

Das hervorstechendste Merkmal der Wärmeübertragung durch Strahlung ist, daß der Wärmetransport ohne Vermittlung eines materiellen Mediums stattfinden kann. Diese Strahlung ist dem sichtbaren Licht wesensgleich, d.h. es handelt sich um elektromagnetische Wellen. Allerdings interessieren uns in diesem Zusammenhang nicht nur die dem sichtbaren Licht entsprechenden Frequenzen zwischen etwa $3{,}85 \cdot 10^{14}$ Hz und $8{,}35 \cdot 10^{14}$ Hz sondern insbesondere auch die des Infraroten bis zu rund $3 \cdot 10^{11}$ Hz hinunter. Den an das sichtbare Licht am violetten Ende des Spektrums anschließenden Bereich des Ultravioletten bis hinauf zu $1{,}5 \cdot 10^{16}$ Hz wollen wir auch nicht ausschließen, doch werden wir ihn kaum benötigen.

Da Interferenz- und Beugungserscheinungen im folgenden nicht wichtig sind, können wir uns bei der Beschreibung der Strahlung sehr weitgehende Vereinfachungen erlauben. Meist sind wir voll befriedigt, wenn wir wissen, aus welcher Richtung die Strahlung kommt bzw. in welche Richtung sie geht, und wie "stark" sie ist. Zudem können wir geradlinige Ausbreitung annehmen.

Am einfachsten ist die Beschreibung eines Strahlungsfeldes, wenn in jedem Punkt nur Strahlung einer einzigen Richtung auftritt. Außer der Strahlungsrichtung ist dann nur noch die Intensität anzugeben, das ist die flächenbezogene Leistung, die einem zur Strahlungsrichtung senkrechten Flächenelement zugestrahlt wird; die Strahlungsintensität kann demnach in $W \cdot m^{-2}$ angegeben werden. Bedeutet $\vec{s}$ den in jene Richtung weisenden Einheitsvektor, aus der die Strahlung kommt, S die Strahlungsintensität, dann kann man das Strahlungsfeld dadurch beschreiben, daß man für jeden Punkt des Raumes den Strahlungsvektor $S \cdot \vec{s}$ angibt. Strahlungsfelder dieser Art wollen wir als Direktstrahlungsfelder bezeichnen.

In einem Direktstrahlungsfeld läßt sich neben dem Begriff der Strahlungsintensität auch noch jener der Bestrahlungsstärke leicht einführen. Unter der Bestrahlungsstärke eines Flächenelementes - dieses ist nur gedacht, braucht also nicht in die Begrenzung eines materiellen Körpers fallen - versteht man den flächenbezogenen Strahlungsstrom, der durch das Flächenelement hindurchtritt. Die Bestrahlungsstärke ist daher im Sonderfall des zur Einstrahlungsrichtung senkrechten Flächenelementes durch die Strahlungsintensität gegeben. Allgemein ergibt sich die Bestrahlungsstärke J eines Flächenelementes in einem Direktstrahlungsfeld zu

$$J = S \cdot \vec{s} \cdot \vec{n} = S \cdot \cos\theta \quad , \qquad (2.165)$$

wenn $\vec{n}$ der Normaleneinheitsvektor des Flächenelementes ist - siehe Abb.2.6. Dieses "Kosinusgesetz" ist rein geometrisch begründet.

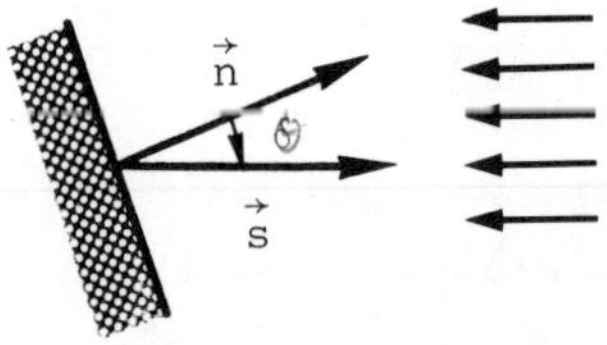

Abb. 2.6: Zum Kosinusgesetz

Der Gültigkeitsbereich der Gleichung (2.165) ist auf positive Werte von $\cos\theta$ beschränkt, da andernfalls die durch die Orientierung des Normalvektors $\vec{n}$ ausgezeichnete "Vorderseite" des Flächenelementes keine Strahlung empfängt. Bestrahlungsstärken können also nie negativ werden.

Direktstrahlungsfelder der geschilderten Art treten kaum für sich alleine auf. Für gewöhnlich kommt Strahlung nicht nur aus einer Richtung sondern aus mehreren. Dann hat man das Strahlungsfeld dadurch zu beschreiben, daß man für jede dieser Richtungen die zugehörige Strahlungsintensität angibt. Die Bestrahlungsstärke eines Flächenelementes ergibt sich dann als Summe von Einzelbestrahlungsstärken gemäß Gleichung (2.165).

Von besonderem Interesse ist der Fall der diffusen Strahlung. Hier kommt die Strahlung aus allen Richtungen. Bei der Berechnung der Bestrahlungsstärke ist die vorhin erwähnte Summation offenbar durch eine Integration zu ersetzen; zu integrieren ist über den ganzen Raumwinkelbereich "vor" dem Flächenelement. Bevor wir dies tun können, müssen wir jedoch anstelle der vorhin besprochenen Strahlungsintensität S eine raumwinkelbezogene Strahlungsintensität σ einführen - siehe die schon früher erwähnte Analogie zu der Unterscheidung zwischen Einzelkräften und kontinuierlichen Lastverteilungen. Da Raumwinkel ebenso wie ebene Winkel dimensionslos sind, werden auch raumwinkelbezogene Strahlungsintensitäten in $W \cdot m^{-2}$ gemessen, was zu unangenehmen Verwechslungen Anlaß geben kann.

Zur Berechnung der Bestrahlungsstärke in einem Diffusstrahlungsfeld führen wir ein Koordinatensystem gemäß Abb.2.7 ein.

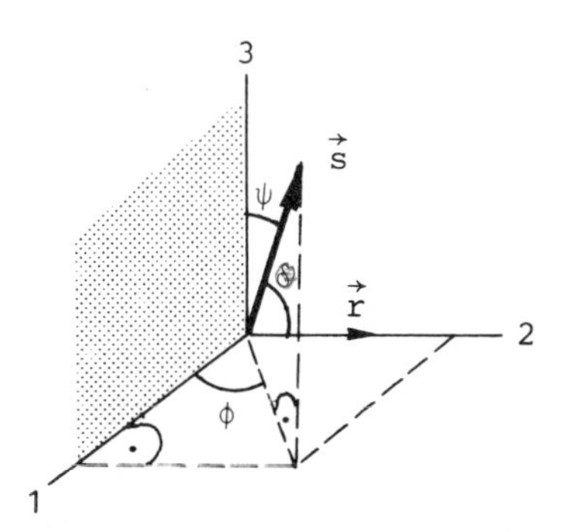

Abb. 2.7: Koordinatensystem für Strahlungsberechnungen

Das Flächenelement, dessen Bestrahlungsstärke J ermittelt werden soll, möge in der 1,3-Ebene liegen, sein Normaleneinheitsvektor $\vec{n}$ also in die 2-Achse fallen. Die Richtung des Vektors $\vec{s}$, mit dem wir jenen Raumwinkelbereich abtasten, aus dem die Strahlung kommt, wird durch die Winkel ϕ und ψ erfaßt. Dann ist

$$\vec{s} = \begin{pmatrix} \cos\phi \cdot \sin\psi \\ \sin\phi \cdot \sin\psi \\ \cos\psi \end{pmatrix} . \qquad (2.166)$$

Daraus folgt, wenn man das innere Produkt mit dem Vektor n bildet,

$$\cos\theta = \sin\phi \cdot \sin\psi \quad . \qquad (2.167)$$

Die raumwinkelbezogene Strahlungsintensität σ kann noch in beliebiger Weise von der Richtung abhängen, d.h. σ ist als Funktion von ϕ und ψ anzunehmen. Nun können wir die Bestrahlungsstärke J als Integral anschreiben:

$$J = \iint \sigma(\phi,\psi) \cdot \cos\theta \cdot d\Omega \quad . \qquad (2.168)$$

Für das Raumwinkelelement $d\Omega$ gilt - siehe z.B. die Formeln für räumliche Polarkoordinaten in /15/ -

$$d\Omega = \sin\psi \cdot d\phi \cdot d\psi \quad . \qquad (2.169)$$

Damit und mit Gleichung (2.167) wird dann

$$J = \iint \sigma(\phi,\psi) \cdot \sin\phi \cdot \sin^2\psi \cdot d\phi \cdot d\psi \quad . \qquad (2.170)$$

Die Integration ist über jenen vor dem Flächenelement liegenden Raumwinkelbereich zu erstrecken, aus dem die Strahlung kommt.

Die Integration läßt sich sehr bequem durchführen, wenn die Strahlung isotrop ist, wenn also $\sigma(\phi,\psi)$ für beliebige Richtungen den gleichen konstanten Wert σ_o hat, und der Raumwinkelbereich durch zwei Ebenen $\phi = \phi_1$ und $\phi = \phi_2$ begrenzt wird. Gleichung (2.170) geht dann über in

$$J = \sigma_o \int_{\phi_1}^{\phi_2} \sin\phi \cdot d\phi \cdot \int_0^{\pi} \sin^2\psi \cdot d\psi \quad . \qquad (2.171)$$

Die Ausrechnung der beiden Integrale liefert die einfache Formel

$$J = \sigma_o \cdot \frac{\pi}{2} \cdot (\cos\phi_1 - \cos\phi_2) \quad . \qquad (2.172)$$

Wird das Flächenelement aus dem ganzen vor ihm liegenden Halbraum bestrahlt, so ist $\phi_1 = 0$ und $\phi_2 = \pi$ zu setzen. Man erhält dann die aus der Optik geläufige Formel

$$J = \sigma_o \cdot \pi \quad . \tag{2.173}$$

2.2.1. Absorption und Reflexion von Strahlung

Trifft Strahlung auf die Oberfläche eines strahlungsundurchlässigen Körpers - nur mit solchen wollen wir uns im Augenblick befassen -, so wird ein Teil reflektiert, der Rest absorbiert, d.h. in Wärme umgewandelt. Dadurch entstehen an der Oberfläche des Körpers Wärmequellen, deren flächenbezogene Leistung s sowohl durch das Strahlungsfeld als auch durch die Absorptionseigenschaften der Körperoberfläche bestimmt wird.

Die Absorptionseigenschaften der Körperoberfläche beschreibt man durch Absorptionszahlen. Eine Absorptionszahl gibt an, welcher Bruchteil der ankommenden Strahlung an der Körperoberfläche in Wärme umgewandelt wird. Der absorbierte Bruchteil der auf ein Oberflächenelement des Körpers auftreffenden Strahlung hängt im allgemeinen sowohl von der Einfallsrichtung als auch von der Frequenz ν ab. Auch der Polarisationszustand spielt vielfach eine nennenswerte Rolle, doch wollen wir uns auf jene Fälle beschränken, in denen er unbeachtet bleiben kann.

Um der Frequenzabhängigkeit Rechnung zu tragen, müssen wir die schon vorhin eingeführte raumwinkelbezogene Strahlungsintensität $\sigma(\phi,\psi)$ noch in ihre spektralen Anteile zerlegen, also durch eine frequenz- und raumwinkelbezogene Intensität $\sigma_1(\phi,\psi,\nu)$ ausdrücken:

$$\sigma(\phi,\psi) = \int_0^\infty \sigma_1(\phi,\psi,\nu)\cdot d\nu \quad . \tag{2.174}$$

Mit σ_1 kann man die gleichen Operationen vornehmen wie vorhin mit σ, insbesondere also auch eine frequenzbezogene Bestrahlungsstärke

$$J_1(\nu) = \iint \sigma_1(\phi,\psi,\nu)\cdot\cos\theta\cdot d\Omega \tag{2.175}$$

einführen - vgl. Glg.(2.168). Die Bestrahlungsstärke J kann man daraus durch Integration über alle Frequenzen erhalten:

$$J = \int_0^\infty J_1(\nu)\, d\nu = \int_0^\infty \left(\iint \sigma_1(\phi,\psi,\nu) \cdot \cos\theta \cdot d\Omega \right) d\nu \quad . \qquad (2.176)$$

Nun fällt es nicht schwer, zu einer Darstellung der flächenbezogenen Leistung s der durch die Strahlungsabsorption entstehenden Wärmequellen zu kommen. Dazu hat man nur im Integranden des letzten Integrals - Glg.(2.176) - die Absorptionszahl $a(\phi,\psi,\nu)$ als Faktor anzubringen. Das ergibt

$$s = \int_0^\infty \left(\iint a(\phi,\psi,\nu) \cdot \sigma_1(\phi,\psi,\nu) \cdot \cos\theta \cdot d\Omega \right) \cdot d\nu \quad . \qquad (2.177)$$

Damit lassen sich die infolge der Strahlungsabsorption entstehenden Wärmequellen bei bekanntem Strahlungsfeld und bekanntem Absorptionsverhalten berechnen. In der Praxis hat man von dieser Darstellung jedoch meist nicht viel, da man die Funktionen $\sigma_1(\phi,\psi,\nu)$ und $a(\phi,\psi,\nu)$ nur selten genau kennt.

Stellt man keine zu großen Genauigkeitsansprüche, so kann man in vielen Fällen auf die Berücksichtigung der Richtungsabhängigkeit der Absorptionszahl verzichten, also a als Funktion von ν alleine ansehen. In diesem Fall kann man $a(\nu)$ aus dem zweifachen Integral in Glg.(2.177) herausziehen. Unter Beachtung von Glg.(2.175) erhält man dann die einfache Darstellung

$$s = \int_0^\infty a(\nu) \cdot J_1(\nu) \cdot d\nu \quad . \qquad (2.178)$$

Die Annahme der Richtungsunabhängigkeit der Absorptionszahl a ist äquivalent der Annahme der Gültigkeit des "Lambertschen Kosinusgesetzes".

Eine weitere wesentliche Vereinfachung ergibt sich, wenn die Absorptionszahl auch frequenzunabhängig ist. Man kann sie dann auch aus dem Integral (2.178) herausziehen und erhält unter Benützung von Glg.(2.176)

$$s = a \cdot J \quad . \qquad (2.179)$$

Das ist die Gleichung, mit der in der Praxis meist gerechnet wird, auch wenn es nicht immer ganz gerechtfertigt ist. Immerhin ist es recht bequem, die flächenbezogene Leistung der Wärmequellen zur Bestrahlungsstärke proportional anzunehmen.

Der nicht absorbierte Bruchteil r der auftreffenden Strahlung wird reflektiert. Offenbar gilt

$$a + r = 1 \quad . \tag{2.180}$$

Diese Beziehung gilt - wir wollen das nicht näher ausführen - sowohl für das Spektrum insgesamt als auch für jede einzelne Frequenz, nicht aber für die einzelne Strahlungsrichtung. Der Grund für letzteres ist leicht zu sehen. Durch Reflexion an einem Körper entsteht ein neues Strahlungsfeld, das sich dem ursprünglichen überlagert. Man unterscheidet dabei - etwas grob - zwischen regulärer Reflexion (Reflexionswinkel = Einfallswinkel) und diffuser Reflexion. Beide Grenzfälle stellen natürlich Idealisierungen dar. Jedenfalls hat man - auch bei gerichteter Einstrahlung - damit zu rechnen, daß Reflexion nicht nur in eine einzige Richtung stattfindet.

Von besonderem Interesse ist der Grenzfall jenes Körpers, der jegliche auf ihn auftreffende Strahlung absorbiert; für ihn ist $a=1$ und - gemäß Glg.(2.180) - $r=0$. Da ein solcher Körper keinerlei Strahlung reflektiert, wird er als "schwarzer Körper" bezeichnet. Der schwarze Körper - materiell nur näherungsweise realisierbar - spielt in der Theorie der Temperaturstrahlung eine fundamentale Rolle.

2.2.2. Temperaturstrahler, Strahlungsgesetze

Die Oberfläche eines strahlungsundurchlässigen Körpers wirkt nicht nur - wie eben geschildert - als Strahlungsempfänger, sondern ebenso auch als Sender, d.h. der Körper absorbiert nicht nur auftreffende Strahlung in mehr oder minder hohem Maß, er emittiert auch solche.

Hängt die Intensität der emittierten Strahlung nur von der Temperatur der Körperoberfläche ab, so spricht man von einem Temperaturstrahler. Nur mit solchen wollen wir uns hier befassen, die sogenannten Lumineszenzerscheinungen also bewußt beiseite lassen.

Die Temperaturstrahlung entsprechend hoch temperierter Körper kann man unmittelbar wahrnehmen. Erhitzt man beispielsweise Gußeisen (Eisenofen), so spürt man die Strahlung zunächst als "Wärmestrahlung". Bei weiterer Temperaturerhöhung wird nicht nur die spürbare Infrarotstrahlung intensiver, es treten auch die im roten Teil des sichtbaren Spektrums liegenden Frequenzen mit durch das Auge wahrnehmbarer Intensität auf - der Körper kommt in "Rotglut". Eine weitere Temperaturerhöhung bewirkt neben einer nochmaligen Intensitätssteigerung der Strahlung eine Verschiebung des Intensitätsmaximums zu noch höheren Frequenzen - es kommt zur "Weißglut".

Die quantitative Beschreibung der emittierten Strahlung erfolgt wie die eines jeden Strahlungsfeldes: man gibt die frequenz- und raumwinkelbezogene Intensität für alle Frequenzen und alle Abstrahlungsrichtungen an. Dabei hat man nur zu bedenken, daß man jetzt - anders als in Abb.2.6 - mit dem Richtungseinheitsvektor $\vec{s}$ nicht anzeigt, aus welcher Richtung die Strahlung kommt, sondern in welche Richtung sie geht. Um keine Verwechslungen aufkommen zu lassen, wollen wir die frequenz- und raumwinkelbezogene Intensität der emittierten Strahlung statt mit σ_1 mit ε_1 bezeichnen.

Natürlich hängt ε_1 wie σ_1 im allgemeinen von der Ausstrahlungsrichtung (ϕ,ψ) und der Frequenz ν ab, darüber hinaus aber auch von der Temperatur T der strahlenden Fläche. Man hat also im allgemeinen Fall

$$\varepsilon_1 = \varepsilon_1(\phi,\psi,\nu,T) \tag{2.181}$$

zu setzen; dabei wollen wir unter T die absolute Temperatur verstehen.

Mit der Funktion $\varepsilon_1(\phi,\psi,\nu,T)$ kann man nun in völliger Analogie zu den Gleichungen (2.174) bis (2.176) eine raumwinkelbezogene Intensität

$$\varepsilon(\phi,\psi,T) = \int_0^\infty \varepsilon_1(\phi,\psi,\nu,T)\cdot d\nu \quad , \tag{2.182}$$

eine frequenzbezogene "Emission"

$$E_1(\nu,T) = \iint \varepsilon_1(\phi,\psi,\nu,T)\cdot\cos\theta\cdot d\Omega \tag{2.183}$$

und schließlich eine Gesamtemission

$$E(T) = \int_0^\infty E_1(\nu,T)\cdot d\nu = \int_0^\infty\left(\iint \varepsilon_1(\phi,\psi,\nu,T)\cdot\cos\theta\cdot d\Omega\right)\cdot d\nu \tag{2.184}$$

einführen.

Die experimentelle Bestimmung der Funktion $\varepsilon_1(\phi,\psi,\nu,T)$ für reale Körperoberflächen ist ein langwieriges und mühsames Unterfangen. Ihre näherungsweise Ermittlung und damit auch die von $E_1(\nu,T)$ und $E(T)$ wird allerdings durch einige grundlegende Sätze wesentlich erleichtert. Hier ist an erster Stelle der Kirchhoffsche Satz zu nennen, der besagt, daß das Verhältnis von ε_1 zur Absorptionszahl a für alle Temperaturstrahler die gleiche Funktion von ν und T liefert:

$$\frac{\varepsilon_1(\phi,\psi,\nu,T)}{a(\phi,\psi,\nu,T)} = \varepsilon_s(\nu,T) \quad . \tag{2.185}$$

Hier haben wir, was vorhin nicht nötig war, die im allgemeinen vorhandene Abhängigkeit der Absorptionszahl a von der Temperatur T eigens angemerkt.

Die Bedeutung der universellen Funktion $\varepsilon_s(\nu,T)$ kann aus Gleichung (2.185) unmittelbar abgelesen werden. Setzt man nämlich a=1, betrachtet also einen schwarzen Körper, so wird $\varepsilon_1 = \varepsilon_s$, d.h. ε_s ist die frequenz- und raumwinkelbezogene Intensität der von einem schwarzen Körper emittierten Strahlung.

Kennt man also das Strahlungsgesetz $\varepsilon_s(\nu,T)$ des schwarzen Körpers und zusätzlich das Absorptionsgesetz $a(\phi,\psi,\nu,T)$ eines realen Temperaturstrahlers, dann hat man aufgrund des Kirchhoffschen Gesetzes (2.185) auch das Strahlungsgesetz dieses Temperaturstrahlers zur Verfügung.

Das Strahlungsgesetz des schwarzen Körpers wurde von Planck gefunden. Es lautet

$$\varepsilon_s(\nu,T) = \frac{2h}{c^2}\cdot\frac{\nu^3}{e^{h\nu/kT}-1} \quad . \tag{2.186}$$

Hierin ist $h = 6{,}626\cdot10^{-34}$ J·s das Plancksche Wirkungsquantum, $c = 2{,}9979\cdot10^{8}$ m·s^{-1} die Vakuumlichtgeschwindigkeit und $k = 1{,}38066\cdot10^{-23}$ J·K^{-1} die Boltzmannkonstante.

Das Plancksche Strahlungsgesetz kann als Schlüssel für alles weitere dienen. So kann man sich durch Lösen einer einfachen Extremwertaufgabe davon überzeugen, daß das Maximum von ε_s - als Funktion von ν aufgefaßt - bei

$$\nu_m = 2{,}8214\cdot\frac{k}{h}\cdot T \tag{2.187}$$

auftritt, also mit wachsender Temperatur zu höheren Frequenzen wandert. Gleichung (2.187) ist die der Frequenzdarstellung angepaßte Form des Wienschen Verschiebungsgesetzes.

Die Gesamtemission $E_s(T)$ des schwarzen Körpers erhält man aus Glg.(2.184), indem man dort $\varepsilon_1=\varepsilon_s$ setzt; wegen der Durchführung der Integration siehe z.B./1/. Das Ergebnis ist das Stefan-Boltzmannsche Gesetz

$$E_s(T) = \sigma_B \cdot T^4 \qquad (2.188)$$

mit der Konstanten

$$\sigma_B = \frac{2 \cdot \pi^5 \cdot k^4}{15 \cdot h^3 \cdot c^2} = 5{,}67 \cdot 10^{-8}\ W \cdot m^{-2} \cdot K^{-4} \quad . \qquad (2.189)$$

In der technischen Literatur wird das Stefan-Boltzmannsche Gesetz meist in der Form

$$E_s(T) = C_s \cdot \left(\frac{T}{100}\right)^4 \qquad (2.190)$$

geschrieben - eine anscheinend nicht mehr auszurottende Unsitte, der wir uns nur widerstrebend anschließen. Offenbar hat die "Strahlungskonstante" C_s des schwarzen Körpers den Wert

$$C_s = 5{,}67\ W \cdot m^{-2} K^{-4} \quad . \qquad (2.191)$$

Reale Körper sind so gut wie immer selektive Strahler, d.h. die Absorptionszahl a hängt von der Frequenz ν ab. Hängt jedoch a innerhalb eines gewissen Temperaturbereiches nicht merklich von ν und T ab, dann kann man den Körper als grauen Strahler auffassen. In diesem Fall erhält man für seine Gesamtemission E(T) ein Gesetz, das sich von dem Stefan-Boltzmannschen Gesetz (2.190) nur durch die Strahlungskonstante unterscheidet:

$$E(T) = C \cdot \left(\frac{T}{100}\right)^4 \quad . \qquad (2.192)$$

Dieses Gesetz wird oft als Stefan-Boltzmannsches Gesetz des grauen Strahlers bezeichnet. Die Strahlungskonstante C hängt mit jener des schwarzen Körpers durch die Beziehung

$$C = \frac{C_s}{\pi} \cdot \iint a(\phi,\psi) \cdot \cos\theta \cdot d\Omega \qquad (2.193)$$

zusammen. Für den Fall der Gültigkeit des Lambertschen Kosinusgesetzes, wenn also die Absorptionszahl a auch von der Strahlungsrichtung (ϕ,ψ) unabhängig ist, wird daraus

$$C = a \cdot C_s \quad . \qquad (2.194)$$

Die Verwendung des Stefan-Boltzmannschen Gesetzes bei realen Temperaturstrahlern und auch jene des Lambertschen Kosinusgesetzes hat sich in der bauphysikalischen Praxis so stark eingebürgert, daß oft gar nicht mehr gefragt wird, ob die dafür notwendigen Voraussetzungen überhaupt erfüllt sind. Sogar bei blanken Metalloberflächen, für die das Stefan-Boltzmannsche Gesetz sicher nicht gilt, sondern - in einem beschränkten Temperaturbereich - ein T^5-Gesetz /4/, wird meist damit gerechnet. Solche Berechnungen haben natürlich nur den Charakter ganz grober Schätzungen.

2.2.3. Wärmetransport durch Strahlung

Trifft die von einem Körper emittierte Strahlung auf die Oberfläche eines anderen und wird dort - zumindest zum Teil - absorbiert, so findet dadurch ein Wärmetransport statt. Die Berechnung der bei Wärmeübertragung durch Strahlung auftretenden Wärmeströme wird nicht zuletzt dadurch erschwert, daß auch die reflektierte Strahlung in die Rechnung einbezogen werden muß. Wie dies geschehen kann, soll an einem einfachen Beispiel gezeigt werden.

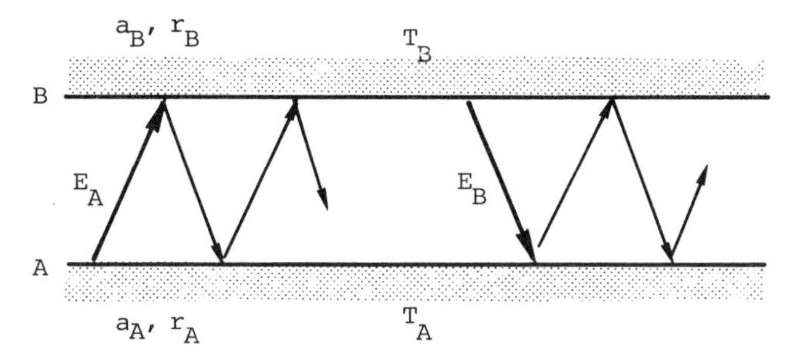

Abb. 2.8: Strahlungsaustausch zwischen zwei parallelen Ebenen

Die im Strahlungsaustausch stehenden Flächen mögen zwei parallele Ebenen sein, wie sie etwa als Begrenzungen einer Luftschicht in einem Bauteil auftreten können. Dabei sei der Abstand der beiden Flächen im Vergleich zu ihren sonstigen Abmessungen so klein, daß Randeinflüsse vernachlässigt werden können. Das bedeutet, daß jegliche von einer Ebene ausgehende Strahlung die andere Ebene trifft und umgekehrt. Um die Rechnung möglichst einfach zu gestalten, wollen wir überdies annehmen, daß beide Ebenen als Oberflächen von grauen Strahlern aufgefaßt werden können. Die beiden Ebenen und die ihnen zugeordneten Größen wollen wir durch die Indizes A und B kennzeichnen - siehe Abb.2.8.

Die Ebene A strahlt infolge ihrer Temperatur T_A Energie mit der flächenbezogenen Leistung

$$E_A = a_A \cdot C_s \cdot \left(\frac{T_A}{100}\right)^4 = C_A \cdot \left(\frac{T_A}{100}\right)^4 \qquad (2.195)$$

an die Ebene B ab. Dies ist jedoch längst nicht die gesamte Bestrahlungsstärke der Ebene B, da es, wie in Abb.2.8 schematisch angedeutet, zu Mehrfachreflexionen kommt. Der Reflexionszahl $r_B = 1 - a_B$ der Ebene B entsprechend wird $E_A \cdot r_B$ zur Ebene A reflektiert, und die nachfolgende Reflexion an der Ebene A liefert zur Bestrahlungsstärke der Ebene B den zusätzlichen Beitrag $E_A \cdot r_B \cdot r_A$. Weitere Reflexionen liefern weitere Beiträge, die jedoch immer kleiner werden. Die gesamte auf die Emission der Ebene A zurückzuführende Bestrahlungsstärke J_B der Ebene B ergibt sich als Summe der geometrischen Reihe

$$E_A \, [1 + (r_A \cdot r_B) + (r_A \cdot r_B)^2 + \ldots] \qquad (2.196)$$

zu

$$J_B = \frac{E_A}{1 - r_A \cdot r_B} \quad . \qquad (2.197)$$

Diese Bestrahlungsstärke J_B hat man noch mit der Absorptionszahl a_B der Ebene B zu multiplizieren, um die flächenbezogene Leistung zu erhalten, mit der Wärme von der Ebene A zu der Ebene B infolge der Emission der Ebene A übertragen wird.

Die gleiche Überlegung kann man nun auch hinsichtlich der Emission der Ebene B anstellen. Es liegt auf der Hand, daß man dabei nur in den Gleichungen (2.195) bis (2.197) die Indizes A und B zu vertauschen hat.

Für die Wärmestromdichte q des resultierenden Energietransportes erhält man dann

$$q = J_B \cdot a_B - J_A \cdot a_A \qquad (2.198)$$

oder, unter sinngemäßer Anwendung der Gleichungen (2.195) bis (2.197),

$$q = \frac{C_s \cdot a_A \cdot a_B}{1 - r_A \cdot r_B} \cdot \left[\left(\frac{T_A}{100}\right)^4 - \left(\frac{T_B}{100}\right)^4 \right] \quad . \qquad (2.199)$$

Für den vor der eckigen Klammer stehenden Faktor - die Strahlungsaustauschkonstante C_{AB} - findet man durch eine einfache Umformung die Darstellung

$$C_{AB} = \frac{1}{\frac{1}{C_A} + \frac{1}{C_B} - \frac{1}{C_S}} \quad . \qquad (2.200)$$

Nach Gleichung (2.199) ist - wir haben die beiden Ebenen als graue Strahler angenommen - die infolge des Strahlungsaustausches auftretende Wärmestromdichte zur Differenz der vierten Potenzen der beiden Oberflächentemperatüren proportional. Dies wird für selektive Strahler i.a. nicht richtig sein. Man kann die Gleichung (2.199) jedoch leicht auf eine Form bringen, die eine Verallgemeinerung für beliebige Temperaturstrahler zuläßt. Offenbar ist, wie man durch Ausmultiplizieren leicht nachprüft,

$$q = \frac{C_{AB}}{100} \cdot [(\frac{T_A}{100})^2 + (\frac{T_B}{100})^2] \cdot (\frac{T_A}{100} + \frac{T_B}{100}) \cdot (T_A - T_B) \qquad (2.201)$$

nur eine andere Schreibweise für Gleichung (2.199). Faßt man hier die ersten drei Faktoren durch die Abkürzung $\Lambda(T_A, T_B)$ zusammen, so erhält man für q die Darstellung

$$q = \Lambda(T_A, T_B) \; (T_A - T_B) \qquad (2.202)$$

deren Form schon aus Abschnitt 2.1.1. geläufig ist. Die Wärmestromdichte q ist zur Temperaturdifferenz $T_A - T_B$ proportional, der flächenbezogene Leitwert Λ allerdings noch von den beiden Oberflächentemperaturen T_A und T_B abhängig.

Gleichung (2.202) gilt - auf den Nachweis müssen wir hier verzichten - im Unterschied zu Gleichung (2.199) nicht nur für graue Körper, sondern für beliebige Temperaturstrahler. Die Abhängigkeit des flächenbezogenen Leitwertes Λ von den Oberflächentemperaturen der beiden Ebenen kann unter Umständen sehr kompliziert sein, doch spielt dies in der bauphysikalischen Praxis deshalb keine große Rolle, weil der interessierende Temperaturbereich meist klein ist.

Wesentlich kompliziertere Verhältnisse liegen vor, wenn mehr als zwei unterschiedlich temperierte Flächen beteiligt sind. Zwar kann man auch dann für je zwei dieser Flächen jeweils einen zugehörigen Leitwert einführen, doch bereitet die Berechnung dieser Leitwerte unter Berücksichtigung sämtlicher Reflexionen ziemliche Schwierigkeiten. Wir müssen uns hier mit einem Verweis auf die einschlägige Literatur begnügen /16/.

2.3. Konvektion

In einer Strömung eines Gases oder einer Flüssigkeit wird Masse transportiert, mit ihr gleichzeitig auch die in ihr aufgrund ihrer Temperatur enthaltene Wärme. Man spricht in diesem Fall von konvektivem Wärmetransport oder kürzer einfach von Konvektion.

Die rechnerische Erfassung konvektiver Wärmetransportvorgänge ist selbst in einfach scheinenden Fällen ein schwieriges strömungsmechanisches und thermodynamisches Problem. Strenge Lösungen kennt man nur für wenige stark idealisierte Fragestellungen, denen unmittelbar kaum praktische Bedeutung zukommt. So nimmt es nicht wunder, wenn in der Bauphysik vorzugsweise mit empirischen Formeln gerechnet wird, die zwar einer soliden theoretischen Grundlage entbehren, jedoch durch Messungen soweit gesichert sind, daß ihre Anwendung keine groben Fehler erwarten läßt.

Am einfachsten ist die Erfassung konvektiver Wärmetransporte dann, wenn - etwa für einen Raum - die zu- und abgeführten Massen und deren Temperaturen bekannt sind. Das ist beispielsweise bei der Lüftung der Fall, wenn man den Luftdurchsatz sowie Zuluft- und Ablufttemperatur kennt. Ein Beispiel hiezu wurde schon in Kapitel 1 behandelt. Die transportierte Leistung $\dot{Q}$ ist zur Temperaturdifferenz $\theta_1-\theta_o$ von Ab- und Zuluft proportional, ebenso zum Massendurchsatz $\dot{m}$:

$$\dot{Q} = c_p \cdot \dot{m} \cdot (\theta_1 - \theta_o) \quad . \tag{2.203}$$

Der Proportionalitätsfaktor c_p ist die schon in Kapitel 1 eingeführte spezifische Wärme der Luft bei konstantem Druck.

Für gewöhnlich wird das Ausmaß der Lüftung eines Raumes nicht als Massendurchsatz $\dot{m}$ ($kg \cdot s^{-1}$) angegeben, sondern als Volumendurchsatz $\dot{V}$, und das nicht in m^3s^{-1}, sondern in m^3h^{-1}. Setzt man also

$$\dot{m} = \dot{V} \cdot \rho \tag{2.204}$$

- ρ ist die Dichte der Luft - in Glg.(2.203) ein, was auf

$$\dot{Q} = c_p \cdot \dot{V} \cdot \rho \cdot (\theta_1 - \theta_o) \tag{2.205}$$

führt, so hat man noch $\dot{V}$ in m^3s^{-1} umzurechnen. Tut man das, und setzt auch gleich für c_p und ρ die Werte c_p = 1000 J $kg^{-1}K^{-1}$ und = 1,19 $kg \cdot m^{-3}$ ein, so erhält man die für das praktische Rechnen bequeme Zahlenwertgleichung

$$\dot{Q} = 0{,}213 \cdot \dot{V} \cdot (\theta_1 - \theta_o) \ . \qquad (2.206)$$

Hier ist es zwar gleichgültig, ob man die Temperaturen θ_1 und θ_o in ^oC oder in K einsetzt, da dies auf den Zahlenwert der Differenz keinen Einfluß hat, doch muß $\dot{V}$ unbedingt in m^3h^{-1} eingesetzt werden. Die "Lüftungswärmeverlustleistung" $\dot{Q}$ ergibt sich dann in W.

Häufig wird anstelle des Volumendurchsatzes $\dot{V}$ angegeben, wie oft das Luftvolumen V des Raumes stündlich ausgewechselt wird. Die "Luftwechselzahl" L wird in h^{-1} angegeben. Mit $\dot{V} = L \cdot V$ erhält man aus Glg.(2.206) dann die Zahlenwertgleichung

$$\dot{Q} = 0{,}213 \cdot L \cdot V \cdot (\theta_1 - \theta_o) \ . \qquad (2.207)$$

Der Faktor 0,213 in dieser Gleichung - und in Glg.(2.206) - ergibt sich aus den getroffenen Annahmen bezüglich der Raumlufttemperatur und des im Raum herrschenden Luftdruckes ($\theta_1 = 20^oC$, p = 1000 kPa). Da natürlich auch andere Annahmen möglich sind, findet man in der Literatur unterschiedliche Werte dieses Zahlenfaktors, doch sind die Abweichungen gering.

Der Volumendurchsatz $\dot{V}$ ist oft nicht bekannt und auch nur schwer zu schätzen. Das gilt insbesondere für den Luftdurchsatz durch Fensterfugen, wenn - etwa durch Windeinfall - zwischen Außen- und Innenseite des Fensters eine Druckdifferenz $\delta_p = p_o - p_1$ aufgebaut wird. Zweifellos ist der Volumendurchsatz $\dot{V}$ eine Funktion dieser Druckdifferenz δ_p - welche, das hängt von den Eigenschaften der Fensterfugen ab. Es ist üblich, wenn auch nur in den seltensten Fällen richtig, diese Funktion in der Form

$$\dot{V} = a \cdot l \cdot (\delta_p)^{2/3} \qquad (2.208)$$

anzusetzen. Hierin bedeutet l die Länge der Fensterfugen. Der Fugendurchlaßkoeffizient a, meist kurz als "a-Wert" bezeichnet, soll beschreiben, wie "dicht" die Fensterfugen sind. Zu gut gedichteten Fenstern gehören kleine a-Werte, zu sehr luftdurchlässigen große. Der gebrochene Exponent in Gleichung (2.208) hat zur Folge, daß a in $m^2h^{-1}Pa^{-2/3}$ anzugeben ist, wenn l in m, δ_p in Pa und $\dot{V}$ in m^3h^{-1} gemessen werden. Bei Holzfenstern kann man je nach Zustand mit a-Werten zwischen 0,3 $m^2h^{-1}Pa^{-2/3}$ und 0,7 $m^2h^{-1}Pa^{-2/3}$ rechnen, bei Fenstern mit Metallrahmen liegen die a-Werte meist zwischen 0,1 $m^2h^{-1}Pa^{-2/3}$ und 0,2 $m^2h^{-1}Pa^{-2/3}$.

2.3.1. Konvektive Wärmeübergangskoeffizienten

Kompliziertere Verhältnisse als eben besprochen liegen vor, wenn Luft - oder sonst ein Gas oder eine Flüssigkeit - an der Oberfläche eines festen Körpers entlangströmt und dabei Wärme an diesen Körper abgibt oder von ihm aufnimmt.

Natürlich kann man - darüber wurde schon bei der Behandlung der Wärmeleitung gesprochen - die bei einer solchen Wärmeübertragung auftretende Wärmestromdichte q proportional zur Differenz zwischen Fluidtemperatur θ_o und Oberflächentemperatur θ_1 des festen Körpers ansetzen - vgl. Gleichung (2.36):

$$q = \alpha \cdot (\theta_o - \theta_1) \quad . \qquad (2.209)$$

Offen bleibt dabei zunächst die Frage, von welchen Eigenschaften der Strömung und der angeströmten Körperoberfläche der "konvektive Wärmeübergangskoeffizient" abhängt, erst recht natürlich, wie diese Abhängigkeit aussieht.

Halbwegs genaue Berechnungen von konvektiven Wärmeübergangskoeffizienten lassen sich in einfachen Fällen mittels der hydrodynamischen Grenzschichttheorie /17/18/ durchführen. Hier näher darauf einzugehen verbietet schon der zur Verfügung stehende Raum. Aber auch ohne genaueres Eingehen ist wohl plausibel, daß der konvektive Wärmeübergangskoeffizient α in erster Linie von der Geschwindigkeit v abhängen wird, mit der die Luft längs der Oberfläche strömt. Mit wachsender Strömungsgeschwindigkeit v wird auch die Wärmeübertragung gefördert, also α zunehmen.

Als einfachste Annahme für eine Beziehung zwischen v und α drängt sich die eines linearen Zusammenhanges auf:

$$\alpha = \alpha_o + \beta_o \cdot v \quad . \qquad (2.210)$$

Empirische Bestimmungen der Koeffizienten α_o und β_o führen naturgemäß nicht immer auf die gleichen Werte, da α sicher nicht nur von der Strömungsgeschwindigkeit v abhängt. Für Berechnungen, bei denen keine zu große Genauigkeit gefordert wird, kann man

$$\alpha_o = 4\ W\cdot m^{-2}K^{-1} \quad \text{und} \quad \beta_o = 4\ J\cdot m^{-3}K^{-1} \tag{2.211}$$

setzen - siehe z.B. /19/. Die Strömungsgeschwindigkeit v ist dann in $m\cdot s^{-1}$ einzusetzen.

Die Anwendung von Gleichung (2.210) mit den Werten (2.211) wirft speziell dann keine Probleme auf, wenn man v als Windgeschwindigkeit interpretieren kann. Bei Windgeschwindigkeiten über 0,5 $m\cdot s^{-1}$ ist das durchaus der Fall. Bei Windstille ist es jedoch nicht immer zulässig, in Glg.(2.210) v=0 zu setzen. Man kann sich dies leicht anhand eines einfachen Beispieles vor Augen führen.

Erwärmt sich die Oberfläche einer sonnenbeschienenen Wand über die Lufttemperatur - das wird am ehesten bei Windstille eintreten -, dann dann wird sich auch die Luft in einer dünnen Schicht in unmittelbarer Wandnähe durch konvektive Wärmeübertragung erwärmen. Diese erwärmte Luftschicht ist spezifisch leichter als die Luft in größerer Entfernung von der Wand und wird daher aufsteigen. Damit kommt aber eine Strömung zustande und die Annahme v=0 ist nicht mehr richtig. Für die Beschreibung dieser "freien Konvektion" ist Glg.(2.210) nur wenig geeignet. Bei "erzwungener Konvektion" - durch entsprechend starken Wind - leistet sie gute Dienste. Da im Inneren von Räumen selten erzwungene Konvektion herrscht, ist Gleichung (2.210) dort kaum anwendbar.

In geschlossenen Räumen treten konvektive Wärmeübergangskoeffizienten vorzugsweise zwischen 3 $W\cdot m^{-2}K^{-1}$ und 8 $W\cdot m^{-2}K^{-1}$ auf. Die kleineren Werte findet man meist in Raumecken oder an Stellen, an denen die Ausbildung von Luftströmungen sonstwie behindert ist. Die höheren Werte ergeben sich in erster Linie dort, wo relativ starke Luftströmungen auftreten, z.B. über Heizkörpern oder an kalten Oberflächen wie Fensterscheiben im Winter.

Die in verschiedenen Normen angegebenen Wärmeübergangskoeffizienten können mit den eben angegebenen Werten nicht unmittelbar verglichen werden. Sie müssen höher liegen, da sie nicht nur die konvektive Wärmeübertragung beschreiben, sondern auch den Strahlungsaustausch zu erfassen trachten - allerdings in stark vereinfachender Weise.

2.3.2. Konvektion in Luftschichten

Die konvektive Wärmeübertragung in Luftschichten, wie sie etwa zwischen den einzelnen Scheiben einer Verglasung oder sonst in Bauteilen auftreten, stellt ein eigenes Problem dar. Zunächst hat man zwischen durchströmten und sogenannten ruhenden Luftschichten zu unterscheiden.

Ein typisches Beispiel für eine durchströmte Luftschicht bietet eine hinterlüftete Wand oder ein durchlüftetes Dach (Kaltdach). Hier tritt zu allererst die Frage nach der Durchströmungsgeschwindigkeit auf, die nur selten ohne Schwierigkeiten beantwortet werden kann. Bei sehr kleinen Strömungsgeschwindigkeiten darf man nicht mehr annehmen, daß die eingeströmte Luft ihre Temperatur auch nur annähernd beibehält.

Bei hinreichend großen Strömungsgeschwindigkeiten pflegt man hinterlüftete Wände so zu behandeln, wie wenn die Vorsatzschale gar nicht vorhanden wäre; dies ist, wie genauere Untersuchungen zeigen, meist gerechtfertigt.

Bei ruhenden Luftschichten hat man es zweifellos nur mit freier Konvektion zu tun. Diese wird allerdings umso stärker behindert, je dünner die Luftschicht ist. Die Ausbildung von Strömungen hängt überdies sehr wesentlich von der Lage der Luftschicht ab - ob vertikal, horizontal oder unter einem bestimmten Winkel geneigt. Bei horizontalen Luftschichten hängt das Ausmaß der konvektiven Wärmeübertragung auch noch von der Richtung des Wärmestromes ab. Herrscht an der Oberseite der Luftschicht eine höhere Temperatur als an der Unterseite, so wird es kaum zu Konvektionsströmen kommen, im umgekehrten Fall jedoch sehr wohl.

Zur Beschreibung des konvektiven Wärmedurchganges durch ruhende Luftschichten ist es üblich, eine "äquivalente Wärmeleitfähigkeit" λ_k einzuführen und diese - oft nur tabellarisch - als Funktion der Dicke d der Luftschicht anzugeben. Von den empirischen Formeln, die in der Literatur zu finden sind, sei eine hier angegeben /20/:

$$\lambda_k = \lambda_o + d\cdot(a+\frac{b\cdot d}{d+c}) \tag{2.212}$$

Hierin ist

$$\lambda_o = 0{,}02\ W\cdot m^{-1}\cdot K^{-1} \quad . \tag{2.213}$$

Die Konstanten a, b und c sind je nach Lage der Luftschicht und Richtung des Wärmestromes gemäß nachstehender Tabelle einzusetzen.

	Luftschicht vertikal	Luftschicht horizontal Wärmestrom	
		nach oben	nach unten
a $(W\cdot m^{-2}K^{-1})$	0,41	0,25	0,00
b $(W\cdot m^{-2}K^{-1})$	9,77	1,70	0,00
c (m)	1,00	0,01	1,00

Die Gültigkeit der Gleichung (2.212) ist auf Luftschichtdicken bis etwa d = 0,2 m beschränkt.

3. Luftschichten

Wärmetransporte durch Luftschichten finden auf zwei Arten statt, durch Strahlung und durch Konvektion. Beide Vorgänge laufen parallel und voneinander unabhängig ab. Das bedeutet, daß sich der gesamte Wärmestrom durch die Luftschicht alls Summe aus dem durch Konvektion bewirkten und dem auf Strahlungsaustausch beruhenden ergibt. Es handelt sich somit um einen typischen Fall einer thermischen Parallelschaltung: der resultierende Leitwert ist die Summe der Einzelleitwerte.

Den flächenbezogenen Leitwert Λ_s für Strahlungsaustausch kann man aus den Gleichungen (2.201) und (2.202) entnehmen:

$$\Lambda_s = \Lambda(T_A, T_B) = \frac{C_{AB}}{100} \cdot \left[\left(\frac{T_A}{100}\right)^2 + \left(\frac{T_B}{100}\right)^2 \right] \cdot \left(\frac{T_A}{100} + \frac{T_B}{100}\right) \quad . \tag{3.1}$$

Hierin ist C_{AB} die durch Gleichung (2.200) gegebene Strahlungsaustauschkonstante. Für die Zwecke der Bauphysik läßt sich diese Formel noch vereinfachen. Da die Temperaturen T_A und T_B der die Luftschicht begrenzenden Flächen meist relativ wenig von ihrem arithmetischen Mittel $\overline{T}$ - der mittleren Luftschichttemperatur - abweichen, macht man nur geringe Fehler, wenn man in Gleichung (3.1) beide durch $\overline{T}$ ersetzt. Dann erhält man

$$\Lambda_s = \frac{C_{AB}}{25} \cdot \left(\frac{\overline{T}}{100}\right)^3 \quad . \tag{3.2}$$

Aus diesem flächenbezogenen Leitwert kann man - wie beim konvektiven Teil - eine äquivalente Wärmeleitfähigkeit

$$\lambda_s = d \cdot \Lambda_s \tag{3.3}$$

für die Wärmeübertragung durch Strahlung berechnen. Die Tatsache, daß der flächenbezogene Leitwert Λ_s nicht von der Dicke d der Luftschicht abhängt, zieht nach sich, daß λ_s zur Dicke proportional ist.

Aus der durch die empirische Gleichung (2.212) näherungsweise gegebenen äquivalenten Wärmeleitfähigkeit λ_k für konvektive Wärmeübertragung erhält man durch Division durch d den zugehörigen flächenbezogenen Leitwert

$$\Lambda_k = \frac{\lambda_o}{d} + a + \frac{b \cdot d}{d+c} \tag{3.4}$$

Der flächenbezogene Gesamtleitwert Λ der Luftschicht ergibt sich nun durch Addition von Λ_s und Λ_k zu

$$\Lambda = \frac{C_{AB}}{25} \cdot \left(\frac{\overline{T}}{100}\right)^3 + \frac{\lambda_o}{d} + a + \frac{b \cdot d}{d+c} \quad . \tag{3.5}$$

Offenbar kann man auch die gesamte äquivalente Wärmeleitfähigkeit λ der Luftschicht als

$$\lambda = \lambda_s + \lambda_k \tag{3.6}$$

darstellen.

3.1. Durchlaßwiderstände

Der Wärmedurchlaßwiderstand D einer Luftschicht ist durch den Reziprokwert ihres flächenbezogenen Leitwertes gegeben:

$$D = \frac{1}{\Lambda} \tag{3.7}$$

Er hängt von der Dicke der Luftschicht nicht mehr in so einfacher Weise ab wie jener einer normalen Baustoffschicht. Der Konvektion wegen wird er durch die Lage der Luftschicht - vertikal, geneigt oder horizontal - und die Richtung des Wärmestromes beeinflußt. Der Strahlung wegen spielen die Strahlungseigenschaften der begrenzenden Flächen und die mittlere Temperatur

$$\overline{T} = 273{,}15 \text{ K} + \overline{\theta} \tag{3.8}$$

eine große Rolle.

Bei Begrenzung durch "normale Baustoffe" - gemeint sind solche, bei denen keine blanken metallischen Oberflächen auftreten - pflegt man mit einer Strahlungskonstanten von $5{,}35 \cdot \text{W m}^{-2}\text{K}^{-4}$ zu rechnen. Tabelle 3.1 zeigt, welche Durchlaßwiderstände sich dabei ergeben.

Bei Luftschichtdicken über 0,2 m rechnet man meist mit jenen Durchlaßwiderständen, die sich für d = 0,2 m ergeben.

Wird eine Luftschicht ein- oder beidseitig durch eine blanke metallische Oberfläche begrenzt, dann ergibt sich für die Berechnung ihres Durchlaßwiderstandes oder ihres flächenbezogenen Leitwertes insofern ein Problem, als Gleichung (3.5) die Temperaturabhängigkeit nicht mehr richtig beschreibt - siehe hiezu die Bemerkung am Ende von Abschnitt 2.2.2.

Tab.3.1: Durchlaßwiderstände von Luftschichten zwischen normalen Baustoffen ($C_1 = C_2 = 5{,}35\ W\ m^{-2}K^{-4}$) in Abhängigkeit von Schichtdicke und Temperatur.

°C: (m)	-15	-10	-5	0	5	10	15	20	25	30
0.005	0.13	0.12	0.12	0.12	0.11	0.11	0.11	0.10	0.10	0.10
0.010	0.17	0.16	0.16	0.15	0.15	0.14	0.14	0.13	0.13	0.12
0.020	0.20	0.19	0.18	0.17	0.17	0.16	0.16	0.15	0.14	0.14
0.040	0.21	0.20	0.19	0.18	0.18	0.17	0.16	0.16	0.15	0.14
0.060	0.21	0.20	0.19	0.18	0.18	0.17	0.16	0.16	0.15	0.14
0.080	0.21	0.20	0.19	0.18	0.17	0.17	0.16	0.15	0.15	0.14
0.100	0.20	0.19	0.19	0.18	0.17	0.16	0.16	0.15	0.15	0.14
0.120	0.20	0.19	0.18	0.17	0.17	0.16	0.15	0.15	0.14	0.14
0.160	0.19	0.18	0.17	0.17	0.16	0.15	0.15	0.14	0.14	0.13
0.200	0.18	0.17	0.17	0.16	0.15	0.15	0.14	0.14	0.13	0.13

Gleichwohl wird manchmal in Normen auch für diesen Fall eine Strahlungskonstante angegeben, z.B. in ÖNORM B 8110 für Aluminiumfolien $C = 0{,}35\ W\ m^{-2}K^{-4}$. Damit zu rechnen ist nur dann sinnvoll, wenn man sich auf jene Mitteltemperatur $\overline{\theta}$ beschränkt, die dieser Angabe zugrunde liegt. So kann man sich beispielsweise auf rechnerischem Weg davon überzeugen, daß eine einseitige Begrenzung einer Luftschicht durch eine Aluminiumfolie die Durchlaßwiderstände gegenüber den in Tabelle 3.1 ausgewiesenen deutlich erhöht - siehe Tabelle 3.2. Die beidseitige Anbringung von Aluminiumfolien bringt demgegenüber keinen großen Gewinn mehr.

Tab.3.2: Durchlaßwiderstände von Luftschichten zwischen Alufolie und norm. Baustoff ($C_1 = 0{,}35\ W\ m^{-2}K^{-4}$, $C_2 = 5{,}35\ W\ m^{-2}K^{-4}$) in Abhängigkeit von Schichtdicke und Temperatur.

°C: (m)	-15	-10	-5	0	5	10	15	20	25	30
0.005	0.21	0.21	0.21	0.21	0.21	0.21	0.21	0.21	0.21	0.21
0.010	0.36	0.36	0.36	0.36	0.36	0.35	0.35	0.35	0.35	0.35
0.020	0.54	0.54	0.53	0.53	0.53	0.52	0.52	0.51	0.51	0.50
0.040	0.66	0.65	0.64	0.64	0.63	0.62	0.62	0.61	0.60	0.60
0.060	0.65	0.64	0.64	0.63	0.63	0.62	0.61	0.61	0.60	0.59
0.080	0.62	0.61	0.61	0.60	0.59	0.59	0.58	0.58	0.57	0.56
0.100	0.58	0.57	0.57	0.56	0.56	0.55	0.55	0.54	0.54	0.53
0.120	0.54	0.53	0.53	0.52	0.52	0.52	0.51	0.51	0.50	0.50
0.160	0.47	0.47	0.46	0.46	0.46	0.45	0.45	0.45	0.44	0.44
0.200	0.42	0.42	0.42	0.41	0.41	0.41	0.40	0.40	0.40	0.40

4. Transparente Bauteile

Als "transparent" bezeichnen wir Bauteile, die sichtbare Strahlung in nennenswertem Ausmaß durchlassen. Dabei haben wir in erster Linie Verglasungen von Fenstern im Auge, wollen jedoch auch Lichtkuppeln, Wände aus Glasbausteinen etc. nicht ausschließen.

Zunächst ist festzustellen, daß transparente Bauteile i.a. für Infrarotstrahlung mit Frequenzen unter etwa 10^{14}Hz praktisch undurchlässig sind - zumindest gilt das für Fensterglas. Das bedeutet, daß solche Bauteile hinsichtlich des Wärmedurchganges ebenso behandelt werden können wie alle anderen, solange keine sichtbare Strahlung in energetisch nennenswertem Ausmaß ins Spiel kommt.

Trifft sichtbare Strahlung - wir lassen den Zusatz "sichtbar" im folgenden meist weg - auf einen transparenten Bauteil, so ereignet sich folgendes. Ein Teil der ankommenden Strahlung wird wie bei einem strahlungsundurchlässigen Körper reflektiert. Der Rest wird jedoch nur zu einem - oft sehr geringen - Teil absorbiert, zum anderen Teil durchgelassen. So reflektiert eine Scheibe aus normalem Fensterglas ungefähr 5% bis 10% der auftreffenden Sonnenstrahlung, absorbiert etwa gleich viel, und läßt die restlichen 80% bis 90% durch. Die absorbierte Strahlung erzeugt Wärmequellen in der Scheibe, die durchgelassene kommt dem hinter der Glasscheibe liegenden Raum zugute, da sie in ihm an anderen Flächen absorbiert wird und dort ebenfalls Wärmequellen erzeugt.

Bei bestrahlten transparenten Bauteilen interessiert also neben dem wie bei nichttransparenten Bauteilen zu berechnenden Wärmedurchgang zweierlei:

- Die (flächenbezogene) Leistung der durchgehenden Strahlung
- Lage und (flächenbezogene oder volumenbezogene) Leistung der Wärmequellen im Bauteil.

4.1. Strahlungsdurchgang

Die von einem transparenten Bauteil je Flächeneinheit durchgelassene Strahlungsleistung ist proportional zu der auftreffenden. Das gleiche gilt für die absorbierte Leistung.

Streng gelten diese Aussagen allerdings nur, wenn Frequenz, Einfallswinkel und Polarisationszustand der Strahlung festgehalten werden. Den Einfluß des Polarisationszustandes können wir hier nicht berücksichtigen; er spielt auch nicht die größte Rolle. Auch den Einfluß des Einfallswinkels werden wir nur mittels einer empirischen Formel erfassen. Die Frequenzabhängigkeit von Durchlässigkeit und Absorption ist jedoch im allgemeinen zu stark, als daß wir darüber hinwegsehen könnten.

Noch ein Wort zur Frequenzabhängigkeit! Schon im Abschnitt 2.2. haben wir bei der Behandlung der Wärmestrahlung verschiedene Größen - z.B. Absorptionszahlen - als Funktionen der Frequenz ν eingeführt. Zwischen Frequenz ν, Wellenlänge λ und Fortpflanzungsgeschwindigkeit c besteht ein Zusammenhang, der durch die Gleichung

$$\nu \cdot \lambda = c \tag{4.1}$$

gegeben ist. Dieses Zusammenhanges wegen kann man frequenzabhängige Größen auch als Funktionen der Wellenlänge darstellen, wenn man die Fortpflanzungsgeschwindigkeit c kennt. Für elektromagnetische Wellen im Vakuum ist $c = 2{,}9979 \cdot 10^8 m \cdot s^{-1}$. In materiellen Medien ergeben sich durchwegs kleinere Geschwindigkeiten. Tritt Licht aus einem Medium kommend in ein anderes ein, z.B. von Luft in Glas, dann ändert sich i.a. seine Fortpflanzungsgeschwindigkeit. Da die Frequenz ungeändert bleibt, muß sich nach Gleichung (4.1) die Wellenlänge ändern. Es ist daher zweckmäßig, Größen wie etwa Absorptionszahlen als Funktionen der Frequenz anzugeben und nicht als solche der Wellenlänge. Gleichwohl findet man in der Literatur und in Normen /DIN 67507/ meist die Wellenlänge λ gegenüber der Frequenz ν als unabhängige Variable bevorzugt. Zur Erleichterung von Vergleichen werden wir uns bei der Erörterung des Strahlungsdurchganges diesem Brauch anschließen, obwohl grundsätzliche Überlegungen dem entgegenstehen.

Die spektrale Verteilung der Sonnenstrahlung kann man wie die der Strahlung einer jeden anderen Strahlungsquelle durch eine Verteilungsfunktion $\phi(\lambda)$ beschreiben. $\phi(\lambda)\cdot d\lambda$ gibt an, welcher Bruchteil der gesamten Strahlungsintensität auf das Wellenlängenintervall $(\lambda,\lambda+d\lambda)$ entfällt. Daraus folgt, daß

$$\int_0^\infty \phi(\lambda)\cdot d\lambda = 1 \tag{4.2}$$

sein muß. Was den konkreten Verlauf der Verteilungsfunktion $\phi(\lambda)$ betrifft, verweisen wir auf die DIN 67507.

Bei den folgenden Untersuchungen beschränken wir uns anfangs auf Licht einer einzigen Wellenlänge λ und auf senkrechten Einfall. Danach verschaffen wir uns Größen, die sich auf das gesamte Sonnenspektrum beziehen, und erst zum Schluß berücksichtigen wir empirisch die Abhängigkeit vom Einfallswinkel.

4.1.1. Die Einzelscheibe

Das Verhalten einer einzigen strahlungsdurchlässigen Scheibe bei senkrechtem Einfall von Licht der Wellenlänge λ läßt sich einfach beschreiben. Ein bestimmter Anteil $r(\lambda)$ der ankommenden Strahlungsleistung wird reflektiert, ein Anteil $t(\lambda)$ durchgelassen. Der Restanteil $a(\lambda)$ wird von der Scheibe absorbiert, erzeugt in ihr also Wärmequellen. Aus dem Energieerhaltungssatz folgt, daß

$$r(\lambda) + t(\lambda) + a(\lambda) = 1 \tag{4.3}$$

sein muß. Das Verhalten der Scheibe ist demnach durch die Reflexionszahl $r(\lambda)$ und die Durchlässigkeit $t(\lambda)$ schon charakterisiert; die Absorptionszahl $a(\lambda)$ kann hieraus mittels Gleichung (4.3) berechnet werden.

Die Absorption von Strahlung erfolgt in der Scheibe kontinuierlich, d.h. es entstehen in der Scheibe räumlich verteilte Wärmequellen. Bei nicht zu dicken Scheiben ist die Form dieser Verteilung jedoch kaum von Interesse. Man macht kaum einen Fehler, wenn man sich die Wärmequellen in Scheibenmitte konzentriert denkt.

Auf einen wichtigen Punkt muß noch hingewiesen werden. Eine Scheibe kann bei senkrechtem Lichteinfall sehr unterschiedliches Verhalten zeigen, je nachdem von welcher Seite sie bestrahlt wird! Um leichter darüber sprechen zu können, wollen wir einfach zwischen "rechts" und "links" unterscheiden und dabei meist annehmen, daß die ursprüngliche Sonnenstrahlung von rechts kommt.

Für die von rechts kommende Strahlung findet man eine Reflexionszahl r und eine Durchlässigkeit t, hieraus auch eine Absorptionszahl a. Kommt die Strahlung von links, so wird man im allgemeinen eine von r abweichende Reflexionszahl r' finden, jedoch - zumindest bei planparallel begrenzten Scheiben - die gleiche Durchlässigkeit t wie vorhin. Die Asymmetrie hinsichtlich der Reflexion tritt insbesondere bei Glasscheiben auf, die einseitig mit einer dünnen Metall- oder Metalloxydschicht versehen sind, also beispielsweise bei diversen Sonnenschutzgläsern. Zeigt die Scheibe nach beiden Seiten unterschiedliches Reflexionsverhalten, dann muß gemäß Gleichung (4.3) auch asymmetrisches Absorptionsverhalten auftreten.

Zur Charakterisierung des Verhaltens der Scheibe bedarf es also der Angabe von

r ... Reflexionszahl für Strahlung von rechts (außen)
r'... Reflexionszahl für Strahlung von links (innen)
t ... Strahlungsdurchlässigkeit (gilt für beide Seiten).

Ferner gibt es zwei Absorptionszahlen

$$a = 1 - t - r \tag{4.4}$$

und

$$a' = 1 - t - r' \quad . \tag{4.5}$$

Wird die Scheibe mit Licht verschiedener Wellenlängen gemäß einer Verteilungsfunktion $\phi(\lambda)$ bestrahlt, so kann man auch hiefür Reflexionszahlen $\overline{r}$ und $\overline{r}'$, eine Durchlässigkeit $\overline{t}$ und Absorptionszahlen $\overline{a}$ und $\overline{a}'$ bestimmen. Diese Größen ergeben sich einfach durch Integration der entsprechenden, mit der Verteilungsfunktion gewichteten, wellenlängenabhängigen Größen. So ist beispielsweise

$$\overline{r} = \int_0^\infty r(\lambda)\cdot\phi(\lambda)\cdot d\lambda \tag{4.6}$$

und

$$\overline{t} = \int_0^\infty t(\lambda)\cdot\phi(\lambda)\cdot d\lambda \quad . \tag{4.7}$$

Analoge Gleichungen gelten für die Absorptionszahl a und die gestrichenen Größen $\bar{r}'$ und $\bar{a}'$. Ferner gilt die zu Gleichung (4.3) analoge Beziehung

$$\bar{r} + \bar{t} + \bar{a} = 1 \quad . \tag{4.8}$$

Ein Problem für sich stellen Reflexion, Durchgang und Absorption von schräg einfallender Strahlung dar. Unter idealisierenden Voraussetzungen, die bei realen Verglasungen nur bedingt erfüllt sind, kann man dieses Problem mittels der Fresnelschen Formeln lösen /4/. In der Praxis behilft man sich meist mit empirischen Ansätzen. So kann man feststellen, daß die Strahlungsdurchlässigkeit $\bar{t}_\theta$ mit zunehmendem Einfallswinkel θ je nach Art (und Verschmutzung) der Scheibe etwa in der Weise abnimmt, wie dies in Abb.4.1 skizziert ist.

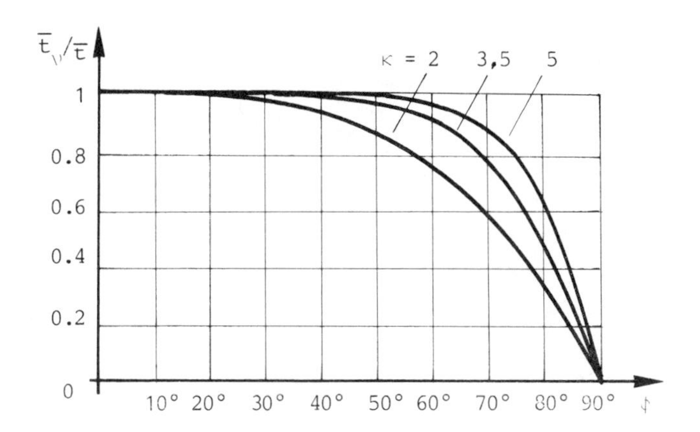

Abb. 4.1: Strahlungsdurchlässigkeit als Funktion des Einfallswinkels

Für Berechnungen kann man diese empirischen Funktionen recht gut durch

$$\bar{t}_\theta = \bar{t}\cdot[1-(1-\cos\theta)^\kappa] \tag{4.9}$$

approximieren. Der Exponent κ ist dabei so zu wählen, daß die empirisch ermittelte Abhängigkeit möglichst gut beschrieben wird.

Die Durchlässigkeit $\overline{t}_\theta$ gibt ebenso wie $\overline{t}$ - letztere ist ja nur ein Sonderfall von ersterer für $\theta=0$ - an, welcher Bruchteil der Bestrahlungsstärke der Scheibe hinter dieser noch auftritt.

Will man die Durchlässigkeit $\overline{t}_D$ für isotrope Diffusstrahlung bestimmen, so hat man alle Einfallsrichtungen gleichermaßen zu berücksichtigen. Die Durchlässigkeit $\overline{t}_D$ ergibt sich dann durch Integration zu

$$\overline{t}_D = \frac{1}{\pi} \cdot \int_0^{2\pi} \int_0^{\pi/2} \overline{t}_\theta \cdot \cos\theta \cdot \sin\theta \cdot d\theta d\phi \quad . \qquad (4.10)$$

Dieses Integral läßt sich unter Verwendung von (4.9) leicht auswerten und führt zu der einfachen Formel

$$\overline{t}_D = \overline{t} \quad \frac{\kappa \cdot (\kappa+3)}{(\kappa+1) \cdot (\kappa+2)} \quad . \qquad (4.11)$$

Für Einzelscheiben liegt κ erfahrungsgemäß etwa in dem Bereich zwischen 2 und 5. Das bedeutet, daß ihre Durchlässigkeit für diffuse Strahlung i.a. 83% bis 95% jener ausmacht, die für senkrechten Einfall gilt.

Bei schrägem Strahlungseinfall und bei Diffusstrahlung ist die Durchlässigkeit gegenüber der bei senkrechtem Einfall verkleinert. Als Folge davon muß die Reflexionszahl oder die Absorptionszahl - oder beide - größer werden. Wie sich diese Zahlen im einzelnen ändern, ist nur schwer zu sagen, insbesondere dann, wenn man auch verschmutzte Scheiben in Betracht zieht. Die Fehler bleiben jedoch meist gering, wenn man diese Vergrößerung - natürlich unter Beachtung von Gleichung (4.8) - willkürlich vornimmt, also beispielsweise bei $\overline{a}$ und $\overline{r}$ im gleichen Maß.

4.1.2. Mehrscheibenverglasungen

Trifft Strahlung auf eine aus mehreren parallelen durch Luftschichten getrennten Scheiben bestehende Verglasung, so kommt es zwischen den Scheiben zu Mehrfachreflexionen, die den gesamten Strahlungsdurchgang im ersten Augenblick recht unübersichtlich erscheinen lassen. Die Untersuchung des einfachsten Falles - der Zweischeibenverglasung - wird uns jedoch die Hilfsmittel liefern, die auch die Berechnung des Strahlungsdurchganges durch Verglasungen mit beliebig vielen Scheiben gestatten.

In Abbildung 4.2 ist der Strahlungsdurchgang durch eine Zweischeibenverglasung schematisch dargestellt. Von der von außen kommenden Strahlung - ihre Intensität kennzeichnen wir der Einfachheit halber mit "1" - wird an der ersten Scheibe zunächst der Bruchteil r_1 reflektiert, der Bruchteil t_1 wird durchgelassen.

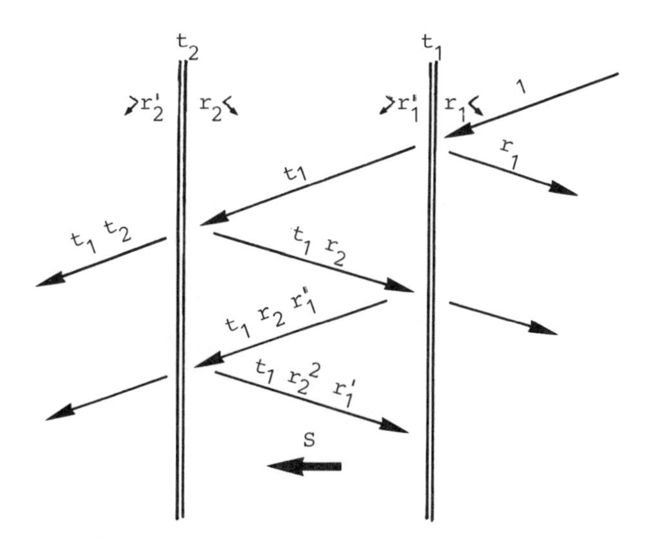

Abb. 4.2: Mehrfachreflexionen zwischen zwei Scheiben

Durch die zweite Scheibe wird der Bruchteil t_2 des ankommenden t_1 durchgelassen, also $t_1 \cdot t_2$, während $t_1 \cdot r_2$ reflektiert wird.

Durch die weiteren Reflexionen entstehen zwischen den beiden Scheiben Strahlungsströme in beiden Richtungen, der ursprünglichen Einfallsrichtung und der entgegengesetzten. Die Intensitäten der zwischen den Scheiben nach links gehenden Strahlungsströme bilden - man kann sich das anhand der Abbildung klarmachen - eine unendliche geometrische Reihe mit dem Anfangsglied t_1 und dem Quotienten $r_1' \cdot r_2$, also der Summe

$$s = \frac{t_1}{1 - r_1' \cdot r_2} \quad . \tag{4.12}$$

Multipliziert man dies mit der Durchlässigkeit t_2 der zweiten Scheibe, so erhält man - wir haben ja den vom außen kommenden

Strahlungsstrom auf "1" gesetzt - die Durchlässigkeit T der gesamten Zweischeibenverglasung als

$$T = \frac{t_1 \cdot t_2}{1 - r_1' \cdot r_2} \qquad (4.13)$$

Multipliziert man S mit der Reflexionszahl r_2 der zweiten und der Durchlässigkeit t_1 der ersten Scheibe, so erhält man das, was zusätzlich zu r_1 die Verglasung entgegen der Einstrahlungsrichtung verläßt. Die resultierende Reflexionszahl R der Verglasung für von rechts kommende Strahlung ist daher

$$R = r_1 + \frac{t_1^2 \cdot r_2}{1 - r_1' \cdot r_2} \qquad (4.14)$$

Auch die resultierenden Absorptionszahlen A_1 und A_2 für jede der beiden Scheiben lassen sich auf diese Weise ermitteln:

$$A_1 = a_1 + \frac{t_1 \cdot a_1 \cdot r_2}{1 - r_1' \cdot r_2} \qquad (4.15)$$

$$A_2 = \frac{t_1 \cdot a_2}{1 - r_1' \cdot r_2} \quad . \qquad (4.16)$$

Richtet man den Blick zunächst nur auf die Formeln (4.13) und (4.14), so stellt man fest, daß die Zweischeibenverglasung durch T und R in der gleichen Weise beschrieben wird wie eine Einzelscheibe durch t und r. Hier bedarf es offenbar nur noch der Ergänzung durch eine resultierende Reflexionszahl R' für von links kommende Strahlung, und die Zweischeibenverglasung kann - etwa in Verbindung mit einer dritten Scheibe - wie eine Einzelscheibe behandelt werden.

Die Gewinnung von Formeln für von links kommende Strahlung ist einfach. Man hat nur in den schon gewonnenen Gleichungen die Indizes 1 und 2 zu vertauschen, bei gestrichenen Größen den Strich wegzulassen und ungestrichene mit einem solchen zu versehen; bei den Durchlässigkeiten entfallen die Striche natürlich. Es fällt auf, daß sich dadurch der Nenner in den Formeln nicht ändert. Für R' erhält man auf diese Weise

$$R' = \bar{r}_2 + \frac{t_2^2 \cdot r_1'}{1 - r_1' \cdot r_2} \qquad (4.17)$$

Auch die Absorptionszahlen A_1' und A_2' kann man sich so verschaffen. Wir können uns daher das Anschreiben der Formeln ersparen.

Was Durchlässigkeit und Reflexionszahlen anlangt, ist mit den

Formeln (4.13), (4.14) und (4.17) der Weg zur Berechnung dieser Größen für Verglasungen mit beliebig vielen Scheiben geebnet. Man beginnt mit zwei aufeinanderfolgenden Scheiben, berechnet für diese Zweischeibenkombination T, R und R', und kann nun die Zweischeibenkombination rechnerisch wie eine Einzelscheibe behandeln, also beispielsweise mit der nächsten Scheibe zusammenfassen und so fort.

Mit der Durchlässigkeit und den beiden Reflexionszahlen einer Mehrfachverglasung kennt man natürlich wegen Gleichung (4.3), die sinngemäß auch hier gilt, die beiden Absorptionszahlen ebenfalls, nicht jedoch ihre Aufteilung auf die einzelnen Scheiben. Die Berechnung der resultierenden Absorptionszahlen der einzelnen Scheiben ist etwas langwieriger, doch benötigt man auch hiefür keine neuen Formeln. Der Weg sei am Beispiel der Dreischeibenverglasung kurz angedeutet.

Numeriert man die Scheiben mit 1, 2 und 3, dann kann man zunächst die Scheiben 1 und 2 zusammenfassen und für diese Zweischeibenkombination T, R und R' berechnen. Behandelt man diese Kombination wie eine Einzelscheibe und faßt sie mit Scheibe 3 zusammen, so erhält man nicht nur Durchlässigkeit und Reflexionszahlen der Dreifachverglasung, sondern durch Anwendung von Gleichung (4.16) auch schon die resultierende Absorptionszahl der Scheibe 3. Beginnt man nun mit der Berechnung von vorne, indem man nunmehr zuerst die Scheiben 2 und 3 zusammenfaßt, dann kann man sich auf die gleiche Weise - diesmal unter Verwendung von Gleichung (4.15) - die resultierende Absorptionszahl für die Scheibe 1 verschaffen. Da auch die Absorptionszahl der gesamten Verglasung bekannt ist, findet man die resultierende Absorptionszahl der Scheibe 2 leicht durch Differenzbildung.

Die Formeln (4.13) bis (4.17) gelten für senkrecht auf die Verglasung auftreffende Strahlung einheitlicher Wellenlänge. Durchlässigkeiten $\overline{T}$, Reflexions- und Absorptionszahlen $\overline{R}$ und $\overline{A}_j$ für Licht, dessen Zusammensetzung durch eine spektrale Verteilungsfunktion $\phi(\lambda)$ beschrieben wird, erhält man wie bei der Einzelscheibe durch gewichtete Integration analog zu den Gleichungen (4.6) und (4.7).

Auch die Berücksichtigung schrägen bzw. diffusen Strahlungseinfalles kann wie bei der Einzelscheibe erfolgen. Die Durchlässigkeiten $\overline{T}_\theta$ für schrägen Einfall und $\overline{T}_D$ für diffuse Strahlung ergeben sich durch sinngemäße Anwendung der Formeln (4.9) und (4.11). Wegen der hiebei anzunehmenden Exponenten siehe z.B. /20/.

4.1.3. Der Durchgang sichtbaren Lichtes

Die durch das menschliche Auge subjektiv wahrgenommene Helligkeitsempfindung ist - zumindest annähernd - zur empfangenen Strahlungsleistung proportional, der Proportionalitätsfaktor jedoch wellenlängenabhängig /4/. Wir wollen ihn mit $V(\lambda)$ bezeichnen. Bei der Behandlung beleuchtungstechnischer Probleme interessiert daher nicht bloß die Verteilungsfunktion $\phi(\lambda)$ der Sonnenstrahlung, sondern die ihr entsprechende Helligkeitsempfindung. Letztere wird durch die Verteilungsfunktion $V(\lambda)\cdot\phi(\lambda)$ erfaßt.

Ist diese normiert, d.h. $V(\lambda)$ so gewählt, daß

$$\int_0^\infty V(\lambda)\cdot\phi(\lambda)\cdot d\lambda = 1 \qquad (4.18)$$

ist, so kann man sie zur Bestimmung der Lichtdurchlässigkeit einer Verglasung genauso verwenden, wie $\phi(\lambda)$ in Gleichung (4.7) zur Berechnung der Strahlungsdurchlässigkeit.

Hinsichtlich der praktischen Durchführung derartiger Berechnungen verweisen wir auf die DIN 67507.

4.2. Der Gesamtenergiedurchgang

Trifft Sonnenstrahlung oder diffuse Himmelsstrahlung - diese Begriffe werden in Kapitel 5 noch genauer erläutert - auf eine Verglasung, so wird dem dahinter liegenden Raum dadurch auf zweierlei Weise Energie zugeführt.

Zum einen entstehen in dem Raum Wärmequellen infolge der durch die Verglasung durchgelassenen Strahlung. Ihre auf die Verglasungsfläche bezogene Leistung ist zur Bestrahlungsstärke der Verglasung proportional; der Proportionalitätsfaktor ist die Durchlässigkeit T.

Wärmequellen entstehen aber auch durch Absorption von Strahlung in den einzelnen Scheiben der Verglasung. Die flächenbezogenen Heizleistungen in den Scheiben sind ebenfalls zur Bestrahlungsstärke der Verglasung proportional, die Proportionalitätsfaktoren sind die Absorptionszahlen A_j. Wie schon in Abschnitt 2.1.2 gezeigt worden ist, werden durch solche Wärmequellen Wärmeströme hervorgerufen, die zu den Heizleistungen proportional sind, im hier betrachteten Fall also eine zur Bestrahlungsstärke der Verglasung proportionale "sekundäre" Wärmeabgabe der Verglasung an den Raum bewirken.

Die primären Wärmegewinne aus der Sonneneinstrahlung sind in dem durch die Verglasung durchgelassenen Anteil zu sehen. Primäre und sekundäre Wärmegewinne ergeben in ihrer Summe den Gesamtenergiedurchgang infolge Strahlung. Setzt man diesen zur Leistung der an der Verglasung ankommenden Strahlung ins Verhältnis, so erhält man den sogenannten "Gesamtenergiedurchlaßgrad".

Formeln zur Berechnung des Gesamtenergiedurchlaßgrades findet man für ein- bis dreischeibige Verglasungen in der DIN 67507. Dort werden allerdings die Durchlaßwiderstände der Glasscheiben vernachlässigt und nur jene der Luftschichten berücksichtigt - eine in den meisten Fällen zulässige Vereinfachung.

5. Klimatische Bedingungen

Für nahezu alle Fragestellungen, die sich auf den Wärmehaushalt eines Raumes oder Gebäudes beziehen, sind die außenklimatischen Bedingungen am jeweiligen Standort von entscheidender Bedeutung. Sie bestimmen nicht nur die äußeren Randbedingungen, unter denen die Wärmeleitungsvorgänge in den Außenbauteilen ablaufen, sie sind auch für die Wärmegewinne infolge Sonneneinstrahlung durch die Fenster und die Lüftungswärmeverluste maßgebend.

In erster Linie interessieren Außenlufttemperatur und Sonneneinstrahlung. Daneben spielen aber auch Wind, Niederschläge und Luftfeuchtigkeit eine oft nicht vernachlässigbare Rolle.

5.1. Die Außentemperaturen

Die für ein Gebäude maßgebenden "Außentemperaturen" sind die Temperaturen jener Medien, die an die äußere Gebäudehülle grenzen. Da ist in erster Linie die Außenlufttemperatur zu nennen, da im allgemeinen der größte Teil der Gebäudehülle der Außenluft ausgesetzt ist. Bei den erdberührten Bauteilen - Kellerwände und Kellerböden - ist die maßgebende Temperatur die des Erdbodens. Reicht das Gebäude mit seinen Fundamenten in das Grundwasser, so ist auch dessen Temperatur als "Außentemperatur" anzusehen.

Natürlich gibt es auch Außentemperaturen in dem eben erwähnten Sinn, die mit dem örtlichen Klima nichts oder nur wenig zu tun haben, wie beispielsweise die Temperaturen in angrenzenden Gebäuden. Diese werden uns hier nicht beschäftigen.

5.1.1. Jahresgang und Tagesgang der Lufttemperatur

Die Außenlufttemperatur ist relativ starken tages- und jahreszeitlichen Veränderungen unterworfen. Abbildung 5.1 zeigt einen Jahresverlauf der Temperatur, wie er sich für ein einzelnes

Jahr an einem speziellen Standort ergeben kann. Eingetragen sind für jeden Tag die Lufttemperaturen von der tiefsten bis zur höchsten.

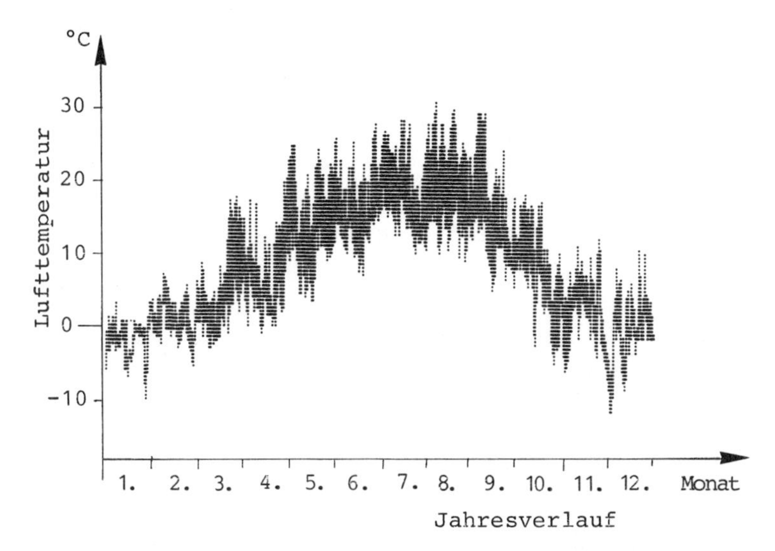

Abb. 5.1: Jahresverlauf der Lufttemperatur eines Standortes in einem Einzeljahr

Offenbar folgt der zeitliche Temperaturverlauf keiner einfachen, leicht erkennbaren Gesetzmäßigkeit. Dazu kommt, daß sich auch für ein- und denselben Standort die Lufttemperaturverläufe verschiedener Jahre meist stark unterscheiden. Auch die tageszeitlichen Schwankungen sind, wie man ebenfalls aus Abb.5.1 entnehmen kann, keineswegs klein.

Die Frage, welche Werte der Außenlufttemperatur man wärmetechnischen Berechnungen zugrunde legen soll, ist also sicher nicht leicht und vor allem nicht generell beantwortbar. Die Wahl wird je nach Fragestellung und vorgesehenem Rechenverfahren zu treffen sein.

Für instationäre Berechnungen wird man entweder auf gemessene Lufttemperaturverläufe an dem betreffenden Standort zurückgreifen oder - das geschieht häufiger - der Fragestellung angepaßte Temperaturverläufe konstruieren. Sogenannte "test-reference-years", das sind Stundenwerte der interessierenden meteorologischen Daten für ein fiktives Jahr, die das Klima an dem betreffenden Standort mehr oder weniger gut widerspiegeln, stehen derzeit nur für wenige Orte zur Verfügung.

Zur Konstruktion - ebenfalls fiktiver - periodischer Tagesgänge der Lufttemperatur nimmt man das Temperaturminimum meist bei Sonnenaufgang an, das Maximum meist zwischen 14 Uhr und 15 Uhr wahrer Ortszeit.

5.1.2. Statistiken des Tagesmittels der Lufttemperatur

Die am häufigsten auftretende Frage ist die nach den "maximalen" Wärmeverlusten, also die nach jener Verlustleistung, die der Dimensionierung einer Heizungsanlage zugrunde zu legen ist. In diesem Fall kann man - das wurde früher schon ausgeführt - stationär rechnen. Für diese sogenannte "Heizlastberechnung" ist also der zeitliche Temperaturverlauf ohne Bedeutung. Von Interesse ist einzig und alleine, welche Temperatur als "tiefste" anzusehen ist.

Zunächst ist festzustellen, daß infolge des Wärmespeichervermögens von Gebäuden kurzzeitige Schwankungen der Außenlufttemperatur kaum Auswirkungen auf die Innentemperatur der Räume bzw. die zur Aufrechterhaltung einer gewünschten Innentemperatur erforderliche Heizleistung haben. Man kann sich daher auf die Betrachtung von Tagesmittelwerten der Außenlufttemperatur beschränken. Die DIN 4701 geht sogar so weit, nur Zweitagesmittel in Betracht zu ziehen, doch scheint dies insbesondere bei Leichtbauten etwas problematisch.

Betrachtet man nun die Tagesmittelwerte der Lufttemperatur an einem bestimmten Ort durch mehrere Jahrzehnte, so kann man aufgrund dieses Datenmaterials eine Statistik erstellen. Man tut dies häufig in der Weise, daß man für bestimmte Temperaturen angibt, wie oft sie durchschnittlich pro Jahr vom Tagesmittel unterschritten werden. Es liegt auf der Hand, daß diese "Unterschreitungshäufigkeit" umso kleiner ausfällt, je niedriger die gewählte Temperatur ist. So kann man beispielsweise für Wien feststellen, daß die Temperatur von -2°C vom Tagesmittel durchschnittlich 31 mal im Jahr unterschritten wird, -17°C jedoch im Durchschnitt nur etwa alle acht bis neun Jahre einmal.

Trägt man die Unterschreitungshäufigkeit - man kann sie z.B. durch die durchschnittliche Anzahl der Unterschreitungstage in zehn Jahren charakterisieren - für jede nur denkbare Temperatur auf, so erhält man eine Darstellung, wie sie in Abbildung 5.2 wiedergegeben ist.

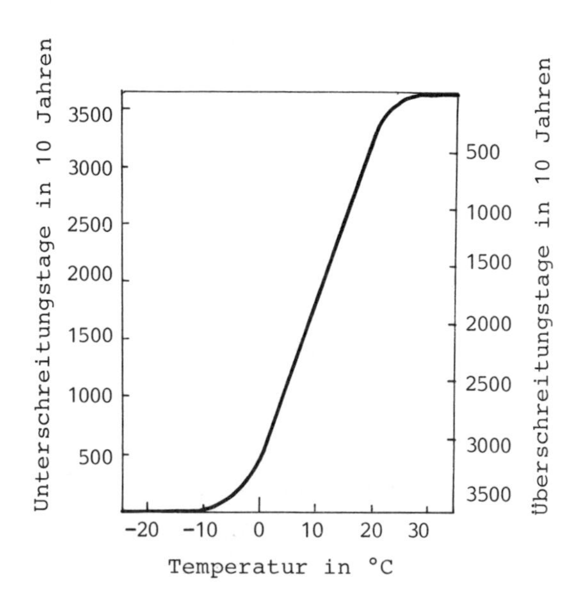

Abb.5.2: Unter- und Überschreitungshäufigkeit (Summenhäufigkeitskurve) für das Tagesmittel der Außenlufttemperatur.

Natürlich hat diese Kurve - sie wird oft als "Summenkurve" oder "Dauerlinie" bezeichnet - für jeden Standort einen anderen Verlauf.

Für sehr tiefe Temperaturen ergeben sich wie schon erwähnt auch nur sehr kleine Unterschreitungshäufigkeiten. So liegt die Unterschreitungshäufigkeit für -22°C in Wien bei einem Tag in 100 Jahren.

Es ist sicher nicht vernünftig, für die Bemessung einer Heizungsanlage eine Temperatur heranzuziehen, die vom Tagesmittel der Außenlufttemperatur zu oft unterschritten wird. Ebenso unvernünftig wäre es aber, die Bemessungstemperatur so tief anzusetzen, daß zwar kaum Unterschreitungen zu befürchten sind, dafür aber die Heizungsanlage unnötig überdimensioniert wird. Je nach Nutzung des Gebäudes wird man also festlegen müssen, welches Risiko man einzugehen bereit ist, d.h. welche Unterschreitungshäufigkeit man in Kauf nehmen will. Aus dieser ergibt sich dann die Außenlufttemperatur, die bei der Heizlastberechnung zu verwenden ist.

Selbstverständlich kann man diesen Weg nur beschreiten, wenn für den betrachteten Standort eine Statistik des Tagesmittels der Außenlufttemperatur zur Verfügung steht. Flächendeckend gibt es solche Statistiken derzeit nur für das Staatsgebiet von Österreich /21/. Ansonsten werden die Bemessungstemperaturen derzeit meist noch unabhängig von der Nutzung des Gebäudes über eine fix vorgegebene Unterschreitungshäufigkeit bestimmt /DIN 4701/.

Temperaturstatistiken erweisen sich auch für die Berechnung des Energieverbrauches der Heizung eines Raumes oder Gebäudes als nützlich. Hängt der Wirkungsgrad der Heizung - das ist das Verhältnis ihrer Wärmeleistung zu der ihr in Form von Brennstoffen oder elektrischer Energie zugeführten Leistung - direkt oder indirekt von der Außenlufttemperatur ab, so wird die Berechnung des Energieverbrauches aus Mittelwerten der Außenlufttemperatur über längere Zeiträume fehlerhaft. Dies gilt in besonders starkem Maße für Luft-Luft-Wärmepumpen, in schwächerem aber auch für die üblichen Heizkessel, deren Wirkungsgrad von ihrer Leistung und damit indirekt auch von der Außenlufttemperatur abhängt.

Für die Energieverbrauchsberechnung bevorzugt man eine andere Darstellung der Temperaturstatistik als die in Abbildung 5.2 wiedergegebene. Anstelle von Unterschreitungshäufigkeiten gibt man Klassenhäufigkeiten an. Als Klassenbreite wird meist ein Grad (1 K) gewählt. Für jedes Ein-Grad-Intervall wird angegeben, in vieviel Prozent oder Promille der Fälle - oder auch an wieviel Tagen in 100 Jahren - das Tagesmittel der Lufttemperatur in das jeweilige Intervall fällt. Abbildung 5.3 zeigt eine derartige Statistik.

Berechnet man nun den Energieverbrauch für die Mitte eines jeden in der Statistik ausgewiesenen Temperaturintervalles, multipliziert anschließend mit der zugehörigen Häufigkeit, und addiert zuletzt die so erhaltenen Produkte, so erhält man einen wesentlich genaueren Näherungswert für den tatsächlichen Energieverbrauch als bei Verwendung eines Temperaturmittelwertes. Natürlich ist der Rechenaufwand bei dieser Art der Berechnung wesentlich höher als bei der Verwendung von Mittelwerten, doch spielt dies nur eine geringe Rolle, wenn man sich entsprechender Rechenhilfsmittel bedient.

Klassenhaeufigkeiten des Tagesmittels der Lufttemperatur
****

fuer Grundlsee

(Tage in 100 Jahren)

Temperatur von	bis	Jan	Feb	Mar	Apr	Mai	Jun	Jul	Aug	Sep	Okt	Nov	Dez
-23	-22	1	0	0	0	0	0	0	0	0	0	0	0
-22	-21	1	0	0	0	0	0	0	0	0	0	0	0
-21	-20	1	1	0	0	0	0	0	0	0	0	0	0
-20	-19	2	1	0	0	0	0	0	0	0	0	0	0
-19	-18	4	2	0	0	0	0	0	0	0	0	0	0
-18	-17	6	3	0	0	0	0	0	0	0	0	0	1
-17	-16	9	4	0	0	0	0	0	0	0	0	0	1
-16	-15	13	7	1	0	0	0	0	0	0	0	0	3
-15	-14	19	10	1	0	0	0	0	0	0	0	0	5
-14	-13	28	14	2	0	0	0	0	0	0	0	0	10
-13	-12	39	21	3	0	0	0	0	0	0	0	0	17
-12	-11	55	29	5	0	0	0	0	0	0	0	0	29
-11	-10	74	40	8	0	0	0	0	0	0	0	1	46
-10	-9	97	54	14	0	0	0	0	0	0	0	3	69
-9	-8	124	72	21	1	0	0	0	0	0	0	7	99
-8	-7	155	93	33	2	0	0	0	0	0	0	15	135
-7	-6	188	118	48	4	0	0	0	0	0	0	30	175
-6	-5	220	145	69	7	1	0	0	0	0	1	54	217
-5	-4	249	174	95	13	1	0	0	0	0	2	89	254
-4	-3	271	203	127	23	2	0	0	0	0	4	132	282
-3	-2	282	228	163	38	4	1	0	0	0	9	181	296
-2	-1	281	247	201	58	7	1	0	0	0	19	231	294
-1	0	264	257	238	86	13	2	0	0	1	37	272	275
0	1	233	255	270	120	21	4	1	0	2	64	299	242
1	2	190	238	291	159	34	6	1	1	5	102	308	201
2	3	140	208	297	200	52	10	2	1	10	151	296	156
3	4	91	166	287	238	76	17	4	3	20	206	268	113
4	5	48	116	261	268	106	26	8	7	37	260	227	77
5	6	17	67	220	285	141	40	14	13	63	303	182	48
6	7	0	25	172	286	179	58	24	24	100	329	138	28
7	8	0	0	122	272	216	82	39	43	147	331	98	15
8	9	0	0	78	243	250	111	61	70	202	311	67	7
9	10	0	0	43	205	274	145	90	109	256	272	43	3
10	11	0	0	20	162	285	181	127	157	302	222	26	1
11	12	0	0	7	120	282	217	169	211	329	169	15	0
12	13	0	0	2	84	264	248	215	266	333	120	8	0
13	14	0	0	0	55	234	270	258	311	311	80	4	0
14	15	0	0	0	33	196	280	292	338	269	50	2	0
15	16	0	0	0	19	154	275	313	342	214	29	1	0
16	17	0	0	0	10	114	255	314	319	157	16	0	0
17	18	0	0	0	5	79	222	295	275	106	8	0	0
18	19	0	0	0	2	51	181	259	218	65	4	0	0
19	20	0	0	0	1	31	138	210	159	37	2	0	0
20	21	0	0	0	0	17	97	157	105	19	1	0	0
21	22	0	0	0	0	9	62	108	64	9	0	0	0
22	23	0	0	0	0	4	36	67	35	4	0	0	0
23	24	0	0	0	0	2	19	38	17	1	0	0	0
24	25	0	0	0	0	1	9	19	7	0	0	0	0
25	26	0	0	0	0	0	3	8	3	0	0	0	0
26	27	0	0	0	0	0	1	3	1	0	0	0	0
27	28	0	0	0	0	0	0	1	0	0	0	0	0

Abb. 5.3: Lufttemperaturstatistik

5.1.3. Heizgradtage und Heizgradstunden

Zur Ermittlung des Wärmeverlustes Q eines Raumes über einen bestimmten Zeitraum hat man die Verlustleistung $\dot{Q}$ über diesen Zeitraum zu integrieren:

$$Q = \int_{t_1}^{t_2} \dot{Q} \cdot dt \quad . \tag{5.1}$$

Die Verlustleistung ist zur Differenz zwischen Innentemperatur θ_i und Außenlufttemperatur θ_a annähernd proportional. Dies gilt zumindest dann, wenn für den betrachteten Raum keine anderen Außentemperaturen maßgebend sind, konstanter Luftwechsel angenommen werden kann und keine zeitlich variable Wärmedämmung (wärmegedämmte Fensterläden u.Ä.) berücksichtigt werden muß. Mit

$$\dot{Q} = L \cdot (\theta_i - \theta_a) \tag{5.2}$$

und dem als konstant angenommenen Leitwert L geht Gleichung (5.1) über in

$$Q = L \cdot \int_{t_1}^{t_2} (\theta_i - \theta_a) \cdot dt \quad . \tag{5.3}$$

Legt man nun die Innentemperatur θ_i mit einem konstanten Wert fest - üblicherweise wählt man $\theta_i = 20^{o}C$ - , so kann man das Integral bei bekanntem Verlauf der Außentemperatur θ berechnen.

Nun interessieren meist nur jene Wärmeverluste, die zu Zeiten auftreten, zu denen die Innentemperatur θ_i nur durch Heizen aufrechterhalten werden kann. Das sind erfahrungsgemäß Tage, an denen das Tagesmittel der Außenlufttemperatur einen gewissen Schwellenwert θ_g nicht überschreitet, die sogenannten "Heiztage". Für Wohn- und Büroräume wird die "Heizgrenztemperatur" θ_g meist mit $12^{o}C$ angenommen.

Dementsprechend wird das Integral in (5.3) üblicherweise nur für die Heiztage des betrachteten Zeitraumes ausgewertet. Das Ergebnis dieser Integration ist charakteristisch für den Einfluß des örtlichen Klimas auf die zu erwartenden Wärmeverluste. Es hat die Dimension eines Produktes aus Temperatur und Zeit, kann also z.B. in Kh (Kelvinstunden) oder Kd (Kelvintagen) angegeben werden. Daher kommt auch die etwas unglückliche Bezeichnung "Heizgradstunden" oder "Heizgradtage".

Diese Größe, die für viele Orte tabelliert ist, kann man gemäß Gleichung (5.3) in einfacher Weise zur Abschätzung der Wärmeverluste eines Raumes oder eines Gebäudes heranziehen. Allerdings muß man sich davor hüten, diese Wärmeverluste mit der von der Heizung zu liefernden Wärme oder gar mit dem Energieverbrauch zu verwechseln. Die Wärmeverluste müssen ja nur zum Teil durch die Heizung gedeckt werden, ein anderer Teil wird durch Sonneneinstrahlung durch die Fenster, Wärmeabgabe von Personen und Beleuchtung und sonstige "Innenwärmen" gedeckt.

5.2. Die Sonnenstrahlung

Die für wärmetechnische Berechnungen benötigten Werte der Außenlufttemperatur kann man oft aus Tabellenwerken entnehmen. Bei der Sonnenstrahlung ist dies nur selten der Fall. Erstens stehen Meßwerte nur für wenige Standorte zur Verfügung, zweitens beziehen sich diese Meßwerte nahezu ausschließlich auf die Horizontalfläche als Empfängerfläche. In der Bauphysik benötigt man jedoch die Bestrahlungsstärken für Flächen der unterschiedlichsten Orientierungen.

Dies und die jahreszeitlich unterschiedlichen und tageszeitlich rasch wechselnden Sonnenstände zwingen fast immer zur rechnerischen Ermittlung der benötigten Strahlungsgrößen.

Die Bestrahlungsstärken kommen aufgrund von Einflüssen zustande, die drei verschiedenen Kategorien zuzuordnen sind:

- Astronomische Gegebenheiten;
- Meteorologische (atmosphärische) Einflüsse;
- Standort- und gebäudespezifische Eigenschaften.

Die Separation der meteorologischen Einflüsse von den astronomischen und standortspezifischen ist dann leicht, wenn man die meteorologischen Einflüsse durch Parameter beschreibt, die die "Trübung" der Atmosphäre kennzeichnen. Hiefür bieten sich die Trübungsparameter nach Linke und Reitz an.

5.2.1. Die Sonnenstände im tages- und jahreszeitlichen Verlauf

Die Berechnung der Sonnenstände in Abhängigkeit von Jahres- und Tageszeit ist alleine aufgrund der astronomischen Gegebenheiten für jeden Standort der Erde leicht durchzuführen. Dabei kann man im Rahmen der Bauklimatologie Vereinfachungen vornehmen, die i.a. in der messenden Astronomie weder üblich noch zulässig sind.

Das Jahr ist jener Zeitraum, in dem die Erde ihre elliptische Bahn um die Sonne einmal durchläuft. Abweichend von den tatsächlichen Verhältnissen, die bekanntlich zur Einführung von Schaltjahren nötigen, können wir die Jahreslänge für unsere Zwecke ohne unzulässige Genauigkeitseinbuße mit 365 Tagen annehmen. Die Stellung eines Tages im Jahresablauf charakterisieren wir dann durch die Angabe der laufenden Nummer des Tages im Jahr. Der 1. Jänner erhält die Nummer 1, der 31. Dezember die Nummer 365.

Durch die Angabe der laufenden Tagnummer wird jener Punkt der Erdbahn festgelegt, an dem sich die Erde an diesem Tag befindet. Für die Berechnung der Sonnenstände bedarf es jedoch einer anderen Charakterisierung dieses Punktes.

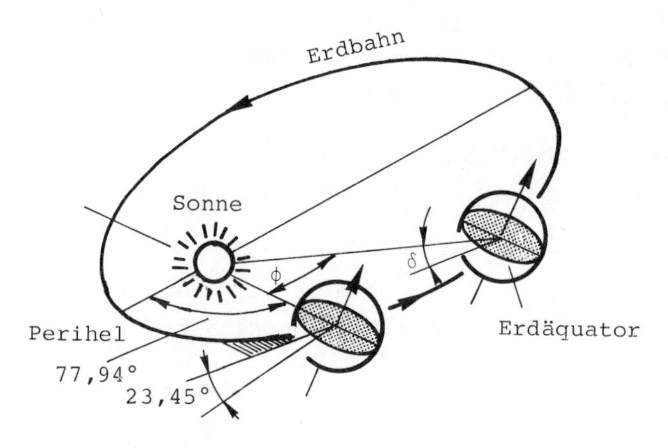

Abb. 5.4: Bahn der Erde um die Sonne

Abbildung 5.4 zeigt schematisch die Bahn der Erde um die Sonne sowie die Lage von Erdachse und Äquatorebene zu zwei verschiedenen Zeitpunkten des Jahres. Die Erdbahnebene - auch Ekliptik genannt - schließt mit der Äquatorebene der Erde einen Winkel von $23{,}45^{o}$ ein. Die Schnittlinie der beiden Ebenen geht nur zu zwei bestimmten Zeitpunkten des Jahres - zur Zeit der Tag- und Nacht-Gleiche im Frühling (21. März) und im Herbst - durch die Sonne. Den Winkel ϕ, den die geradlinige Verbindung Sonne-Erde mit dieser Richtung einschließt, nennt man die "ekliptikale Länge". Sie ergibt sich aus der Tagnummer n im Bogenmaß näherungsweise zu

$$\phi = a\cdot(n-n_o) + b\cdot\sin[a\cdot(n-n_o)] + c\ . \qquad (5.4)$$

Hierin haben die Konstanten a bis c und n_o die Werte

$$a = 0{,}017214\ d^{-1} \qquad b = 0{,}033400$$
$$c = 1{,}78128 \qquad n_o = 2{,}8749\ d\ . \qquad (5.5)$$

Der Winkel zwischen der Verbindung Sonne-Erde und der Äquatorebene der Erde, die sogenannte "Sonnendeklination" δ, ergibt sich hieraus zu

$$\delta = -\ \arcsin\,(0{,}3979\cdot\sin\phi)\ . \qquad (5.6)$$

Die Sonnendeklination ist im Sommerhalbjahr (21. März bis 23. September) positiv, im Winterhalbjahr negativ. Ihren größten Wert ($23{,}45^{o}$) nimmt sie zur Zeit der Sommersonnenwende an, ihren kleinsten ($-23{,}45^{o}$) zur Zeit der Wintersonnenwende.

Die Sonnendeklination kann für bauphysikalische Zwecke jeweils für einen ganzen Tag als konstant angesehen werden, da ihre Änderung während eines Tages sehr gering ist.

Bei der Angabe der Tageszeit hat man drei verschiedene Zeitskalen zu unterscheiden:

- wahre Ortszeit;
- mittlere Ortszeit;
- Zonenzeit.

Die wahre Ortszeit ist - kurz gesagt - die Zeit, die man an einer Sonnenuhr ablesen kann. Sie wird zur Berechnung der Sonnenstände benötigt. Für die praktische Zeitmessung ist sie jedoch ungeeignet, da die Länge des wahren Sonnentages infolge der Schiefe der Ekliptik und der Elliptizität der Erdbahn jahreszeitlichen Schwankungen unterworfen ist.

Die mittlere Ortszeit stimmt mit der wahren Ortszeit Mitte April, Mitte Juni, Anfang September und gegen Ende Dezember überein. Dazwischen unterscheidet sie sich von der wahren Ortszeit um bis zu etwa 16 Minuten. Die Differenz zwischen wahrer Ortszeit und mittlerer Ortszeit heißt "Zeitgleichung". Die Zeitgleichung - wir wollen sie mit z bezeichnen und in Stunden ausdrücken - kann mit der Abkürzung

$$\tau = \frac{2 \cdot \pi}{365} \cdot n \tag{5.7}$$

näherungsweise durch

$$z = 0{,}008 \cdot \cos\tau - 0{,}122 \cdot \sin\tau - 0{,}052 \cdot \cos 2\tau - 0{,}157 \cdot \sin 2\tau - 0{,}001 \cdot \cos 3\tau - 0{,}005 \cdot \sin 3\tau \tag{5.8}$$

dargestellt werden.

Die Zonenzeiten sind mittlere Ortszeiten für ganz bestimmte geographische Längen. So ist beispielsweise die mitteleuropäische Zeit die mittlere Ortszeit des 15-Grad-Meridians. Zwischen der mittleren Ortszeit eines Ortes und einer Zonenzeit besteht eine Differenz, die zur Längendifferenz des Ortes und des Bezugsmeridians der Zeitzone proportional ist. Dabei entspricht einer Längendifferenz von 15° eine Zeitdifferenz von einer Stunde.

Der Zusammenhang zwischen wahrer Ortszeit $\bar{t}$ und Zonenzeit t ist nach dem Gesagten durch

$$t = \bar{t} + z - \frac{1}{15} \cdot (\lambda_o - \lambda) \tag{5.9}$$

gegeben. λ ist hierin die geographische Länge des betrachteten Ortes, λ_o jene des Bezugsmeridians der Zeitzone; Winkel sind hier in Grad einzusetzen, Zeiten in Stunden.

Zur Beschreibung des Sonnenstandes bedarf es eines geeigneten Koordinatensystems für die Darstellung des zur Sonne weisenden Einheitsvektors $\vec{s}$. Ein solches Koordinatensystem, das sogenannte "Horizontsystem", ist in Abbildung 5.5 dargestellt. In diesem System - es ist ein Linkssystem - wird der Vektor $\vec{s}$ durch

$$\vec{s} = \begin{pmatrix} s_1 \\ s_2 \\ s_3 \end{pmatrix} = \begin{pmatrix} -\cos\delta \ \sin\beta \ \cos\sigma - \sin\delta \ \cos\beta \\ -\cos\delta \ \sin\sigma \\ -\cos\delta \ \cos\beta \ \cos\sigma + \sin\delta \ \sin\beta \end{pmatrix} \tag{5.10}$$

dargestellt. Hierin ist β die geographische Breite des betrachteten Standortes, σ der "Stundenwinkel". Für letzteren gilt (im Bogenmaß)

$$\sigma = \frac{\pi}{12}\cdot\bar{t} \quad . \tag{5.11}$$

Zur Berechnung der Koordinaten des zur Sonne weisenden Einheitsvektors $\vec{s}$ im Horizontsystem hat man also zuerst aus dem Datum gemäß Gleichung (5.4) die ekliptikale Länge ϕ und daraus mittels der Gleichung (5.6) die Sonnendeklination δ zu ermitteln. Ebenfalls aus dem Datum berechnet man gemäß (5.7) und (5.8) die Zeitgleichung.

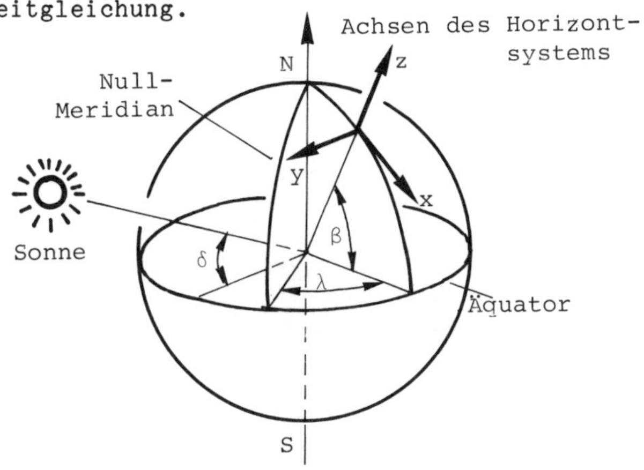

Abb. 5.5: Das Horizontsystem

Die Kenntnis der geographischen Länge des Standortes ermöglicht nun die Umrechnung der Uhrzeit (Zonenzeit) in die wahre Ortszeit nach Gleichung (5.9). Damit steht auch der Stundenwinkel σ - Gleichung (5.11) - zur Verfügung. Nun benötigt man nur noch die geographische Breite β des Standortes, um die Koordinaten von $\vec{s}$ nach (5.10) berechnen zu können.

Koordinaten von $\vec{s}$ erhält man für jede beliebige Tageszeit. Am Vorzeichen der dritten Koordinate s_3 kann man ablesen, ob zu dem betrachteten Zeitpunkt Tag oder Nacht herrscht. Ist s_3 positiv, so steht die Sonne über dem Horizont, es herrscht also Tag. Die Zeitpunkte von Sonnenaufgang und Sonnenuntergang erhält man durch Nullsetzen von s_3. Dies liefert

$$\cos\sigma = \tan\delta\cdot\tan\beta \quad . \tag{5.12}$$

Hieraus kann man nach (5.11) die wahre Ortszeit t und anschließend nach (5.9) die Zonenzeit für Auf- und Untergang berechnen.

Die durch Gleichung (5.10) gegebenen Sonnenstände beschreibt man meist durch zwei Winkel, den "Sonnenazimut" χ und die "Sonnenhöhe" h.

Den Sonnenazimut erhält man aus den beiden ersten Koordinaten s_1 und s_2 des Vektors $\vec{s}$ durch Übergang zu Polarkoordinaten in der x,y-Ebene. Der Azimut χ wird von der Südrichtung aus im Uhrzeigersinn - also gegen Westen positiv - gemessen. Bei seiner Berechnung mittels der Gleichung

$$\chi = \arctan \frac{s_2}{s_1} \qquad (5.13)$$

hat man auf die Auswahl des richtigen Zweiges der mehrdeutigen Arcustangens-Funktion zu achten.

Die Sonnenhöhe h ergibt sich aus der dritten Koordinate s_3 des Vektors $\vec{s}$ zu

$$h = \arcsin s_3 \quad . \qquad (5.14)$$

Die hier angegebenen Formeln berücksichtigen nicht die Krümmung der Lichtstrahlen in der Atmosphäre. Diese sogenannte "Refraktion" spielt auch nur bei tiefen Sonnenständen eine erwähnenswerte Rolle. Sie kann für bauphysikalische und solartechnische Zwecke ohne Bedenken vernachlässigt werden.

5.2.2. Die direkte Sonnenstrahlung

Die Sonne kann für unsere Zwecke in guter Näherung als Punktstrahler angesehen werden. Die Intensität der ungeschwächten Sonnenstrahlung ist daher indirekt proportional zum Quadrat der Entfernung von der Sonne anzunehmen. Da die Erde beim Durchlaufen ihrer elliptischen Bahn ihren Abstand von der Sonne ändert, zeigt auch die ungeschwächte Sonnenstrahlung - man nennt sie die "extraterrestrische" - einen Jahresgang.

Die Intensität S_o der extraterrestrischen Sonnenstrahlung in der mittleren Entfernung Erde-Sonne bezeichnet man als "Solarkonstante". Sie hat den Wert

$$S_o = 1367 \ W \cdot m^{-2} \quad . \qquad (5.15)$$

Für die Intensität S der extraterrestrischen Sonnenstrahlung zu einem beliebigen Zeitpunkt des Jahres gilt

$$S = S_o \cdot [1 - \varepsilon \cdot \cos(\phi + 1{,}36)]^2 \quad . \qquad (5.16)$$

Hierin ist $\varepsilon = 0{,}0167$ die numerische Exzentrizität der Erdbahn, ϕ die ekliptikale Länge. Der Kleinheit der Exzentrizität wegen weicht S von S_o nie mehr als 3,4% ab.

Beim Durchgang durch die Erdatmosphäre verliert die direkte Sonnenstrahlung durch Streuung und Absorption an Intensität. Diese Intensitätsabnahme ist bei tiefen Sonnenständen infolge des größeren in der Atmosphäre zurückzulegenden Weges größer als bei hohen Sonnenständen. Außerdem hängt sie in sehr hohem Maß vom Trübungszustand der Atmosphäre ab, der sich durch den Trübungsfaktor nach Linke für bauklimatologische Zwecke hinreichend gut beschreiben läßt.

Bezeichnet H_0 die - natürlich fiktive - Höhe der die Erde einhüllenden Atmosphäre, H die Höhe des betrachteten Standortes über Meeresniveau, dann kann man den Weg F_L eines von der Sonne kommenden Lichtstrahles innerhalb der Atmosphäre aus der Sonnenhöhe h näherungsweise zu

$$F_L = \frac{H_o - H}{\sin h} \quad , \ (H_o = 10\,000\,\mathrm{m}) \qquad (5.17)$$

berechnen.Division durch H_0 liefert die sogenannte "relative Luftmasse"

$$f_L = \frac{H_o - H}{H \cdot \sin h} \quad . \qquad (5.18)$$

Mit der Abkürzung

$$P = \frac{9{,}38076}{f_L} + 0{,}912018 \qquad (5.19)$$

und dem Linkeschen Trübungsfaktor T kann man dann die Intensität S_N der geschwächten Direktstrahlung in der Form

$$S_N = S \cdot e^{-T/P} \qquad (5.20)$$

darstellen - siehe z.B. /22//23/.

Der Trübungsfaktor T wurde von Linke ursprünglich nur für den Fall völlig oder nahezu unbewölkten Himmels eingeführt. Er nimmt in diesem Fall im Flachland i.a. Werte zwischen 2,5 und 5,5 an; im Hochgebirge sind auch Werte um 2 möglich.

Bei Vorhandensein von Bewölkung kann man formal ebenfalls mit dem Trübungsfaktor rechnen, doch hat man für T höhere Werte anzunehmen. Bei völliger Bedeckung, bei der überhaupt keine meßbare Direktstrahlung mehr auftritt, hat man mit Trübungsfaktoren in der Größenordnung von 100 zu rechnen.

Mit der Direktstrahlungsintensität S_N - das ist die Bestrahlungsstärke eines normal zur Einfallsrichtung stehenden Flächenelementes - kann man auch die Bestrahlungsstärke S_F für jedes beliebige Flächenelement berechnen. Bezeichnet ψ den Einfallswinkel, so gilt offenbar

$$S_F = S_N \cdot \cos \psi \tag{5.21}$$

Meist ist das Flächenelement durch Azimut χ_F und Neigung h_F seiner Flächennormale gegeben. Sein Normaleneinheitsvektor $\vec{n}_F$ wird dann im Horizontsystem durch

$$\vec{n}_F = \begin{pmatrix} \cos h_F \cdot \cos \chi_F \\ \cos h_F \cdot \sin \chi_F \\ \sin h_F \end{pmatrix} \tag{5.22}$$

dargestellt. Der Kosinus des Einfallswinkels ψ ergibt sich dann als das innere Produkt des Normaleneinheitsvektors $\vec{n}_F$ mit dem zur Sonne weisenden Einheitsvektor $\vec{s}$:

$$\cos \psi = \vec{n}_F \cdot \vec{s} \quad . \tag{5.23}$$

Gleichung (5.21) ist natürlich nur dann richtig, wenn $\cos\psi$ nicht negativ wird. Für negative Werte von $\cos\psi$ ist das Flächenelement im Eigenschatten, also $S_F=0$.

5.2.3. Diffuse Himmelsstrahlung und Reflexstrahlung

Der der direkten Sonneneinstrahlung durch die Atmosphäre entzogene Intensitätsanteil ist für die Erdoberfläche nicht zur Gänze verloren. Ein Teil des Streulichtes erreicht die Erdoberfläche als diffuse Strahlung.

Für ein horizontales Flächenelement kann man die Bestrahlungsstärke H_H infolge dieser Diffusstrahlung proportional zur Differenz der Bestrahlungsstärken von extraterrestrischer Strahlung und durch die Atmosphäre geschwächter Direktstrahlung ansetzen:

$$H_H = \kappa \cdot (S - S_H) \cdot \sin h \quad . \tag{5.24}$$

Dieser Ansatz erweist sich insofern als zweckmäßig, als der Proportionalitätsfaktor κ bei unbewölktem Himmel nahezu als konstant angenommen werden kann. Er liegt nach Untersuchungen von Reitz zwischen 0,3 und 0,4. Wir wollen ihn als "Reitzschen Diffusstrahlungsfaktor" bezeichnen.

Bei stärker bewölktem oder bedecktem Himmel streut der Reitzsche Diffusstrahlungsfaktor je nach Art und Stärke der Bewölkung zwischen 0,1 und 0,7.

Für die Berechnung der Bestrahlungsstärke H_F eines beliebigen Flächenelementes durch diffuse Himmelsstrahlung nimmt man meist Isotropie der Himmelsstrahlung an. Dies ist zwar bestenfalls als Näherung gerechtfertigt, doch stehen nur in Ausnahmefällen Daten zur Verfügung, die eine genauere Rechnung erlauben.

Unter der Annahme der Isotropie der Himmelsstrahlung läßt sich die zugehörige Bestrahlungsstärke H_F für ein beliebiges Flächenelement mit den in Abschnitt 2.2 besprochenen Methoden leicht berechnen. Setzt man

$$H_F = \omega \cdot H_H \tag{5.25}$$

so ergibt sich für den Anteilfaktor ω für diffuse Himmelsstrahlung die einfache Formel

$$\omega = \frac{1}{2}(1 + \sin \alpha_F) \quad , \tag{5.26}$$

wenn man annimmt, daß der Horizont nicht überhöht ist. Nur dieser Fall wird hier betrachtet.

Ein Flächenelement empfängt, wenn es nicht in der Horizontalebene liegt, außer direkter Sonnenstrahlung und diffuser Himmelsstrahlung auch noch Reflexstrahlung aus der terrestrischen Umgebung.

Die Berechnung der Bestrahlungsstärke R_F infolge terrestrischer Reflexstrahlung ist nicht schwer, wenn man die Umgebung des Flächenelementes als horizontale Ebene ansehen und die Reflexion als diffus (isotrop) annehmen darf. Dann hat man nur die Global-Bestrahlungsstärke der Horizontalebene mit der Reflexionszahl r_U der terrestrischen Umgebung und dem zugehörigen Anteilfaktor $1-\omega$ zu multiplizieren:

$$R_F = (1 - \omega) \cdot r_U \cdot (S_N \cdot \sin h + H_H) \quad . \tag{5.27}$$

Die Gesamt-Bestrahlungsstärke G_F des Flächenelementes ergibt sich dann zu

$$G_F = S_F + H_F + R_F \quad . \tag{5.28}$$

Es versteht sich von selbst, daß mit so einfachen Formeln nicht mehr das Auslangen zu finden ist, wenn größere Horizontüberhöhungen auftreten und - das ist in der Praxis fast immer der Fall - Verschattungen durch Nachbargebäude, Fassadenvorsprünge etc. zu berücksichtigen sind.

An dieser Stelle sei noch kurz angemerkt, wie man die an der äußeren Oberfläche eines Bauteiles durch die Sonneneinstrahlung hervorgerufenen Wärmequellen bequem in die Berechnung des Wärmedurchganges durch den Bauteil einbeziehen kann.

Bezeichnet a_S die Absorptionszahl der äußeren Wandoberfläche für Sonnenstrahlung, so haben die infolge der Gesamt-Bestrahlungsstärke G_F auftretenden Wärmequellen die flächenbezogene Leistung

$$s = r_S \cdot G_F \quad . \tag{5.29}$$

Sie vermindern die durch Innentemperatur T_i, Außentemperatur T_a und k-Wert k bestimmte Wärmestromdichte $(T_i - T_a) \cdot k$ gemäß Gleichung (2.53) auf

$$\begin{aligned} q &= (T_i - T_a) \cdot k - s \cdot \frac{1}{\alpha_a} \cdot k \\ &= [T_i - (T_a + \frac{s}{\alpha_a})] \cdot k \quad . \end{aligned} \tag{5.30}$$

Den in der runden Klammer stehenden Ausdruck

$$T^* = T_a + \frac{s}{\alpha_a} \tag{5.31}$$

bezeichnet man als "Sonnenlufttemperatur" /24/. Letztere ist eine fiktive Temperatur, die - anstelle der Außenlufttemperatur verwendet - die Auswirkungen der Sonneneinstrahlung bereits berücksichtigt. Bezüglich anderer Fiktivtemperaturen, die auch der langwelligen Zu- und Abstrahlung Rechnung tragen, sei auf die Literatur verwiesen /24/.

6. Thermisches Raumverhalten

Ziel wärmetechnischer Untersuchungen im Bauwesen ist meist die Erfassung des thermischen Verhaltens eines oder mehrerer Räume eines Gebäudes unter gegebenen Klima- und Nutzungsbedingungen. Typische Fragestellungen dieser Art sind:

- Die Frage nach der Heizlast, also nach der im Raum zur Aufrechterhaltung der gewünschten Innenlufttemperatur zu erbringenden Heizleistung am "kältesten" Tag.

- Die Frage nach dem in einer Heizsaison zu erwartenden Energieverbrauch bei der Heizung eines Raumes.

- Die Frage nach der Lufttemperatur in einem unbeheizten Raum.

- Die Frage nach der Kühllast, also nach der Leistung, die zur Aufrechterhaltung der gewünschten Innenlufttemperatur unter gegebenen sommerlichen Klimabedingungen aus dem Raum abgeführt werden muß.

Dazu kommen noch Detailfragen wie die nach den Oberflächentemperaturen von Bauteilen oder auch nach Temperaturen in ihrem Inneren. Die Beantwortung dieser Fragen ist insbesondere im Zusammenhang mit Problemen der Wasserdampfkondensation wichtig, aber auch Voraussetzung für die Berechnung von Wärmespannungen.

Die aufgezählten Fragestellungen sind bei weitem nicht alle, die in der Praxis auftreten, doch sind es die wichtigsten. Die Frage nach dem Energieverbrauch geht übrigens etwas über den Rahmen der Bauphysik hinaus, da sie ohne Kenntnis der Eigenschaften der Heizungsanlage nicht einwandfrei beantwortet werden kann.

6.1. Raumbilanzgleichungen

Der Weg zur Beantwortung der oben genannten Fragen ist der gleiche wie der zur Aufstellung der Wärmeleitungsgleichung.

Man erstellt eine Wärmebilanz unter Berücksichtigung der in Frage kommenden Wärmetransportgesetze, und zwar für jeden betrachteten Raum des Gebäudes. Im stationären Fall, auf den wir uns hier beschränken wollen, ist dies besonders einfach.

Die Raumbilanzgleichung besagt im stationären Fall nicht mehr und nicht weniger, als daß jegliche im Raum frei werdende Wärme aus diesem abtransportiert werden muß, genauer, daß die Leistung der im Raum wirksamen Wärmequellen gleich der Wärmeverlustleistung des Raumes sein muß.

Es liege ein Gebäude mit insgesamt n Räumen vor. Wir greifen einen Raum - sagen wir den i-ten - heraus und interessieren uns für seine Bilanzgleichung. Die der Raumluft zu kommende Heizleistung bezeichnen wir mit $\dot{Q}_i$. Sie muß nach dem Gesagten gleich der Summe der Verlustleistungen sein. Bezeichnet L_{ij} den Leitwert zwischen i-tem und j-tem Raum, t_j die Temperatur im j-ten Raum, so ist die vom Raum i an den Raum j gehende Verlustleistung des Raumes i durch

$$L_{ij} \cdot (T_i - T_j) \tag{6.1}$$

gegeben

Die Verlustleistungen des Raumes i an die Außenluft, den Erdboden etc. lassen sich formal in der gleichen Weise erfassen. Ist T_j^* eine Außentemperatur, L_{ij}^* der zugehörige Leitwert, so wird die zugehörige Verlustleistung durch

$$L_{ij}^* \cdot (T_i - T_j^*) \tag{6.2}$$

dargestellt. Auch die Lüftungswärmeverluste ordnen sich dieser Darstellung unter.

Die Bilanzgleichung für den i-ten Raum nimmt damit die Form

$$\sum_j L_{ij} \cdot (T_i - T_j) + \sum_j L_{ij}^* \cdot (T_i - T_j^*) = \dot{Q}_i \tag{6.3}$$

an.

Die Heizleistung $\dot{Q}_i$ wird sich im allgemeinen aus mehreren Summanden zusammensetzen. Da ist an erster Stelle die Leistung $\dot{H}_i$ der eigentlichen Heizung zu nennen, danach die Heizleistung $\dot{S}_i$ der durch die Sonneneinstrahlung im Raum hervorgerufenen Wärmequellen. Dazu kommen die durch die Wärmeabgabe von Personen und Beleuchtung gegebenen Heizleistungen $\dot{P}_i$ und $\dot{B}_i$ und eventuell noch sonstige durch die Art der Nutzung des Raumes bedingte Heizleistungen $\dot{G}_i$. Die Gleichung

$$\dot{Q}_i = \dot{H}_i + \dot{S}_i + \dot{P}_i + \dot{B}_i + \dot{G}_i \qquad (6.4)$$

ist allerdings nur richtig, wenn man die Summanden ihrer rechten Seite richtig interpretiert! Eine Heizleistung darf hier nur dann unmittelbar mit ihrem vollen Wert als Summand eingesetzt werden, wenn die sie verursachenden Wärmequellen ihren Sitz in der Raumluft haben, wie das beispielsweise bei einer reinen Luftheizung oder einem Heizlüfter der Fall ist. Sitzen die Wärmequellen an den Oberflächen von Bauteilen oder in ihrem Inneren - man denke nur z.B. an eine Fußbodenheizung -, so ist eine Reduktion entsprechend Gleichung (2.53) bzw. (2.54) vorzunehmen.

Tritt also beispielweise eine Wärmequelle mit der Leistung $\dot{O}_i$ an der inneren Oberfläche eines Bauteiles mit dem Durchlaßwiderstand D und den Wärmeübergangskoeffizienten α_i und α_a auf, so führt diese dem Raum eine Leistung

$$\dot{O}_i \cdot (D + \frac{1}{\alpha_a}) / (\frac{1}{\alpha_i} + D + \frac{1}{\alpha_a}) \qquad (6.5)$$

zu. Nur diese ist also als Summand bei der Bestimmung von $\dot{Q}_i$ einzusetzen.

Eine an der raumabgewandten Seite eines Bauteiles sitzende Wärmequelle mit der Heizleistung $\dot{A}_i$ führt dem Raum nur die Leistung

$$\dot{A}_i \cdot \frac{1}{\alpha_a} / (\frac{1}{\alpha_i} + D + \frac{1}{\alpha_a}) \qquad (6.6)$$

zu, also umso weniger, je höher der Durchlaßwiderstand D des Bauteiles ist.

Reduktionen von Heizleistungen gemäß (6.5) und (6.6) stellen keine Ausnahmen dar sondern den Normalfall. Die durch ein Fenster in einen Raum einfallende Sonnenstrahlung erzeugt Wärmequellen nur an den Oberflächen der von ihr getroffenen Gegenstände, nie direkt in der Raumluft. Die Wärmeabgabe von Personen erfolgt zum Teil durch Konvektion an die Raumluft, zu einem anderen Teil aber durch Wärmestrahlung. Die durch die Strahlung abgegebene Wärme erzeugt wie die Sonenstrahlung Wärmequellen nur an den Oberflächen von Bauteilen und Einrichtungsgegenständen. Für die Wärmeabgabe der Beleuchtungskörper gilt qualitativ das gleiche wie für jene von Personen.

Betrachtet man die Bilanzgleichung (6.3) für den i-ten Raum des Gebäudes, so kann man feststellen, daß in ihr neben der Lufttemperatur T_i des Raumes selbst auch die Lufttemperaturen T_j seiner Nachbarräume auftreten. Ferner treten in der Gleichung Heizleistungen auf, die im Raum selbst und im Inneren oder an den Oberflächen seiner Bauteile erbracht werden. Darunter sind also auch Heizleistungen aus den Nachbarräumen. Sämtliche Temperaturen und auch Heizleistungen kommen in der Bilanzgleichung nur linear vor.

Die Bilanzgleichungen für alle n Räume des Gebäudes stellen ein Gleichungssystem dar, das für die Berechnung von n Unbekannten ausreicht. Ist beispielsweise außer den Lufttemperaturen der Räume alles bekannt, so kann man durch Auflösung des Gleichungssystems diese Lufttemperaturen berechenen. Auch wenn die Heizleistung eines jeden Raumes bei vorgegebener Raumtemperatur gesucht ist, treten in dem Gleichungssystem genau n Unbekannte auf. Im Sonderfall der Luftheizung - und nur in diesem - enthält jede Gleichung des Systems nur eine einzige Unbekannte; dieses zerfallende Gleichungssystem ist dann besonders leicht lösbar.

Ist für einzelne Räume bei gegebener Raumlufttemperatur die Heizleistung gefragt, für die anderen - z.B. unbeheizten - Räume bei gegebener Heizleistung die Temperatur, so entsteht ebenfalls ein Gleichungssystem mit ebensoviel Unbekannten wie Gleichungen.

Charakteristisch für die entstehenden Gleichungssysteme ist, daß jede Gleichung neben der Temperatur oder der gesuchten Heizleistung des durch sie bilanzierten Raumes an weiteren Unbekannten nur Temperaturen oder Heizleistungen der benachbarten Räume enthält. Das bedeutet in der Praxis, daß die Koeffizientenmatrix des Gleichungssystems - insbesondere bei großen Gebäuden - nur schwach besetzt ist. Da sie in der Regel auch diagonaldominant ist, läßt sich das Gleichungssystem meist bequem mit dem Gauß-Seidel-Verfahren oder einer seiner Varianten lösen.

Treten in einem Gebäude, wie dies häufig der Fall ist, neben beheizten Räumen auch unbeheizte auf, so ist man bei Verwendung des Bilanzgleichungssystems nicht gezwungen, Schätzwerte der Lufttemperatur für die unbeheizten Räume heranzuziehen, da diese Temperaturen sich ebenso wie die gesuchten Heizleistungen für die beheizten Räume aus der Rechnung ergeben.

So einfach die Auflösung des Bilanzgleichungssystems ist, so aufwendig gestaltet sich im allgemeinen seine Aufstellung. Schon die Berechnung der durch Sonneneinstrahlung in den einzelnen Räumen bewirkten Heizleistungen und deren Aufteilung auf die diversen Bauteiloberflächen und Einrichtungsgegenstände gestaltet sich meist sehr aufwendig, auch wenn keine komplizierten Verschattungsprobleme zu lösen sind. Auch die Ermittlung und vor allem die Verteilung der durch Personen, Beleuchtung etc. bewirkten Heizleistungen ist meist mit viel Arbeit verbunden. Dies mag wohl der Grund dafür sein, daß auch heute noch sehr häufig mit vereinfachten Methoden gearbeitet wird, die unter Umständen zu beträchtlichen Fehlern in den Ergebnissen führen können.

Bei instationären Raumtemperatur- und Heizleistungsberechnungen liegen die Verhältnisse ähnlich, nur daß der Eingabeaufwand gegenüber dem für die stationäre Rechnung erforderlichen auf ein Vielfaches ansteigt. Auf eine detaillierte Schilderung muß hier verzichtet werden.

Literatur

/1/ A. Sommerfeld, Vorlesungen über theoretische Physik, Band V, Thermodynamik und Statistik, Leipzig 1962, Geest & Portig

/2/ A. Sommerfeld, Vorlesungen über theoretische Physik, Band VI, Partielle Differentialgleichungen der Physik, Leipzig 1962, Geest & Portig

/3/ L. Bergmann, Cl. Schaefer, Lehrbuch der Experimentalphysik, Band I, Mechanik-Akustik-Wärmelehre, Berlin 1965, De Gruyter

/4/ L. Bergmann, Cl. Schaefer, Lehrbuch der Experimentalphysik, Band III, Optik, Berlin 1966, De Gruyter

/5/ SI Das Internationale Einheitensystem, herausgegeben von den zuständigen Ämtern der Deutschen Demokratischen Republik, Österreichs, der Schweiz und der Bundesrepublik Deutschland, Braunschweig 1977, Vieweg

/6/ H.S. Carslaw, J.C. Jaeger, Conduction of Heat in Solids, Oxford 1959, Oxford University Press

/7/ R. Courant, D. Hilbert, Methoden der Mathematischen Physik II, Berlin-Heidelberg-New York 1968, Springer

/8/ B. Baule, Die Mathematik des Naturforschers und Ingenieurs, Band VI, Partielle Differentialgleichungen, Leipzig 1952, Hirzel

/9/ W. I. Smirnow, Lehrgang der höheren Mathematik, Teil II, Berlin 1963, VEB Deutscher Verlag der Wissenschaften

/10/ I. Bronstein, K. Semendjajew, Taschenbuch der Mathematik, Leipzig 1973, Teubner

/11/ W. I. Smirnow, Lehrgang der höheren Mathematik, Teil III, Berlin 1961, VEB Deutscher Verlag der Wissenschaften

/12/ F. Haferland, W. Heindl, H. Fuchs, Ein Verfahren zur Ermittlung des wärmetechnischen Verhaltens ganzer Gebäude unter periodisch wechselnder Wärmeeinwirkung, Berichte aus der Bauforschung, 1975, Heft 99

/13/ W. Heindl, Neue Methoden zur Beurteilung des Wärmeschutzes im Hochbau, Die Ziegelindustrie, Heft 4/67,5/67,6/67

/14/ J. Masuch,Analytische Untersuchung zum regeldynamischen Temperaturverhalten von Räumen, VDI-Forschungsheft 557, VDI-Verlag, Düsseldorf, 1973

/15/ Ph. Frank, R. Mises, Die Differentialgleichungen der Mechanik und Physik, 1961, Vieweg - Dover

/16/ VDI-Wärmeatlas, Berechnungsblätter für den Wärmeübergang, Verein Deutscher Ingenieure, Fachgruppe Verfahrenstechnik, 1963

/17/ H. Schlichting, Grenzschicht-Theorie, Karlsruhe 1965, Braun

/18/ L. Prandtl, K. Oswatitsch, K. Wieghardt, Strömungslehre, Braunschweig 1969, Vieweg

/19/ H. Stöcher, Der Windeinfluß auf den Wärmebedarf von Hochbauten, Veröffentlichungen aus dem Institut für Hochbau der Techn. Hochschule Wien, 1974, Heft 2

/20/ Katalog für empfohlene Wärmeschutzrechenwerte von Baustoffen und Baukonstruktionen, Bundesministerium für Bauten und Technik, Wien 1979

/21/ Klimadatenkatalog des Bundesministeriums für Bauten und Technik, erscheint demnächst

/22/ G. Nehring, Über den Wärmefluß durch Außenwände und Dächer in klimatisierte Räume infolge der periodischen Tagesgänge der bestimmenden meteorologischen Elemente, Gesundheits-Ingenieur, Hefte 7/62, 8/62, 9/62

/23/ W. Heindl, H.A. Koch, Die Berechnung von Sonneneinstrahlungsintensitäten für wärmetechnische Untersuchungen im Bauwesen, Gesundheits-Ingenieur, 97(1976) H.12

/24/ H.A. Koch, U. Pechinger, Möglichkeiten zur Berücksichtigung von Sonnen- und Wärmestrahlungseinflüssen auf Gebäudeoberflächen, Gesundheits-Ingenieur, 98(1977) H.10

Feuchtigkeit im Bauwesen

Bei Temperatur und Druckverhältnissen, wie sie uns im alltäglichen Leben begegnen, tritt Wasser in fester, flüssiger und gasförmiger Form auf. Solange Wasser nur gasförmig - also als unsichtbarer Wasserdampf - erscheint, stellt es im Bauwesen kein Problem dar. Gefährlich kann Wasser dann werden, wenn es in flüssiger oder fester Form in Bauteilen auftritt. Die Folgen sind häufig nicht nur Bauschäden, etwa durch Sprengwirkung des Eises, chemische Vorgänge oder Fäulnis und Pilzbefall, sondern auch oft beträchtliche Verringerungen der Wärmedämmung der Bauteile und damit weitere Folgeschäden.

In diesem Teil des Buches soll einerseits das Verständnis für die physikalischen Vorgänge im Zusammenhang mit Wasser im Bauwesen, insbesondere für die Diffusions-, Kondensations- und Verdunstungsvorgänge, geweckt werden, andererseits jenes formelmäßige Instrumentarium zusammengestellt und erläutert werden, das für eine ausreichende feuchtigkeitstechnische Planung erforderlich ist.

1. Die Luft und ihre Zusammensetzung

Die uns umgebende Luft setzt sich hauptsächlich aus Stickstoff, Sauerstoff, Argon, Kohlendioxyd, Wasserdampf und geringfügigen Mengen verschiedener anderer Gase zusammen. In sogenannter trockener Luft - also Luft ohne Wasserdampf - stehen die Anteile der enthaltenen Gase in nahezu konstantem Verhältnis zueinander. Einzig der Kohlendioxydanteil unterliegt - namentlich in Ballungszentren - nennenswerten Schwankungen.

Fügt man trockener Luft Wasserdampf bei, so erhält man die sogenannte feuchte Luft. Die Menge des beifügbaren Wasserdampfes ist von Temperatur- und Druckverhältnissen abhängig. Bei normalem atmosphärischen Druck und einer Temperatur von 20°C liegt der maximale Massenanteil des Wasserdampfes bei etwa 1,4 %. Eine Temperaturerhöhung erlaubt weitere Wasserdampfzufuhr, eine Temperaturverminderung führt zu Nebelbildung oder Kondensation an den Gefäßwänden, sodaß nur mehr geringere Mengen Wasserdampf in der Luft enthalten sind.

Innerhalb des uns interessierenden Temperatur- und Druckbereiches können Temperatur- , Druck- und Dichteänderungen der Luft zu erheblichen Änderungen des Wasserdampfgehaltes führen. Die Anteile der anderen Gase bleiben in ihrem Verhältnis zueinander jedoch unberührt.

In der Meteorologie, der Klimatechnik und im Bauwesen hat es sich als zweckmäßig erwiesen, trockene Luft und Wasserdampf weitgehend getrennt zu betrachten, also dem Wasserdampf eine Sonderstellung im Gasgemisch feuchter Luft einzuräumen. Dies kommt nicht zuletzt schon darin zum Ausdruck, daß gasförmiges Wasser als Wasserdampf, die anderen Bestandteile der Luft als Gase bezeichnet werden. Der Ausdruck Dampf wird häufig dann verwendet, wenn gasförmige und flüssige (oder feste) Phase eines Stoffes im Gleichgewicht miteinander bestehen oder das Gas in Temperatur- und Druckbereichen auftritt, die nahe diesem Gleichgewicht liegen. Genau dies trifft für Wasserdampf zu.

Aus diesem Grunde wollen wir zunächst die Zustände der trockenen Luft und die des Wasserdampfes gesondert untersuchen und anschließend erst praktische Verfahren zu Erfassung der Zustände feuchter Luft betrachten.

1.1. Trockene Luft

Für Zwecke des Bauwesens können die einzelnen Bestandteile trockener Luft als ideale Gase angesehen werden.

Die durchschnittlichen Anteile der verschiedenen Gase in trokkener Luft sind nachstehender Tabelle 1.1 zu entnehmen.

Tabelle 1.1:

	Volumen %	Masse %
Stickstoff	78,09	75,51
Sauerstoff	20,93	23,01
Argon	0,933	1,286
Kohlendioxyd	0,03	0,04
Helium	0,005	0,0007
Wasserstoff	0,01	0,001
Krypton, Neon, etc.	0,002	0,1523

Diese Anteile sind bis zu Seehöhen von etwa 14 km praktisch konstant. Erst darüber lassen sich geringfügige Änderungen feststellen. Der durch die Schwerkraft bestehenden Tendenz zur Sedimentation - also zur "Ablagerung" schwerer Gaskomponenten in tieferen Schichten - stehen die ständigen Turbulenzen in der Atmosphäre entgegen.

Für jedes der in trockener Luft vorkommendes Gas gilt in sehr guter Näherung die thermische Zustandsgleichung idealer Gase, die wir in der Form

$$p_i \cdot V = m_i \cdot R_i \cdot T \tag{1.1}$$

anschreiben. Hierin ist V das gesamte betrachtete Volumen, T die absolute Temperatur, m_i und p_i die Masse und der Partialdruck der i-ten Gaskomponente. R_i stellt die individuelle Gaskonstante des i-ten Gases dar.

Die spezifische Wärme eines idealen Gase hängt nur von den zugelassenen Änderungen des Druckes und des Volumens ab. Hier interessiert in erster Linie die spezifische Wärme $c_{p,i}$ bei konstantem Druck. Sie ist größer als die bei konstantem Volumen, da ja bei Erwärmung des Gases nicht nur die innere Energie erhöht, sondern auch die zu Beibehaltung des Druckes einzubringende Arbeit (Volumenzunahme) geleistet werden muß. Beim idealen Gas ist die zusätzlich zur reinen Molekularenergie aufzuwendende Arbeit je Masseneinheit R_i, es gilt also

$$c_{p,i} - c_{v,i} = R_i \quad , \qquad (1.2)$$

wobei $c_{v,i}$ die spezifische Wärme bei konstantem Volumen darstellt.

In Tabelle 1.2 sind die individuellen Gaskonstanten und die spezifischen Wärmen bei konstantem Druck für die wichtigsten Gasbestandteile trockener Luft zusammengestellt /1/.

Tabelle 1.2:

	Individuelle Gaskonstante $J \cdot kg^{-1}K^{-1}$	Spezifische Wärme c_p $J \cdot kg^{-1}K^{-1}$
Stickstoff	296,77	1038
Sauerstoff	259,82	917
Argon	208,15	523
Kohlendioxyd	188,92	1043
Helium	2077,00	5230
Wasserstoff	4124,20	14320

Bei der Mischung idealer Gase gilt das Daltonsche Gesetz, das besagt, daß der Gesamtdruck p des Gasgemisches gleich der Summe der Partialdrücke p_i der einzelnen Gaskomponenten ist:

$$p = \sum_i p_i \ . \qquad (1.3)$$

Bedenkt man, daß die Gesamtmasse m der Luft sich als Summe der Massen m_i der einzelnen Gase darstellt,

$$m = \sum_i m_i \ , \qquad (1.4)$$

so kann man den Gesamtdruck p ausdrücken durch:

$$p = \frac{m}{V} \cdot T \cdot \sum_i \frac{m_i}{m} \cdot R_i . \qquad (1.5)$$

Die Summe auf der rechten Seite der Gleichung (1.5) läßt sich aus den individuellen Gaskonstanten R_i und den Massenanteilen m_i/m errechnen, und kann als "Gaskonstante" R_A für trockene Luft aufgefaßt werden:

$$R_A = \sum_i \frac{m_i}{m} \cdot R_i . \qquad (1.6)$$

Diese Auffassung setzt also gleichbleibende Gasmischung voraus. Auf der Basis genauer Messungen wurde die Gaskonstante für trockene Luft mit

$$R_A = 287{,}05 \ J \cdot kg^{-1} K^{-1} \qquad (1.7)$$

festgelegt /2/.

Damit können wir das Gasgemisch "trockene Luft" als ideales Gas behandeln und die thermische Zustandsgleichung auch in der Form

$$\frac{p}{\rho_A} = R_A \cdot T \qquad (1.8)$$

anschreiben, wobei $\rho_A = m/V$ die Dichte der Luft darstellt.

Beispiel: Welche Änderung erfährt die soeben angeschriebene "Gaskonstante" trockener Luft, wenn sich der Massenanteil einer Gaskomponente von z auf z' verändert. Wir nehmen an, daß dabei die Massenanteile der anderen Gaskomponenten ihr Verhältnis zueinander nicht ändern.
Sei R_x die individuelle Gaskonstante des Gases, dessen Massenanteil verändert wird. Beim Massenanteil z dieses Gases (entsprechend Tabelle 1.1) gelte die nach Gleichung (1.7) festgelegte Gaskonstante der trockenen Luft. Es gilt in Analogie zur Gleichung (1.6) die Beziehung

$$R_A = R_R \cdot (1-z) + R_x \cdot z \quad ,$$

wobei R_R die Gaskonstante des Gasgemisches ist, das in seiner Zusammensetzung unverändert bleibt.

$$R_R = \frac{R_A - R_x \cdot z}{1 - z} \quad .$$

Bei Änderung des Massenanteiles z auf z' ergibt sich die neue Gaskonstante R_A' für Luft zu:

$$R_A' = R_R \cdot (1 - z') + R_x \cdot z'$$

beziehungsweise:

$$R_A' = \frac{R_A \cdot (1 - z') + R_x \cdot (z' - z)}{1 - z} .$$

Eine Änderung des Kohlendioxyd-Massenanteiles von 0,04% auf 0,07% ergäbe

$$R_A' = 287,02 \ J \cdot kg^{-1} K^{-1} ,$$

also einen gegenüber der ursprünglichen Gaskonstanten um etwa 0,1 Promille verminderten Wert.

*

Das gleichbleibende Mischungsverhältnis der Gase in trockener Luft erlaubt auch die Festlegung der spezifischen Wärmen für trockene Luft /2/:

$$c_{pA} = 1005 \ J \cdot kg^{-1} K^{-1}, \quad (1.9)$$

$$c_{vA} = 718 \ J \cdot kg^{-1} K^{-1}. \quad (1.10)$$

Im Bauwesen können wir damit rechnen, daß eine Aufnahme oder Abgabe von Wärme bei nahezu konstantem Druck erfolgt. Eine für die Erfassung derartiger Zustandsänderungen geeignete thermische Zustandsgröße ist die Enthalpie, da sie sich bei konstantem Druck in genau dem Maße ändert, in dem Wärme zu- oder abgeführt wird. Faßt man nur Zustandsänderungen ins Auge, die bei konstantem Druck ablaufen, so kann man sich dabei die Enthalpie als Maß für den "Wärmeinhalt" eines Stoffes vorstellen. Bei idealen Gasen ist c_p konstant, eine Temperaturänderung von T_1 auf T_2 bewirkt daher eine Enthalpieänderung der trockenen Luft je Masseneinheit von

$$\Delta h_A = c_{pA} \cdot (T_2 - T_1). \quad (1.11)$$

Im Grunde genommen interessieren stets nur Enthalpieänderungen. Daher ist es auch möglich, einen beliebig gewählten Nullpunkt der Enthalpie festzulegen. Für Berechnungen im Bauwesen und in der Klimatechnik ist man übereingekommen, diesen Nullpunkt für trockene Luft bei $0^{o}C$ zu wählen. Damit erhält man die Enthalpie trockener Luft bei der Temperatur von $\theta\,^{o}C$ zu

$$h_A = c_{pA} \cdot \theta \,. \tag{1.12}$$

1.2. Wasser und Wasserdampf

Wasser kann bei normalen Temperatur- und Druckverhältnissen fest, flüssig und gasförmig auftreten. Bei Phasenumwandlungen werden Wärmemengen gespeichert oder freigesetzt. So ist beispielsweise zum Schmelzen von Eis bei $0^{o}C$ und 101325 Pa eine Wärmemenge von 334 $kJ \cdot kg^{-1}$ erforderlich. Diese Wärmemenge ist dem dabei entstandenem Wasser zu entziehen, will man es wiederum unter den gleichen Bedingungen zu Eis erstarren lassen. Ähnlich - allerdings mit etwa siebenmal höherem Energieumsatz - erfolgen die Umwandlungen zwischen flüssiger und gasförmiger Phase des Wassers.

1.2.1. Das van der Waalssche Modell

In Temperatur- und Druckbereichen, die nahe dem Umwandlungsbereich liegen, vermittelt die thermische Zustandsgleichung idealer Gase deutliche Abweichungen vom realen Verhalten der Gase. Die intermolekularen Kräfte und das "Volumen" der Moleküle sind dann - im Gegensatz zu den bei idealen Gasen getroffenen Annahmen - nicht mehr vernachlässigbar.

Bereits 1738 hat Bernoulli diesem Umstande dadurch Rechnung getragen, daß er in der idealen Gasgleichung das Eigenvolumen der Moleküle als Zusatzglied beim Volumen einführte. Ritter (1846) hingegen korrigierte den Druck durch ein Zusatzglied, das dem Kompressibilitätsverhalten der Gase gerecht werden sollte.

Van der Waals /3/ vereinigte diese beiden Ideen in der nach ihm benannten Zustandsgleichung realer Gase. Ihm gelang auf diese Weise in relativ einfacher Darstellung auch die Erfassung des Überganges zwischen gasförmigem und flüssigem Zustand.

Aus diesem Grunde wollen wir uns im folgenden kurz mit dieser Zustandsgleichung befassen, obwohl sie für reale Medien - insbesondere Wasser - nur qualitativ brauchbar ist.

Für die Masseneinheit eines realen Gases gilt nach van der Waals

$$(p + \frac{a_i}{V^2}) \cdot (V - b_i) = R_i \cdot T, \qquad (1.13)$$

wobei a_i und b_i stoffabhängige Konstanten darstellen, R_i die individuelle Gaskonstante und V das spezifische Volumen ist. Die individuelle Gaskonstante ergibt sich bekanntlich als Quotient aus der universellen Gaskonstanten ($8{,}3143\ J \cdot mol^{-1} K^{-1}$) und der Molmasse des Gases. Diese liegt für Wasserdampf bei $0{,}018\ kg \cdot mol^{-1}$, womit sich die individuelle Gaskonstante für Wasserdampf zu

$$R_D = 461{,}51\ J \cdot kg^{-1} K^{-1} \qquad (1.14)$$

ergibt.

Die Beziehung (1.13) stellt bei gegebener Temperatur und festgehaltenem Druck ein Polynom 3.Grades in V dar:

$$V^3 - V^2 \cdot \frac{p \cdot b_i + R_i \cdot T}{p} + V \cdot \frac{a_i}{p} - \frac{a_i \cdot b_i}{p} = 0 . \qquad (1.15)$$

Je nach Temperatur T und Druck p können alle drei Lösungen reell sein oder nur eine. In einem p-V-Diagramm stellen die van der Waalsschen Isothermen eine einparametrige Kurvenschar dar, von welchen eine - die kritische Isotherme bei $T=T_k$ - von besonderer Bedeutung ist. Kurven höherer Temperatur ($T>T_k$) geben nur eine reelle Lösung der Gleichung (1.15), Isothermen für geringere Temperaturen ($T<T_k$) können deren drei ergeben (siehe auch die Darstellungen in Abb.1.1).

Die kritische Isotherme weist einen Wendepunkt auf, in dem die Tangente parallel zur V-Achse ist. Diesem Wendepunkt - dem kritischen Punkt - entspricht das kritische Volumen V_k und der kritische Druck p_k. Die Werte dieser kritischen Zustandsgrößen errechnen sich aus folgenden Bedingungen:

- Der kritische Punkt liegt auf der kritischen Isotherme:

$$(p_k + \frac{a_i}{V_k^2}) \cdot (V_k - b_i) = R_i \cdot T_k . \qquad (1.16)$$

- Die Tangente im kritischen Punkt ist horizontal:

$$\frac{\partial p}{\partial V} = -\frac{R_i \cdot T_k}{(V_k - b_i)^2} + \frac{2 a_i}{V_k^3} = 0 . \qquad (1.17)$$

- Der kritische Punkt ist Wendepunkt der kritischen Isotherme:

$$\frac{\partial^2 p}{\partial V^2} = \frac{2 \cdot R_i \cdot T_k}{(V_k - b_i)^3} - \frac{6 \cdot a_i}{V_k^4} = 0 . \qquad (1.18)$$

Durch Auflösen dieses Gleichungssystems (1.16 bis 1.18) nach den kritischen Daten erhält man:

$$V_k = 3 \cdot b_i , \qquad (1.19)$$

$$p_k = \frac{1}{27} \cdot \frac{a_i}{b_i^2} , \qquad (1.20)$$

$$T_k = \frac{8}{27} \cdot \frac{a_i}{R_i \cdot b_i} . \qquad (1.21)$$

Die experimentelle Bestimmung der kritischen Daten für Wasser ergibt /1/:

$$p_k = 221{,}29\ 10^5 \text{ Pa}, \quad V_k = 0{,}00318 \text{ m}^3\text{kg}^{-1}, \quad T_k = 647{,}30\ ^\circ\text{C}.$$

Aus den Gleichungen (1.19) und (1.20) erhält man für Wasserdampf (daher der Index D):

$$a_D = 671.33 \text{ Pa} \cdot \text{m}^6\text{kg}^{-2} \quad \text{und} \quad b_D = 0.00106 \text{ m}^3\text{kg}^{-1}.$$

Das Einsetzen dieser Werte zusammen mit der Gaskonstanten für Wasserdampf in Gleichung (1.21) zeigt, daß diese nicht erfüllt ist. Faßt man die drei Gleichungen (1.19 bis 1.21) als Gleichungssystem für die beiden unbekannten a_i und b_i auf, so ist dieses überbestimmt. Die Elimination von a_i und b_i führt zur Bedingung:

$$\frac{R_i \cdot T_k}{p_k \cdot V_k} = \frac{8}{3} . \qquad (1.22)$$

Die linke Seite dieser Gleichung wird als "kritischer Koeffizient" bezeichnet. Je näher der Wert dieses Koeffizienten bei

8/3 liegt, desto besser beschreibt die van der Waalssche Zustandsgleichung das Verhalten des Stoffes. Für Wasser beträgt er 4,245 - ist also viel zu groß, um noch quantitativ einigermaßen brauchbare Resultate erwarten zu lassen.

Durch Einführen der dimensionslosen relativen Zustandsgrößen

$$p_r = \frac{p}{p_k} \; ; \; V_r = \frac{V}{V_k} \; ; \; T_r = \frac{T}{T_k} \qquad (1.23)$$

erhält man aus der van der Waalsschen Zustandsgleichung ihre von den Stoffkonstanten a,b und R unabhängige Darstellung:

$$\left(p_r + \frac{3}{V_r^2}\right) \cdot \left(V_r - \frac{1}{3}\right) = \frac{8}{3} \cdot T_r . \qquad (1.24)$$

Man nennt sie die reduzierte van der Waalssche Zustandsgleichung.

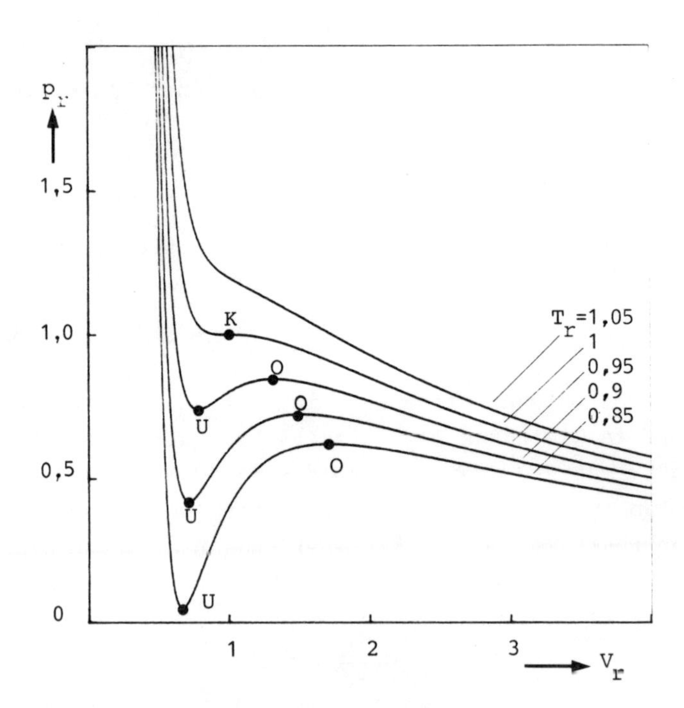

Abb. 1.1: Verlauf einiger van der Waalsscher Isothermen (dimensionslose Darstellung im "relativen" p-V-Diagramm)

Die Abbildung 1.1 zeigt einige Isothermen in einem "relativen" p-V-Diagramm. Der Kurvenverlauf der relativen Isothermen ist natürlich der gleiche wie jener der Isothermen der Gleichung (1.13), nur die Maßstäbe sind verändert. Der kritische Punkt K liegt dementsprechend bei $V_r = 1$ und $p_r = 1$, durch ihn verläuft die relative kritische Isotherme $T_r = 1$.

Für Zwecke des Bauwesens im Zusammenhang mit Wasser können wir den lebensfeindlichen Bereich "oberhalb" der kritischen Isotherme (für Wasser ist die kritische Temperatur 374.15 °C) außer acht lassen.

Im interessierenden Bereich ($T_r<1$) weisen die Isothermen ein Minimum "U" und ein Maximum "O" auf. Isotherme Zustandsänderungen zwischen diesen beiden Punkten würden Druckerhöhung bei Ausdehnung oder Druckverminderung bei Verdichtung bedeuten und sind daher unmöglich. Praktisch werden Zustände, wie sie den Punkten U und O entsprechen, nie erreicht.

Verdichtet man ein Gas (z.B. Wasserdampf) isotherm, folgt man also einer "unterkritischen" Isotherme, wie sie in Abbildung 1.2 dargestellt ist, von rechts nach links, so erhöht sich der Druck. Ab einem gewissen Punkt A der Isotherme endet die bisher stete Druckzunahme und Flüssigkeit (Wasser) entsteht. Eine weitere isotherme Verdichtung führt nur zu einer Vermehrung der Flüssigkeit auf Kosten des Gases. Solange beide Phasen - gesättigter Dampf und Flüssigkeit - nebeneinander existieren, bleibt der Druck unverändert. Erst wenn aller Dampf verflüssigt ist (Punkt B), steigt der Druck - allerdings entsprechend der flüssigen Phase - sehr steil an.

Die Isothermen nach der van der Waalsschen Zustandsgleichung (1.13) für $T<T_k$ können also innerhalb eines gewissen Bereiches, nämlich im Übergangsbereich zwischen flüssiger und gasförmiger Phase, nicht den tatsächlichen Gegebenheiten Rechnung tragen. Der isotherme Phasenübergang erfolgt isobar, beim sogenannten Sättigungsdampfdruck p_S, also in unserem Diagramm entlang eines "waagrechten" Geradenstückes AB.

Wodurch ist die Lage der sogenannten Maxwellgeraden AB in Bezug auf die zugehörige van der Waalssche Isotherme gekennzeichnet? Die Frage könnte auch anders lauten: Welcher Zusammenhang besteht zwischen Sättigungsdampfdruck und Temperatur?

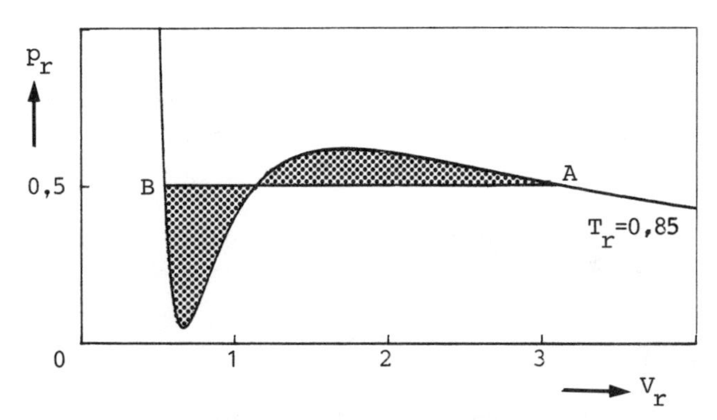

Abb. 1.2: Lage der Maxwell-Geraden (AB) am Beispiel der Isothermen T_r=0,85. Die beiden markierten Flächen haben den gleichen Flächeninhalt

Wir wollen hier auf die Herleitung /4/ des thermodynamischen Zusammenhanges verzichten. Das Ergebnis ist relativ einfach und einleuchtend. Das Geradenstück AB bildet mit der van der Waalsschen Isotherme zwei Flächenstücke gleichen Inhalts (siehe Abb.1.2). Zu jeder Isotherme ($T<T_k$) gibt es genau eine Maxwellgerade AB, deren Lage (Schnittpunkt mit der p-Achse) den Sättigungsdampfdruck p_S kennzeichnet. Je höher die Temperatur, desto größer wird p_S und desto näher rücken die Punkte A und B zusammen (Abb. 1.3). Im Grenzfall der kritischen Isotherme fallen die Punkte A und B zusammen, die Lage der Maxwellgeraden kennzeichnet dann den kritischen Druck. Die Menge aller Punkte B bildet die Siedegrenze, jene der Punkte A die Nebelgrenze. Diese beiden Grenzen laufen im kritischen Punkt zusammen und begrenzen das Zweiphasengebiet, in dem flüssige und gasförmige Phase koexistieren. Formuliert man die Bedingungen für die Lage der Maxwellgeraden zur zugehörigen van der Waalsschen Isotherme, so erkennt man sehr rasch, daß die entsprechende Gleichung nicht elementar lösbar ist. Man könnte sich natürlich numerischer Lösungsmethoden bedienen, die Ergebnisse wären jedoch quantitativ ebensowenig zutreffend wie die van der Waalssche Zustandsgleichung. Das van der Waalssche Modell lehrt uns jedoch auf sehr anschauliche Weise, daß der Sättigungsdampfdruck eines Stoffes nur von der Temperatur abhängt. Der eineindeutige Zusammenhang erlaubt auch den Schluß, daß es zu jedem Dampfdruck ($p<p_k$) eines Gases genau eine Temperatur (Iso-

therme) gibt, bei der flüssige und gasförmige Phase im Gleichgewicht miteinander existieren können. Diese Temperatur nennt man Taupunkt des Wasserdampfes.

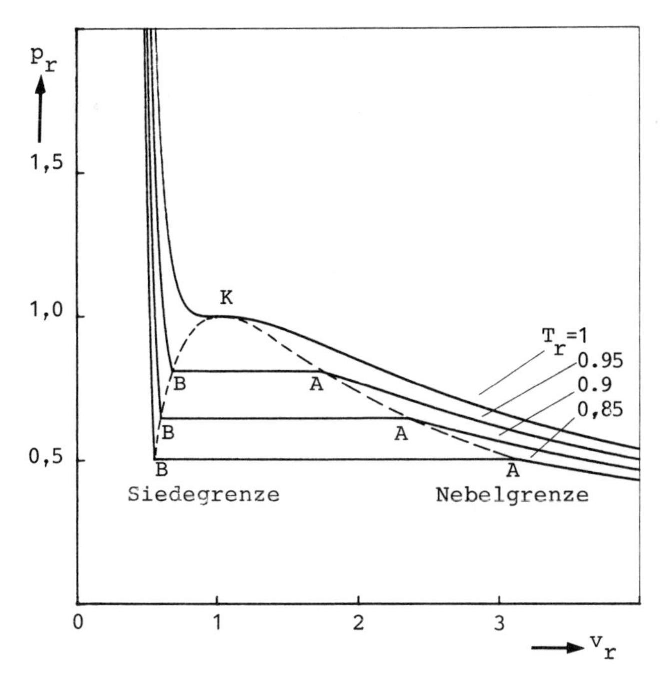

Abb. 1.3: Darstellung einiger isothermer Zustandsänderungen im "reduzierten" p-V-Diagramm für van der Waalsgase. Die strichlierte Kurve deutet den Verlauf der Siede- und Nebelgrenze an. Isobare Zustandsänderungen verlaufen im Zweiphasengebiet isobar (AB)

Obwohl das van der Waalssche Modell qualitativ sehr aufschlußreich ist, dürfen wir doch nicht vergessen, daß

1.) die quantitative Gültigkeit sehr mangelhaft ist,
2.) das Modell keine Einflüsse anderer Stoffe berücksichtigt und
3.) das Modell keine geometrischen Bedingungen erfaßt - wie beispielsweise die Gestalt der Flüssigkeitsoberfläche (Tröpfchengröße, Meniskus) oder der Gefäßwandungen.

Bevor wir das van der Waalssche Modell verlassen, wollen wir noch am Beispiel des Wassers den Verlauf der Siedegrenze und der Nebelgrenze anhand der Tabelle 1.3 /1/ betrachten. Die Tabelle gibt den Sättigungsdampfdruck p_S und die zugehörigen spezifischen Volumina des Wassers und des Wasserdampfes - also letztlich die Koordinaten der Punkte A und B - für verschiedene Temperaturen an. Man erkennt die kritischen Daten (T_k, p_k, V_k) und die mit sinkender Temperatur auseinanderstrebenden Werte von V_A (Volumen an der Nebelgrenze) und V_B (Volumen an der Siedegrenze). Diese auf Meßdaten beruhenden Werte geben also qualitativ durchaus das nach van der Waals zu erwartende Verhalten wieder.

Tabelle 1.3: Druck, spezifische Volumina und Verdunstungswärme von Wasser und Wasserdampf im Sättigungszustand für verschiedene Temperaturen

Temperatur	Druck (Sätt.)	spezifisches Volumen		Verdunstungswärme
		flüssig	gasförmig	
^oC	$10^5 Pa$	m^3kg^{-1}	m^3kg^{-1}	$kJ \cdot kg^{-1}$
375,15	221,29	0,00318		0
350	165,37	0,001746	0,008803	892,2
300	85,92	0,0014033	0,021160	1403,6
250	39,78	0,0012515	0,05002	1717,4
200	15,551	0,0011568	0,1273	1941,9
150	4,760	0,0010910	0,3924	2112,6
100	1,0132	0,0010438	1,673	2255,5
50	0,12334	0,0010121	12,05	2382,2
40	0,07374	0,0010078	19,56	2406,2
30	0,04241	0,0010043	32,94	2429,9
20	0,02337	0,0010017	57,84	2453,4
10	0,012275	0,0010002	106,4	2476,9
0	0,006107	0,0010002	206,3	2501,0

1.2.2. Der Sättigungsdampfdruck reinen Wasserdampfes

Ein Kapitel über Wasserdampf ist unvollständig, wenn nicht zumindest eine gängige Näherungsformel für den Zusammenhang zwischen Temperatur und Sättigungsdampfdruck von Wasserdampf aufgezeigt wird. In der Meteorologie sind die nach Goff und Gratch /2/ benannten Darstellungen gebräuchlich. Danach ist der Sättigungsdampfdruck reinen Wasserdampfes über einer ebenen Wasseroberfläche gegeben durch:

$$\log_{10}(p_s) = 10{,}79574\cdot(1 - \frac{T_o}{T}) - 5{,}02800\cdot\log_{10}(\frac{T}{T_o})$$
$$+1{,}50475\cdot 10^{-4}\cdot[1 - 10^{-8{,}2969\cdot(\frac{T}{T_o} - 1)}] \qquad (1.25)$$
$$+0{,}42873\cdot 10^{-3}\cdot[10^{4{,}76955\cdot(1 - \frac{T_o}{T})} - 1]$$
$$+0{,}78614\ ,$$

über einer ebenen Eisfläche beträgt er hingegen:

$$\log_{10}(p_s) = -9{,}09685\cdot(\frac{T_o}{T} - 1) - 3{,}56654\cdot\log_{10}(\frac{T_o}{T}) \qquad (1.25a)$$
$$+ 0{,}87682\cdot(1 - \frac{T}{T_o}) + 0{,}78614\ .$$

wobei T_o=273,16 K (Tripelpunkt des Wassers) und T die absolute Temperatur ist. Die Darstellungen in (1.25) und (1.25a) ergeben den Druck p_S in mbar (1 mbar=100 Pa). Die Verwendung dekadischer Logarithmen in diesen Gleichungen mag unangebracht erscheinen, entspricht aber den Angaben in /2/.

Im Bauwesen begegnen wir nie reinem Wasserdampf oder reinem Wasser. Zunächst müssen wir an die Anwesenheit anderer Gase insbesondere also an die der trockenen Luft denken. Deren Moleküle treten in Wechselwirkung mit jenen des Wassers - sowohl in dessen dampfförmigem Zustand als auch in dessen flüssiger oder fester Phase. Der Einfluß dieser Wechselwirkungen auf den Zusammenhang zwischen Temperatur und Sättigungsdampfdruck ist zwar gering aber durchaus feststellbar (siehe Tabelle 1.4).

Von meist größerem Einfluß auf diesen Zusammenhang erweist sich die Oberflächengestalt der flüssigen oder festen Phase des Wassers. Auch die Form und die Materialbeschaffenheit von Gefäßwandungen (Poren, Kapillaren etc.) spielen eine wesentliche Rolle bei der Temperaturabhängigkeit des Druckes, bei dem sich Wasserdampf niederzuschlagen beginnt.

Wenn wir also Sättigungsdampfdruck-Tabellen oder -Formeln begegnen, sollten wir uns stets der Tatsache bewußt sein, daß diese jeweils für ganz bestimmte Bedingungen erstellt wurden - auch wenn diese Bedingungen nicht immer genannt werden - und daher sicherlich nicht allen im Bauwesen möglichen Einflüssen Rechnung tragen können.

1.2.3. Enthalpie von Wasserdampf

Bei zu geringer Wärmezufuhr kühlt eine verdunstende Flüssigkeit ab. Ein isothermer Verdunstungsvorgang ist nur bei entsprechender Wärmezufuhr möglich. Die zur Umwandlung einer bestimmten Flüssigkeitsmenge gegebener Temperatur in Dampf gleicher Temperatur benötigte Energie heißt Verdunstungswärme - auf die Masseneinheit bezogen spricht man von der spezifischen Verdunstungswärme. Diese Verdunstungswärme wird auch Latentwärme genannt, da sie bei vollständiger Kondensation unter gleichen Temperaturbedingungen wieder freigesetzt wird. Diese Latentwärme ist umso größer je tiefer die Temperatur ist, bei der die Umwandlung stattfindet. Sie nimmt mit zunehmender Temperatur ab und ist bei der kritischen Temperatur natürlich null. In Tabelle 1.3 ist die Verdunstungswärme $L(\theta)$ des Wassers für verschiedene Temperaturen θ angeführt.

Für Wasser im flüssigen Zustand ist die spezifische Wärmekapazität c_{pW} bei konstantem Druck im Temperaturbereich zwischen $0^{o}C$ und $30^{o}C$ nahezu konstant:

$$c_{pW} = 4190 \text{ J}\cdot\text{kg}^{-1}\text{K}^{-1}. \qquad (1.26)$$

Die spezifische Wärmekapazität c_{pD} bei konstantem Druck von Wasserdampf kann für unsere Zwecke, wie bei einem idealen Gas, für den interessierenden Temperatur- und Druckbereich konstant mit

$$c_{pD} = 1850 \text{ J}\cdot\text{kg}^{-1}\text{K}^{-1} \qquad (1.27)$$

angenommen werden. Im Gegensatz zur trockenen Luft, die uns im Bauwesen nur gasförmig begegnet, kann Wasserdampf in nennenswerten Dichten auch neben seiner flüssigen Phase auftreten. Führt man einem Wasser-Wasserdampfgemisch bei konstantem Druck Wärme zu, so erhöht sich die Enthalpie des Gemisches um den Betrag der zugeführten Wärme. Sie steckt zum Teil in dem nun noch vorhandenen flüssigen Wasser, dessen Temperatur sich gegenüber dem Anfangszustand erhöht hat, zum anderen Teil in dem erwärmten Wasserdampf, dessen Masse auf Kosten jener der flüssigen Phase zugenommen hat. Im Wasserdampf steckt also auch die Verdunstungswärme. Als willkürlicher Nullpunkt der Enthalpie wird jene des flüssigen Wassers bei $0^{o}C$ festgelegt.

Sei m_W die Wassermasse und m_D die Wasserdampfmasse. Bei der Temperatur θ ergibt sich die Enthalpie dieses Gemisches zu

$$H(m_W, m_D, \theta) = m_W \cdot c_{pW} \cdot \theta + m_D \cdot [c_{pD} \cdot \theta + L(0)], \quad (1.28)$$

wobei $L(0)=2501000\ J \cdot kg^{-1}$ die spezifische Verdunstungswärme bei 0^oC bedeutet. Bei dieser Darstellung sind wir davon ausgegangen, daß die Wasserdampfmasse m_D bei 0^oC verdunstet ist. Da die Enthalpie unabhängig davon ist, auf welchem Wege wir vom Anfangszustand zum Endzustand gelangen, könnten wir ebenso die Wassermasse m_D - zunächst noch flüssig - auf die Temperatur θ bringen und anschließend bei dieser Temperatur verdunsten lassen, wobei die Verdunstungswärme $L(\theta)$ erforderlich wäre. Die in Gleichung (1.28) gewählte Darstellung ist jedoch einfacher, vor allem wenn wir den Nullpunkt der Enthalpie bei jener des Wassers von 0^oC festgesetzt haben.

Wir wollen noch festhalten, daß die Enthalpie h_D je Masseneinheit des Wasserdampfes durch den Klammerausdruck auf der rechten Seite der Gleichung (1.28) dargestellt wird:

$$h_D = c_{pD} \cdot \theta + L(0). \quad (1.29)$$

1.3. Feuchte Luft

Die uns umgebende Luft enthält stets gewisse Mengen Wasserdampf. Zunächst wollen wir uns die wichtigsten Darstellungen zur quantitativen Erfassung der Wasserdampfmengen in feuchter Luft und ihre Beziehungen untereinander in Erinnerung rufen. Anschließend sollen die Dichte und die Enthalpie feuchter Luft besprochen werden, sowie die Prinzipien der wichtigsten Feuchte-Meßverfahren erläutert werden.

1.3.1. Wasserdampf in feuchter Luft

In der Meteorologie, der Klimatechnik und im Bauwesen haben sich zahlreiche Darstellungen zur quantitativen Erfassung von Wasserdampf in Luft eingebürgert. Obwohl für unsere Zwecke in erster Linie der Dampfdruck, der Taupunkt und die relative Feuchtigkeit von Interesse sind, können wir - der verschiedenen Zusammenhänge wegen - nicht umhin, auch andere Darstellungen zu erwähnen.

Fügt man die Wasserdampfmasse m_D zur Masse m_A trockener Luft, so wird das Massenverhältnis

$$x = \frac{m_D}{m_A} \tag{1.30}$$

als Feuchtigkeitsgehalt der Luft bezeichnet.

Das Massenverhältnis x kann beispielsweise in kg Wasserdampf je kg trockener Luft angegeben werden.

Die spezifische Feuchtigkeit z ist hingegen als das Verhältnis der Wasserdampfmasse zur Masse der feuchten Luft definiert:

$$z = \frac{m_D}{m_A+m_D} . \tag{1.31}$$

Beim reinen Wasserdampf verliert die Angabe des Feuchtigkeitsgehaltes ihren Sinn, da dann die Masse der trockenen Luft verschwindet und x über alle Grenzen steigt. Die spezifische Feuchte reinen Wasserdampfes ist hingegen eins. Bei nahezu trockener Luft ist der Feuchtigkeitsgehalt praktisch gleich der spezifischen Feuchtigkeit.

Statt Massen ins Verhältnis zu setzen, kann man auch Molekülanzahlen oder besser Molanzahlen zueinander in Relation setzen.

Sei M_A die mittlere Molmasse der trockenen Luft, M_D die des Wasserdampfes, so erhält man die Anzahl der Mole Wasserdampf n_D und jene der Mole trockener Luft n_A aus den Massen m_D und m_A gemäß

$$n_D = \frac{m_D}{M_D} \quad ; \quad n_A = \frac{m_A}{M_A} . \tag{1.32}$$

Führt man noch das Molmassenverhältnis ε durch

$$\varepsilon = \frac{M_D}{M_A} = 0,62198 \tag{1.33}$$

ein, so erhält man den Molenbruch r von Wasserdampf bezüglich feuchter Luft

$$r = \frac{n_D}{n_A+n_D} \tag{1.34}$$

auch in der Form

$$r = \frac{x}{\varepsilon + x} . \qquad (1.35)$$

Der Molenbruch r ist ein Maß für die Konzentration des Wasserdampfes in feuchter Luft. Er gibt also den Anteil der Wassermoleküle an der Gesamtanzahl der Moleküle in Luft an.

Bemerkung: Da die universelle Gaskonstante R sich als Produkt aus Molmasse und spezifischer Gaskonstante darstellt, gilt für das Molmassenverhältnis ε auch:

$$\varepsilon = \frac{R_A}{R_D} . \qquad (1.36)$$

Die absolute Feuchtigkeit oder Dampfdichte feuchter Luft gibt an, welche Wasserdampfmasse je Volumeneinheit der feuchten Luft vorhanden ist:

$$\rho_D = \frac{m_D}{V} . \qquad (1.37)$$

Zur quantitativen Beschreibung der Wasserdampfmenge wird gerne der Dampfdruck von Wasserdampf in feuchter Luft herangezogen. Dieser ist bei gegebenem Molenbruch r und bei einem Gesamtdruck p der Luft definiert durch:

$$p_F = r \cdot p . \qquad (1.38)$$

Warum definiert? Diese Definition wäre bei einem Gasgemisch idealer Gase unnötig, da sich dann die Gleichung (1.38) aus dem Daltonschen Gesetz ergäbe. Da das Verhalten reinen Wasserdampfes insbesondere nahe dem Sättigungsbereich vom Verhalten eines idealen Gases abweicht, liegt die Vermutung nahe, daß dies auch für das Verhalten des Wasserdampfes im Gasgemisch feuchter Luft zutrifft. Der Partialdruck des Wasserdampfes ist jedoch nicht direkt meßbar. Der im Wege der Gleichung (1.38) definierte Dampfdruck p_F ist eine reine Rechengröße und sollte prinzipiell von jenem Druck p_D unterschieden werden, der sich einstellen würde, wenn die gleiche Menge reinen Wasserdampfes bei gleicher Temperatur das Volumen der feuchten Luft für sich alleine zur Verfügung hätte. Der Dampfdruck p_F entspricht somit nicht dem

Partialdruck p_D des Wasserdampfes im oben genannten Sinne. Quantitativ wird der Unterschied erst nahe dem Sättigungsbereich des Wasserdampfes von einiger Bedeutung (Tabelle 1.4).

Der Dampfdruck p_F ist zwar nicht meßbar aber - bei gegebenem Gesamtdruck - ein anschauliches Maß für die Wasserdampfkonzentration in Luft.

Feuchte Luft ist wasserdampfgesättigt, wenn bei gegebener Temperatur und gegebenem Gesamtdruck die Wasserdampfmenge derart ist, daß diese feuchte Luft im stabilen Gleichgewicht mit der flüssigen oder festen Phase des Wassers gleicher Temperatur und gleichen Druckes koexistieren kann. Handelt es sich um das Gleichgewicht mit der flüssigen Phase, so ist die feuchte Luft gesättigt bezüglich Wasser, im Falle des Gleichgewichtes mit der festen Phase spricht man von Sättigung bezüglich Eis. In der Folge werden wir, wenn nicht ausdrücklich anders betont, der Kürze halber unter Sättigung stets die bezüglich Wasser verstehen.

Liegt Sättigung feuchter Luft über einer ebenen Grenzfläche zur flüssigen (festen) Phase vor, so bezeichnen wir den zugehörigen Feuchtigkeitsgehalt als Sättigungsfeuchtigkeitsgehalt x_S, den Molenbruch dementsprechend als den Sättigungsmolenbruch r_S. Es gilt wiederum

$$r_S = \frac{x_S}{\varepsilon + x_S} . \qquad (1.39)$$

Analog zum Dampfdruck p_F feuchter Luft ist der Sättigungsdampfdruck p_{FS} feuchter Luft definiert durch

$$p_{FS} = r_S \cdot p . \qquad (1.40)$$

Der Sättigungsdampfdruck p_{FS} feuchter Luft ist eine Rechengröße und nicht identisch mit jenem des reinen Wasserdampfes p_{DS}. Während letzterer alleine von der Temperatur abhängt, ist der Sättigungsdampfdruck in feuchter Luft in gewissem Maße auch vom Gesamtdruck der Luft beeinflußt. Der Sättigungsdruck p_{FS} liegt über dem des reinen Wasserdampfes. Neben dem - bereits beim Dampfdruck erwähten - nicht einem idealen Gasgemisch entsprechenden Verhalten der feuchten Luft sind zwei weitere Gründe für diese Abweichungen zu nennen:

Zum einen entspricht der Druck der flüssigen Phase (oder der festen Phase) nun nicht dem des reinen Wasserdampfes sondern dem der feuchten Luft. Zum anderen sind im Wasser (oder Eis), das bei Sättigung im Gleichgewicht mit der feuchten Luft koexistiert, Fremdmoleküle - die der trockenen Luft - enthalten. Diese gelösten Gase beeinflussen die molekularen Bindungskräfte der flüssigen (oder festen) Phase, wodurch sich das "Sättigungsgleichgewicht" verschiebt.

Die nachstehende Tabelle 1.4 /2/ gibt Aufschluß über die Größenordnung und die Temperatur- bzw. Druckabhängigkeit des Verhältnisses p_{FS}/p_S. Wir wollen jedoch nicht vergessen, daß der Sättigungsdampfdruck p_{FS} keine meßbare Größe ist. Er kann nur bei gegebenem Gasamtdruck p als anschauliches Maß für den Sättigungsmolenbruch und damit für den Anteil der Wassermoleküle an der Gesamtanzahl der Moleküle gesättigter Luft dienen.

Tabelle 1.4:

	Verhältnis p_{FS}/p_S bei einem Gesamtdruck der feuchten Luft von		
Temp. °C	70000 Pa	90000 Pa	110000 Pa
0	1,0032	1,0040	1,0047
10	1,0032	1,0040	1,0047
20	1,0034	1,0041	1,0048

Im Bauwesen sind die zu erwartenden Abweichungen zwischen dem Sättigungsdampfdruck feuchter Luft und dem des reinen Wasserdampfes durchwegs unter 0,5%.

Aus Sättigungsdampfdrucktabellen oder entsprechenden Näherungsformeln ist oft nicht zu entnehmen, ob es sich bei dem ablesbaren oder berechenbaren Sättigungsdampfdruck um p_{FS} oder um p_S handelt. Selbst wenn es sich ausdrücklich um den Sättigungsdampfdruck p_{FS} in feuchter Luft handelt, wird im Bauwesen kaum jemand daran denken, diesen Wert entsprechend den vorliegenden atmosphärischen Druckverhältnissen zu korrigieren.

Uns interessiert in erster Linie der Verlauf des Sättigungsdampfdruckes im Bauteil unter bestimmten Temperaturbedingungen, um die Möglichkeit des Auftretens von Kondensat im Bauteil und eventuell dessen Menge zu beurteilen. In diesem Zusammenhang werden wir jedoch feststellen, daß beispielsweise die Porengröße im Bauteil einen erheblichen Einfluß auf das Sättigungsgleichgewicht ausübt; Kondensat kann im Bauteil stellenweise schon bei Dampfdrücken auftreten, die deutlich unter dem Sättigungsdampfdruck feuchter Luft über einer ebenen Wasseroberfläche liegen.

Daher ist es nicht verwunderlich, wenn man bei feuchtigkeitstechnischen Berechnungen im Bauwesen keine allzu große Genauigkeit bei der Ermittlung des Sättigungsdampfdruckes feuchter Luft anstrebt. Wir werden uns dieser Gepflogenheit anschließen - nicht weil der Sättigungsdampfdruck unter verschiedenen Bedingungen nicht eruierbar wäre, sondern weil die "verschiedenen Bedingungen" (Porengröße, Porenverteilung, Porenverbindung, Materialstruktur im Bauteil etc.) kaum faßbar sind.

Im Anhang zu diesem Kapitel sind die Sättigungsdampfdrücke für den im Bauwesen interessierenden Bereich von $-20^{o}C$ bis $40^{o}C$ tabellarisch angegeben. Die Tabellenwerte wurden aus den Gleichungen (1.25) und (1.25a) unter Verwendung von Korrekturwerten /2/, wie sie auszugsweise in Tabelle 1.4 enthalten sind, für einen Gesamtdruck von 10^5Pa errechnet.

Für den Gebrauch auf Rechenanlagen sind derartige Tabellen ungeeignet, daher werden hier verschiedene Näherungsformeln zur Berechnung des Sättigungsdampfdruckes p_{FS} angegeben.

Ausgehend von den Tabellendaten im Anhang zeigt sich, daß der Logarithmus des Sättigungsdampfdruckes als Funktion der Temperatur sehr genau durch ein Polynom dritten Grades approximiert werden kann.

Im Temperaturbereich von $0^{o}C$ bis $40^{o}C$ (über Wasser) gilt demnach in guter Näherung (bei 10^5Pa):

$$p_{FS} = e^{8,79843\cdot10^{-7}\cdot\theta^3-2,92879\cdot10^{-4}\cdot\theta^2+0,726165\cdot\theta+6,41895}\ \text{Pa}. \quad (1.41)$$

Im Bereich von $-20^{o}C$ bis $0^{o}C$ (über Eis) gilt hingegen:

$$p_{FS} = e^{1,51891\cdot10^{-6}\cdot\theta^3-2,96131\cdot10^{-4}\cdot\theta^2+0,0823847\cdot\theta+6,41885}\ \text{Pa}. \quad (1.42)$$

wobei θ in ^{o}C einzusetzen ist. Um das nach ihm benannte Verfahren zur Berechnung der im Bauteil eventuell auftretenden Kondensatmengen und deren örtliche Lokalisierung in geschlossener Form auf einfache Weise durchführen zu können, hat Glaser /5/ die Abhängigkeit des Sättigungsdampfdruckes von der Temperatur durch ein Polynom zweiten Grades approximiert. Demnach gilt über Wasser beispielsweise im Temperaturbereich von $0^{o}C$ bis $20^{o}C$:

$$p_{FS} = 63{,}43 + 3{,}65 \cdot \theta + 0{,}2515 \cdot \theta^2 \ kp/m^2. \qquad (1.43)$$

Über Eis (beispielsweise von $-20^{o}C$ bis $0^{o}C$) gilt dann:

$$p_{FS} = 61{,}6 + 4{,}51 \cdot \theta + 0{,}0994 \cdot \theta^2 \ kp/m^2. \qquad (1.44)$$

Der Vorteil der Beziehungen (1.43) und (1.44) liegt in ihrer einfachen Handhabbarkeit, ihr Nachteil ist die unzulängliche Genauigkeit. Wir werden uns auf die Tabellendaten des Anhanges oder auf deren Approximationen (1.41) und (1.42) stützen.

Sollte die Genauigkeit bei der Ermittlung des Sättigungsdampfdruckes sehr hohen Ansprüchen genügen müssen, können wir immer noch auf die Goff-Gratch-Gleichung (1.25) zur Berechnung von p_S zurückgreifen und daraus mit Hilfe der Korrekturfaktoren der Tabelle 1.4 (lineare Interpolation ist zulässig) den Wert für p_{FS} ermitteln.

Um unabhängig vom tatsächlichen Feuchtigkeitsgehalt bzw. Dampfdruck ein Maß dafür zu erhalten, wie nahe die feuchte Luft dem Sättigungszustand ist, wurde die relative Feuchtigkeit U eingeführt. Sie ist definiert als das Verhältnis aus dem vorliegenden Molenbruch r und dem bei gleichen Temperatur- und Gesamtdruckverhältnissen möglichen Sättigungsmolenbruch r_S:

$$U = \frac{r}{r_S}. \qquad (1.45)$$

Die relative Feuchtigkeit wird meist in Prozent ausgedrückt:

$$U = 100 \cdot \frac{r}{r_S} \ \%.$$

Bei 100% relativer Feuchte - wir erlauben uns der Kürze halber auch 100% rF zu schreiben - ist die Luft gesättigt, 0% rF entspricht trockener Luft.

Die Einführung der relativen Feuchtigkeit ist in verschiedener Hinsicht nützlich. So fühlt sich beispielsweise der Mensch bei etwa 40% bis 60% rF innerhalb eines weiten Temperaturbereiches - entsprechende Kleidung vorausgesetzt - behaglich. Trockenere Luft kann wegen der Austrocknung der Schleimhäute zu Reizungen und Infektionsanfälligkeit führen, feuchtere Luft vermittelt ein Gefühl der Schwüle. Die Sorptionseigenschaften (siehe Abschnitt 2.) verschiedener Stoffe (Baustoffe) führen zu einer bestimmten Wasseraufnahme der Materialien, die in starkem Maße von der relativen Feuchtigkeit der umgebenden Luft abhängt. Auch das hygrometrische Feuchtigkeitsmeßverfahren (siehe 1.3.4) erlaubt innerhalb weiter Temperaturbereiche die direkte Messung der relativen Feuchtigkeit mit einfachen Mitteln.

Setzt man r und r_S aus den Gleichungen (1.38) und (1.40) in die Beziehung (1.45) ein, so erhält man die Darstellung:

$$U = \frac{p_F}{p_{FS}} \,. \qquad (1.46)$$

Die Verwendung der Gleichungen (1.35) und (1.39) gestatten, die relative Feuchtigkeit auch in der Form

$$U = \frac{x}{x_S} \cdot \frac{\varepsilon + x_S}{\varepsilon + x} \qquad (1.47)$$

als Funktion des vorliegenden Feuchtigkeitsgehaltes und des unter den jeweiligen Bedingungen möglichen Sättigungsfeuchtigkeitsgehaltes auszudrücken.

<u>Beispiel:</u> Welchen Dampfdruck p_F bzw. Feuchtigkeitsgehalt x weist feuchte Luft von 22°C und 50%rF bei einem Gesamtdruck von 10^5Pa auf?
Der Sättigungsdampfdruck p_{FS} bei 22°C beträgt 2654,7 Pa. Der gesuchte Dampfdruck ist daher $0,5 \cdot p_{FS} = 1327,35$ Pa. Gleichung (1.38) ergibt den Molenbruch $r = 1,327 \cdot 10^{-2}$. Gleichung (1.35) erlaubt die Berechnung von x zu 8,37 g je kg trockener Luft.

*

Wir haben den Taupunkt von reinem Wasserdampf bereits in Abschnitt 1.2.1. als jene Temperatur kennengelernt, bei der bei gegebenem Dampfdruck flüssiges und gasförmiges Wasser im Gleichgewicht koexistieren können.

Der Taupunkt feuchter Luft mit dem Gesamtdruck p und dem Feuchtigkeitsgehalt x ist definiert als jene Temperatur T_T, bei der diese feuchte Luft gesättigt ist, also der Sättigungsfeuchtigkeitsgehalt $x_S(T_T)$ dem Wert x gleichzusetzen ist:

$$x_S(T_T) = x . \tag{1.48}$$

Dies ist gleichbedeutend mit der Forderung

$$r_S(T_T) = r \tag{1.49}$$

oder - wegen der Definitionen des Dampfdruckes und des Sättigungsdampfdruckes gemäß (1.38) und (1.40) - mit

$$p_{FS}(T_T) = p_F . \tag{1.50}$$

Die Bestimmung des Taupunktes T_T (bzw. θ_T in ^oC) feuchter Luft erfolgt - so wir ihn nicht messen (siehe 1.3.4)- mit Hilfe von Sättigungsdampfdrucktabellen oder durch Auflösen der Näherungsgleichung (1.41) oder (1.42) nach θ mittels eines numerischen Verfahrens.

<u>Beispiel:</u> Welchen Taupunkt weist feuchte Luft von 22^oC und 50%rF bei einem Gesamtdruck von 10^5Pa auf?
Aus dem obigen Beispiel wissen wir, daß der Dampfdruck p_F=1327,35 Pa beträgt. Dies entspricht nach der Dampfdrucktabelle im Anhang dem Sättigungsdampfdruck bei ca. $11,1^oC$, womit der gewünschte Taupunkt vorliegt.

*

Je tiefer der Taupunkt unter der Temperatur der Luft liegt, desto "trockener" ist diese. Sinkt die Temperatur auf den Taupunkt, so ist die Luft gesättigt - weist also eine relative Feuchtigkeit von 100% auf.

Die Kenntnis des Taupunktes ist für feuchtigkeitstechnische Berechnungen sehr wichtig. Bei dieser Temperatur kondensiert der sonst harmlose Wasserdampf auch in den größten Poren eines Baustoffes. Die Schädlichkeit dieses Effektes hängt natürlich von der kondensierten Wassermenge und von der Dauer der Durchfeuchtung ab.

Anmerkung: Bezieht man die Sättigung feuchter Luft nicht auf die über Wasser sondern auf die über Eis (siehe Näherungsgleichung 1.42), so spricht man vom Eispunkt statt vom Taupunkt. Wäre im obigen Beispiel die relative Feuchtigkeit mit 20% angenommen worden, so hätte sich der Taupunkt etwa zu $-2^{o}C$ ergeben. Da im Bauwesen Wasser kaum als unterkühlte Flüssigkeit auftritt, wäre es angebracht, anstatt des Taupunktes den Eispunkt zu berechnen. Man erhielte etwa $-1{,}75^{o}C$.

Eine weitere Möglichkeit die Feuchtigkeit von Luft gegebener Temperatur zu erfassen, besteht in der Angabe der "Feucht-Kugel-Temperatur" θ_F. Auch hier gilt, je größer die Temperaturdifferenz $\theta - \theta_F$, desto "trockener" ist die Luft. Bei $\theta = \theta_F$ ist die feuchte Luft gesättigt. Die Feucht-Kugel-Temperatur wird fälschlich oft mit dem Taupunkt verwechselt oder identifiziert. Der Definition der Feucht-Kugel-Temperatur liegt das psychrometrische Feuchtemeßprinzip - eines der verbreitetsten und genauesten Feuchtemeßverfahren - zugrunde. Daher soll die entsprechende Definition erst bei der Beschreibung dieses Meßverfahrens dargestellt werden, umsomehr als Kenntnisse über die Enthalpie feuchter Luft zum Verständnis der Feucht-Kugel-Temperatur erforderlich sind.

1.3.2. Dichte feuchter Luft

Betrachtet man feuchte Luft als ideales Gas, so läßt sich deren Dichte aus den Zustandsgleichungen für trockene Luft und für Wasserdampf leicht errechnen. Bei einem Feuchtigkeitsgehalt x enthält die Luft die Masse m_A trockener Luft und die Masse $x \cdot m_A$ Wasserdampf. Der Gesamtdruck p ist die Summe der Partialdrücke der trockenen Luft (p_A) und des Wasserdampfes (p_F). Aus der Zustandsgleichung idealer Gase erhält man somit:

$$p_A \cdot V = m_A \cdot R_A \cdot T, \qquad (1.51)$$

$$p_F \cdot V = x \cdot m_A \cdot R_D \cdot T. \qquad (1.52)$$

Die Dichte feuchter Luft ist gegeben durch

$$\rho = \frac{m_A \cdot (1+x)}{V}, \qquad (1.53)$$

woraus sich unter Verwendung der Gleichungen (1.51) und (1.52)

$$\rho = \frac{p_A}{R_A \cdot T} + \frac{p_F}{R_D \cdot T} \tag{1.54}$$

ergibt. Drückt man R_D gemäß Gleichung (1.36) durch R_A und durch das Molmassenverhältnis ε aus und bedenkt man, daß $p_A = p - p_F$ ist, so erhält man schließlich:

$$\rho = \frac{1}{R_A \cdot T} \cdot [p - p_F \cdot (1-\varepsilon)] \,. \tag{1.55}$$

Die Dichte trockener Luft beim gleichen Gesamtdruck ist hingegen

$$\rho_A = \frac{1}{R_A \cdot T} \cdot p \,, \tag{1.56}$$

also höher als die der feuchten Luft, da der Term $1 - \varepsilon$ positiv ist. Bei gleichmäßiger Temperatur in einem Raum würde sich daher eine höhere Feuchtigkeit im Deckenbereich ergeben. Diffusionsvorgänge und Turbulenzen verhindern jedoch weitgehend eine derartige Entmischung.

Nach Gleichung (1.38) erhält man die Dichte feuchter Luft auch in der Form

$$\rho = \frac{1}{R_A \cdot T} \cdot p \cdot [1 - r \cdot (1-\varepsilon)] \tag{1.57}$$

oder - durch Verwendung der Beziehung (1.35) - als Funktion des Feuchtigkeitsgehaltes x

$$\rho = \frac{1}{R_A \cdot T} \cdot p \cdot [1 - \frac{x \cdot (1-\varepsilon)}{x+\varepsilon}] \,, \tag{1.58}$$

umgeformt also

$$\rho = \frac{1}{R_A \cdot T} \cdot p \cdot \frac{\varepsilon \cdot (1+x)}{x+\varepsilon} \,. \tag{1.59}$$

Wir sind bei den verschiedenen Beziehungen zur Berechnung von ρ bei einer Form angelangt, bei der sich ein Vergleich mit Gleichung (1.56) aufdrängt. Dieser Vergleich führt uns direkt zu einer in der Meteorologie gebräuchlichen Rechengröße - der virtuellen Temperatur.

Die virtuelle Temperatur feuchter Luft der Temperatur T beim Gesamtdruck p mit einem Feuchtigkeitsgehalt x ist jene Temperatur, die die trockene Luft beim gleichen Gesamtdruck haben müßte, um die gleiche Dichte wie die der feuchten Luft aufzuweisen. Diese virtuelle Temperatur T_V genügt also der Beziehung:

$$\rho = \frac{1}{R_A \cdot T_V} \cdot p. \tag{1.60}$$

Damit ergibt sich T_V entsprechend Gleichung (1.59) zu:

$$T_V = T \cdot \frac{x+\varepsilon}{\varepsilon \cdot (1+x)} . \tag{1.61}$$

Es gilt also stets $T_V > T$. Auch darin kommt zu Ausdruck, daß feuchte Luft "leichter" als trockene ist, da - immer beim gleichen Gesamtdruck p - letztere erst bei höheren Temperaturen die gleiche Dichte wie feuchte Luft annimmt.

Bei der Berechnung der Dichte feuchter Luft als ideales Gas erhält man Werte, die nur geringfügig von den tatsächlichen abweichen. Die Abweichungen liegen im interessierenden Bereich unter 0,2%, sind also für unsere Zwecke durchaus vernachlässigbar. Für höhere Genauigkeitsansprüche stehen in der einschlägigen Literatur /2/ entsprechende Korrekturtabellen zur Verfügung.

1.3.3. Spezifische Wärme und Enthalpie feuchter Luft

Die zur isobaren Erwärmung trockener Luft der Masse m_A benötigte Energiemenge je Temperatureinheit ist nach Gleichung (1.12):

$$W_A = c_{pA} \cdot m_A . \tag{1.62}$$

Dementsprechend gilt für Wasserdampf (Masse m_D):

$$W_D = c_{pD} \cdot m_D . \tag{1.63}$$

Zur isobaren Erwärmung eines idealen Gasgemisches, das sich aus der Masse m_A trockener Luft und der Masse m_D Wasserdampf zusammensetzt, benötigt man daher je Temperatureinheit die Energiemenge:

$$W = W_A + W_D = c_{pA} \cdot m_A + c_{pD} \cdot m_D . \tag{1.64}$$

Die spezifische Wärme bei konstantem Druck von feuchter Luft (als ideales Gas) ist daher:

$$c_p = \frac{W}{m_A + m_D} . \tag{1.65}$$

Durch Einführen des Feuchtigkeitsgehaltes x ergibt sich:

$$c_p = \frac{c_{pA} + x \cdot c_{pD}}{1 + x} . \tag{1.66}$$

In den Gleichungen (1.9) und (1.27) hielten wir fest:

$$c_{pA} = 1005 \ J \cdot kg^{-1} K^{-1} \quad \text{und} \quad c_{pD} = 1850 \ J \cdot kg^{-1} K^{-1},$$

woraus sich die spezifische Wärme feuchter Luft mit dem Feuchtigkeitsgehalt x in guter Näherung aus

$$c_p = \frac{1005 + 1850 \cdot x}{1 + x} \tag{1.67}$$

errechnen läßt.

Die Enthalpie feuchter Luft als ideales Gasgemisch setzt sich aus der der trockenen Luft und der des Wasserdampfes zusammen. Die Enthalpie von 1 + x Masseneinheiten feuchter Luft ist daher

$$h = h_A + h_D \cdot x . \tag{1.68}$$

Unter den Annahmen, die zu den Darstellungen (1.12) und (1.29) für h_A und h_D geführt haben, können wir daher die Enthalpie feuchter Luft je Masseneinheit trockener Luft berechnen aus:

$$h(x,\theta) = c_{pA} \cdot \theta + x \cdot (c_{pD} \cdot \theta + L(0)) . \tag{1.69}$$

Mit $L(0) = 2501000 \ J \cdot kg^{-1}$ und den oben verwendeten Werten für c_{pA} und c_{pD} erhält man erhält man daher

$$h(x,\theta) = \theta\cdot(1005 + 1850\cdot x) + 2501000\cdot x \quad J \qquad (1.70)$$

je kg trockener Luft, wobei θ die Temperatur in Grad Celsius und x den Feuchtigkeitsgehalt (z.B. in kg Wasserdampf je kg trockener Luft) bedeuten.

Durch die Annahme, daß feuchte Luft eine Mischung idealer Gase ist, nehmen wir einen bestimmten Fehler in Kauf. Er liegt jedoch unterhalb von 1%. Aus meteorologischen Tabellenwerken /2/ können die für höhere Genauigkeiten erforderlichen Korrekturen zu Gleichung (1.70) entnommen werden. Für übliche Berechnungen im Bauwesen und in der Klimatechnik liefert die Gleichung (1.70) jedoch ausreichend genaue Werte der Enthalpie feuchter Luft.

Bei isobarer Wärmezufuhr oder -abfuhr, die nicht zu Temperaturen unterhalb des Taupunktes führt, ändert sich der Feuchtigkeitsgehalt der Luft nicht. Derartige Temperaturänderungen bewirken nur Änderungen Δh der Enthalpie, die ausschließlich von Anfangstemperatur θ_1 und Endtemperatur θ_2 abhängen. Je Masseneinheit trockener Luft - oder für 1 + x Masseneinheiten feuchter Luft - ergibt sich dann:

$$\Delta h = h(x,\theta_2) - h(x,\theta_1) = (1005 + 1850\cdot x)\cdot(\theta_2-\theta_1). \qquad (1.71)$$

Der Feuchtigkeitsgehalt der Luft verringert sich, wenn diese unter den Taupunkt abgekühlt wird. Die Kondensation beginnt beim Unterschreiten des Taupunktes und begleitet fortan die weitere Abkühlung. Der Feuchtigkeitsgehalt ist dabei durch den Sättigungsfeuchtigkeitsgehalt $x_S(\theta)$ bei der jeweiligen Temperatur θ gegeben.

Die Änderung Δh der auf die Masseneinheit trockener Luft bezogenen Enthalpie beim Abkühlen feuchter Luft mit dem Feuchtigkeitsgehalt x von der Temperatur θ_1 auf die unterhalb des Taupunktes liegende Temperatur θ_2 ist daher

$$\Delta h = h(x_S(\theta_2),\theta_2) - h(x,\theta_1), \qquad (1.72)$$

wobei $x_S(\theta_2)$ den Sättigungsfeuchtigkeitsgehalt der Luft bei der Temperatur θ_2 darstellt. Er ist wegen der Unterschreitung des Taupunktes geringer als der Feuchtigkeitsgehalt x der Luft im ursprünglichen Zustand.

Die kondensierte Wassermasse je Masseneinheit trockener Luft x_K ist durch die Differenz

$$x_K = x - x_S(\theta_2) \tag{1.73}$$

gegeben. Erwärmt man die gesättigte Luft von θ_2 wiederum derart, daß das Kondensat nicht wieder verdampft, so bleibt der geringere Feuchtegehalt x_S bestehen. Solche Abkühlungs- und Erwärmungsvorgänge dienen zum "Trocknen" feuchter Luft.

Wir haben die Enthalpie aus gutem Grund stets auf die Masseneinheit der trockenen Luft bezogen. Würde man sie auf die der feuchten Luft beziehen, so müßte man bei Kondensatanfall immer präzisieren, ob man die spezifische Kondensatmenge auf die Masseneinheit der ursprünglichen oder der "trockeneren" Luft bezieht. In Hinkunft werden wir unter der spezifischen Enthalpie feuchter Luft stets die auf die Masseneinheit trockener Luft bezogene verstehen. Analoges gilt für die spezifische Kondensatmenge, auch diese sei stets auf die Masseneinheit trockener Luft bezogen.

Beispiel: Bei einem Gesamtdruck von 100000 Pa wird gesättigte Luft von 30°C auf 15°C abgekühlt. Wie groß ist die spezifische Kondensatmenge und die spezifische Enthalpiedifferenz?
Der Sättigungsdampfdruck p_{FS} bei 30°C beträgt nach der im Anhang enthaltenen Dampfdrucktabelle 4262,7 Pa, jener bei 15°C hingegen 1711,7 Pa. Aus Gleichung (1.40) erhalten wir die Sättigungsmolenbrüche r_S=0,042627 (bei 30°C) und r_S=0,017117 (bei 15°C), woraus sich nach Gleichung (1.39) x_S respektive zu 27,7 g und 10,83 g je kg trockener Luft ergibt. Die Differenz beträgt daher 16,87 g je kg trockener Luft.
Unter Zuhilfenahme von Gleichung (1.70) ergeben sich die spezifischen Enthalpien zu 100,965 kJ und 42,461 kJ je kg trockener Luft. Die Differenz liegt daher bei -58,5 kJ je kg trockener Luft.

Einen raschen und meist ausreichend genauen Überblick über die wesentlichen Merkmale feuchter Luft bietet das nach Mollier benannte h-x-Diagramm. Es ist ein wesentliches Hilfsmittel des Klimatechnikers und sollte daher auch jedem Bauphysiker in den Grundzügen geläufig sein. Abbildung 1.4 zeigt einen Ausschnitt eines derartigen Diagrammes (Gesamtdruck 1013 mbar) für einen Temperaturbereich zwischen -10°C und +60°C und einen Bereich des Feuchtigkeitsgehaltes von 0 bis 40 g Wasserdampf je kg trockener Luft. Die Senkrechten sind Kurven gleichen Feuchtigkeitsgehaltes, die nahezu Waagrechten sind Isothermen, die schräg von links oben nach rechts unten verlaufenden Isenthalpen - also Kurven gleicher Enthalpie. Die gekrümmten Kurven sind solche gleicher relativer Feuchtigkeit, wobei die unterste (jene für 100% relativer Feuchte) die Nebelgrenze darstellt, an der die Isothermen in den Nebelbereich abknicken, wo sie nahezu parallel zu den Isenthalpen verlaufen.

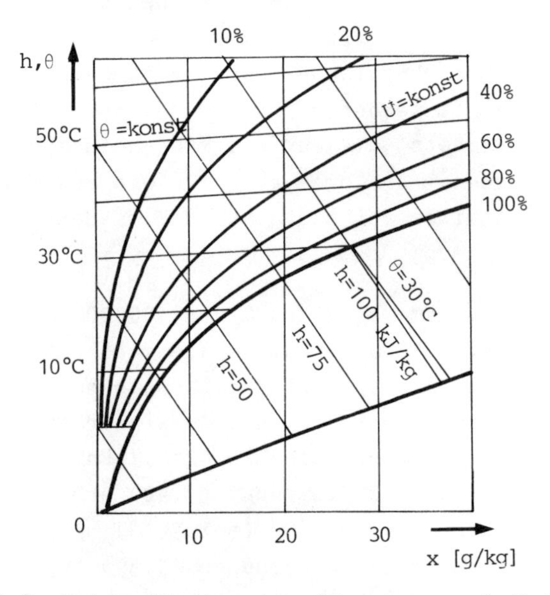

Abb. 1.4: Schematisches h-x-Diagramm nach Mollier

Der Umgang mit dem h-x-Diagramm nach Mollier ist eingehend in klimatechnischen Standardwerken /6,7/ geschildert, hier sei die Nützlichkeit dieses Diagrammes nur an einfachen Beispielen illustriert:

- Welchen Taupunkt hat feuchte Luft von 30°C mit einem Wasserdampfgehalt von 10 g je kg trockener Luft: ca. 15°C.
- Wie groß ist die spezifische Kondensatmenge von gesättigter Luft bei 30°C, wenn diese auf 15°C abgekühlt wird: ca. 17 g je kg trockener Luft.
- Welche spezifische Enthalpiedifferenz besteht zwischen Luft von 35°C, 40%rF und solcher von 15°C, 40%rF: ca 50 kJ je kg

trockener Luft. Der Unterschied im Wasserdampfgehalt beträgt ca. 11 g je kg trockener Luft

1.3.4. Feuchtigkeitsmessung

Sieht man von den sehr aufwendigen Methoden wie der Massenspektroskopie oder der Infrarotabsorptionsmethode ab, so lassen sich die gängigen Feuchtigkeitsverfahren in drei Gruppen einteilen:

- Hygrometrische Verfahren
- Taupunkt-Meßverfahren
- Psychrometrische Verfahren

Beim hygrometrischen Verfahren macht man sich die hygroskopischen Eigenschaften bestimmter Stoffe und die daraus resultierenden physikalischen Effekte zunutze. Beim typischen Vertreter des hygroskopischen Verfahrens - dem Haarhygrometer - besteht der Effekt darin, daß ein entfettetes, eingespanntes Haar mit zunehmender relativer Feuchtigkeit eine deutliche Verlängerung erfährt, die sich mittels geeigneter Hebelübersetzungen zu einer übersichtlichen Anzeige heranziehen läßt. So bewirkt beispielsweise eine Änderung der relativen Feuchtigkeit von 40% auf 60% eine Verlängerung des Haares um etwa 0,3%. Bedauerlicherweise nimmt die Längenänderung bei höheren Feuchtigkeiten ab, sodaß die Auflösung derartiger Meßgeräte bei relativen Feuchten über 90% unbefriedigend wird. Ein weiterer Nachteil ist, daß die Anzeige insbesondere bei geringen Feuchtigkeiten zu driften beginnt. Die Ursache dieser Erscheinung liegt darin, daß Verlängerungen des Haares im Bereich geringer Luftfeuchtigkeit nur mehr teilweise zurückgehen. Erst ein "Regenerieren" des Meßgerätes durch längeres Einwirken gesättigter Luft stellt die ursprünglichen Eigenschaften wieder her. Trotz dieser Mängel wird das Haarhygrometer wegen seiner kurzen Ansprechzeit (etwa 3 Minuten), seiner relativ hohen Genauigkeit (ca. 2%) und seiner Einfachheit sehr gerne verwendet.

Bei verschiedenen Stoffen - zum Beispiel Lithiumchlorid - äußert sich die unter bestimmten relativen Feuchten sorbierte Wassermenge im Leitfähigkeits- oder Dielektrizitätsverhalten. Auch diese Effekte werden häufig zur Hygrometrie herangezogen.

Beim Taupunkt-Meßverfahren wird die feuchte Luft abgekühlt und jene Temperatur bestimmt, bei der erstmals Kondensation festgestellt wird. Bei sorgfältiger Versuchsführung ist die derart bestimmte Temperatur der Taupunkt.

Das einfachste Taupunkt-Meßgerät besteht aus einem Spiegel, an dessen Rückseite Äther verdampft, wodurch eine langsame Abkühlung des Spiegels erfolgt. Mißt man mit einem geeignet angebrachten Thermometer die Temperatur der Spiegeloberfläche, bei der erstmals eine Trübung des Spiegels durch Kondensatanfall feststellbar ist, so entspricht diese Temperatur in guter Näherung dem Taupunkt.

Das Problem beim Taupunkt-Meßverfahren besteht einerseits im erstmaligen Erkennen dieser Trübung, andererseits in der exakten Messung der Oberflächentemperatur zu diesem Zeitpunkt. Die Verwendung einer spiegelnden Oberfläche erleichtert das Erkennen des Beginns der Kondensation durch die deutliche Veränderung der optischen Eigenschaften - der Spiegel wird trüb. Die Feststellung dieser Trübung erfolgt am genauesten durch photoelektrische Methoden. Bei der Oberflächentemperaturmessung ist man bestrebt, den Temperaturfühler möglichst nahe der Oberfläche anzubringen ohne dabei störende Einflüsse hervorzurufen. Die Güte der Messung ist daher in hohem Maße von den konstruktiven Details des Gerätes abhängig. Der Taupunkt läßt sich bei üblichen Geräten mit einer Genauigkeit von etwa 0,1 K bestimmen.

Im h-x-Diagramm nach Mollier erhält man den Wasserdampfgehalt x der Luft aus dem Schnittpunkt der Taupunktisothermen θ_T mit der Nebelgrenze U =100% (siehe Abb.1.5).

Bei sorgfältiger Versuchsführung erfolgt die genaueste Feuchtigkeitsmessung nach dem psychrometrischen Prinzip. Gemessen wird hier neben der Lufttemperatur die sogenannte Feucht-Kugel-Temperatur. Sie ist bei gegebener Lufttemperatur ein Maß für den Feuchtigkeitsgehalt der Luft. Als Feucht-Kugel-Temperatur bezeichnet man die Gleichgewichts-Temperatur, die die zu messende Luft annimmt, wenn sie sich isobar und adiabatisch an einer feuchten Oberfläche sättigt. Wichtig ist dabei, daß der Vorgang wirklich adiabatisch verläuft - also ohne äußere Wärmezufuhr, etwa durch Strahlung oder Leitung.

Was geschieht an der Grenzfläche zwischen Luft und Wasseroberfläche?

Sei θ_F die Feucht-Kugel-Temperatur. An der Grenzschicht verdampft Wasser der Temperatur θ_F, das sich im Lösungsgleichgewicht mit der umgebenden Luft der gleichen Temperatur befindet. Die feuchte Luft sättigt sich beim Vorbeistreichen an der nassen Oberfläche. Da bei diesem isobaren Vorgang keine Wärmezufuhr erfolgen soll, muß der erforderlichen Verdunstungsenthalpie eine entsprechende Abkühlung der Luft gegenüberstehen.

Wir bilanzieren daher die Enthalpie der zu- und abgeführten Luft sowie des eingebrachten Wassers. Der gesuchte Feuchtigkeitsgehalt x, die Feucht-Kugel-Temperatur θ_F und die Lufttemperatur θ sind daher durch die Beziehung

$$h(x_S(\theta_F),\theta_F) - h(x,\theta) = h_W(x_S-x,\theta_F) \qquad (1.74)$$

beim jeweils herrschenden Atmosphärendruck verknüpft. Dabei bedeuten $h(x,\theta)$ die spezifische Enthalpie der Luft mit der Temperatur θ und dem gesuchten Feuchtigkeitsgehalt x, $h(x_S(\theta_F),\theta_F)$ die spezifische Enthalpie der gesättigten Luft mit der Temperatur θ_F und $h_W(x_S-x,\theta_F)$ die Enthalpie des umgesetzten Wassers je Masseneinheit trockener Luft.

Die Annahme, daß die feuchte Luft sich als Gemisch idealer Gase darstellt, erlaubt unter Verwendung der Gleichung (1.69) und bei Berücksichtigung der Enthalpie des Wassers die Beziehung (1.74) in der Form

$$\begin{aligned} & c_{pA}\cdot\theta_F + x_S(\theta_F)\cdot[c_{pD}\cdot\theta_F + L(0)] - c_{pA}\cdot\theta \\ & -x\cdot[c_{pD}\cdot\theta + L(0)] = [x_S(\theta_F) - x]\cdot c_{pW}\cdot\theta_F \end{aligned} \qquad (1.75)$$

anzuschreiben. Durch Umformung erhält man den Feuchtigkeitsgehalt x zu:

$$x = \frac{x_S(\theta_F)\cdot[L(0)-\theta_F\cdot(c_{pW}-c_{pD})]-c_{pA}\cdot(\theta-\theta_F)}{c_{pD}\cdot\theta+L(0)-c_{pW}\cdot\theta_F}\,. \qquad (1.76)$$

Der Klammerausdruck $L(0)-\theta_F\cdot(c_{pW}-c_{pD})$ stellt die spezifische Verdunstungsenthalpie $L(\theta_F)$ von Wasser bei der Temperatur θ_F dar. Die Gleichung (1.76) läßt sich daher auch in der Form

$$x = \frac{x_S(\theta_F) \cdot L(\theta_F) - c_{pA} \cdot (\theta - \theta_F)}{c_{pD} \cdot (\theta - \theta_F) + L(\theta_F)} \qquad (1.77)$$

schreiben.

Der Sättigungsfeuchtigkeitsgehalt $x_S(\theta_F)$ läßt sich mit Hilfe der Gleichungen (1.39) und (1.40) aus dem Sättigungsdampfdruck $p_{FS}(\theta_F)$ berechnen

$$x_s = \frac{p_{FS} \cdot \varepsilon}{p - p_{FS}}, \qquad (1.78)$$

wenn der Gesamtdruck p der Luft bekannt ist und p_{FS} für die Temperatur θ_F ermittelt wurde - siehe Tabellenanhang bzw. die Gleichung (1.41).

Der nach (1.76) oder (1.77) berechnete Feuchtigkeitsgehalt x weicht vom tatsächlichen noch geringfügig ab - eine Folge der Annahme, Luft und Wasserdampf wären ideale Gase. Die solcherart auftretenden Fehler liegen unter 1% und können entweder vernachlässigt oder durch Korrekturglieder aus meteorologischen Tabellenwerken /2/ verringert werden.

Das bekannteste Psychrometer ist das nach Assmann benannte Aspirationspsychrometer. Dieses Gerät besteht im wesentlichen aus zwei Thermometern, von denen eines mit einem Mullstrumpf umhüllt ist, der mit destilliertem Wasser getränkt ist. Ein eingebautes Gebläse saugt die zu messende Luft durch geeignete Führungen über die beiden Thermometer. Eine Strömungsgeschwindigkeit von 2 $m \cdot s^{-1}$ bis 3 $m \cdot s^{-1}$ gewährleistet eine vollständige Sättigung der das Feucht-Thermometer umspülenden Luft, zu geringe Geschwindigkeiten gefährden die Adiabasie der Vorgänge an der Grenzfläche. Besonderes Augenmerk ist natürlich darauf zu richten, daß insbesondere beim Feucht-Thermometer keine unerwünschten Wärmen zu- oder abgeführt werden. Dies wird durch entsprechende Thermometerbefestigungen und Strahlungsschutzeinrichtungen weitgehend vermieden. Bei hochwertigen Geräten werden Tabellen zur Korrektur dieser zwar meist geringen aber praktisch unvermeidbaren Gerätefehler beigeschlossen.

Manchmal kann es nützlich sein, den gesuchten Feuchtigkeitsgehalt x graphisch mit Hilfe des h-x Diagrammes nach Mollier zu ermitteln. Dazu folgende Überlegung: Die Gleichung (1.74) können wir in der Form

$$h(x_S(\theta_F),\theta_F) - h = [x_S(\theta_F) - x]\cdot c_{pW}\cdot\theta_F \qquad (1.79)$$

schreiben. Diese Gleichung in den beiden Variablen h und x - es handelt sich ersichtlich um eine Geradengleichung - stellt für $x>x_S$ den Verlauf der Nebelisothermen θ_F im h-x Diagramm dar. Die Gleichung der Isothermen θ im ungesättigten Gebiet des h-x Diagrammes lautet:

$$h = c_{pA}\cdot\theta + x\cdot[c_{pD}\cdot\theta + L(0)]\,. \qquad (1.80)$$

Bringt man die beiden Geraden (1.79) und (1.80) zum Schnitt, was darauf hinausläuft, h aus (1.80) in (1.79) einzusetzen, so erhält man die Gleichung (1.77) zur Bestimmung von x.

Daraus ergibt sich die einfache Konstruktionsregel:
Im h-x Diagramm nach Mollier erhält man den Feuchtigkeitsgehalt x der Luft der Temperatur θ mit der Feucht-Kugel-Temperatur θ_F aus dem Schnittpunkt der verlängerten "Nebelisotherme" θ_F mit der Isotherme θ (siehe Abb.1.5).

Die Feucht-Kugel-Temperatur liegt niemals unter dem Taupunkt. Bei gesättigter Luft fallen beide Temperaturen mit der Lufttemperatur zusammen. Je trockener die Luft, desto tiefer liegt der Taupunkt unter der Feucht-Kugel-Temperatur.

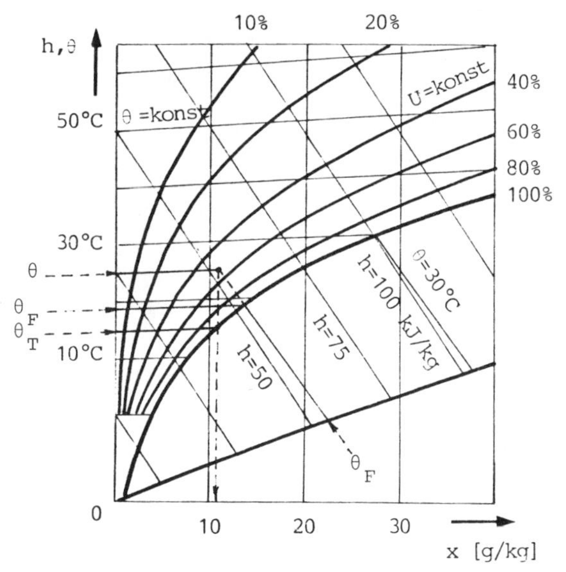

Abb. 1.5: Konstruktionsbeispiel zur Ermittlung von x aus θ_T und θ bzw. θ_F und θ im h-x-Diagramm

2. Sorption und Desorption

Sorption ist der Sammelbegriff für die Aufnahme von Gasen an der Oberfläche und im Inneren von festen Körpern. Unter Desorption faßt man die der Sorption entgegengesetzten Vorgänge, also die Abgabe aufgenommener Gase - der Sorbenten - aus einem festen Körper - dem Sorbens - zusammen. Die Bezeichnungen Sorbent und Sorbens entsprechen dem deutschen Sprachgebrauch /8,1/, im anglo-amerikanischen wird mit "sorbent" der aufnehmende Stoff (feste Körper) bezeichnet /9/.

Sorption und Desorption von Wasserdampf sind insbesondere bei porösen Baustoffen, wie sie im Bauwesen verwendet werden, von großer Bedeutung für den Feuchtigkeitshaushalt von Räumen und für den Wärme- und Feuchtigkeitsschutz von Außenwänden.

2.1. Die Kondensation, ein Sonderfall der Sorption?

Bei der Beschreibung der Kondensations- und Verdunstungsvorgänge des Wassers haben wir uns auf die Erfassung relativ einfacher Vorgänge an einer ebenen Grenzfläche zweier Phasen eines einzigen Stoffes - des Wassers - beschränkt.

Bereits die Anwesenheit anderer Gase führt zu zwar geringen aber doch unübersehbaren Änderungen im Kondensations- und Verdunstungsverhalten des Wassers. Das "Sättigungsgleichgewicht" wird unter anderem durch die Wechselwirkung der Wassermoleküle mit den "Luftmolekülen" verändert.

Dieses "Sättigungsgleichgewicht" - wir wollen es uns etwa durch jenen Wasserdampfdruck dargestellt denken, der unter den jeweiligen Bedingungen die Koexistenz von Wasser und Wasserdampf im Gleichgewicht ermöglicht - hängt auch von der Form der Grenzfläche zwischen den beiden Phasen ab. Wird die flüssige Phase, etwa wie bei einem Wassertropfen, von einer konvexen Fläche begrenzt, so ist der im Gleichgewicht vorliegende Dampfdruck höher als der Sättigungsdampfdruck über einer ebenen Grenzfläche.

Je kleiner der Wassertropfen, desto höher muß der Dampfdruck sein, um Wasserdampf und Tröpfchen im Gleichgewicht zu halten. Dies stellt aber eigentlich einen auf Dauer unhaltbaren Zustand dar: Die zufällig entstehenden größeren Tropfen, denen ja ein geringerer Gleichgewichtsdampfdruck entspricht, werden letztlich auf Kosten der kleineren wachsen, da sie mit der Zeit die Existenzgrundlage der kleineren Tröpfchen, nämlich den höheren Dampfdruck, entziehen.

Das Wachstum großer Tropfen auf Kosten der kleinen ist ein in der Meteorologie bekannter Effekt. Ob er allerdings alleine auf die unterschiedliche mittlere Krümmung der Grenzflächen zurückgeführt werden kann, ist unsicher. Die Größe der auftretenden Wassertropfen in der Atmosphäre ist natürlich auch von der Anzahl und der Wirksamkeit von Kondensationskeimen abhängig. Auf den Einfluß fremder Stoffe bei der Bindung von Wassermolekülen werden wir noch zu sprechen kommen.

Bei konkaven Flüssigkeitsgrenzen, etwa über dem Meniskus einer durch Kapillarwirkung hochgezogenen Wassersäule, ist der Gleichgewichtsdampfdruck geringer als über einer ebenen Wasseroberfläche. Je stärker die Krümmung einer derartigen Grenzfläche, desto kleiner ist der zugehörige Gleichgewichtsdampfdruck.

Die Tatsache, daß der Dampfdruck für das Sättigungsgleichgewicht über konkav gekrümmten Wasseroberflächen geringer als der Sättigungsdampfdruck über einer ebenen Wasserfläche ist, hat im Bauwesen weitreichende Folgen.

In porösen Baustoffen, insbesondere in solchen mit vielen kleinen Poren und feinen Kapillaren, kann auch bei relativen Luftfeuchtigkeiten unter 100% sogenanntes Kapillarwasser in nennenswerten Mengen entstehen und bestehen - allein aufgrund entsprechend gekrümmter Wasseroberflächen. Bei feinen Kapillaren, die von Wasser vollständig benetzt werden, sind die Krümmungsradien der Wasseroberflächen durch jene der Kapillaren gegeben.

Die Tabelle 2.1 gibt beispielhaft für $20^{o}C$ zu einigen Krümmungsradien die relative Feuchtigkeit an, bei welcher Kapillarwasser auftritt.

Tabelle 2.1: Relative Feuchtigkeit, die dem Sättigungsgleichgewicht über verschiedenen konkav gekrümmten Wasseroberflächen entspricht

Radius nm	rel.Feucht. %
∞	100
1000	99.9
35	97
10	90
4,7	80
3,0	70
1,0	35

Dieser Tabelle können wir zum Beispiel entnehmen, daß bei einer relativen Feuchtigkeit von 90% (20°C) Wasserdampf in allen Poren mit Krümmungsradien bis etwa 10 nm kondensiert ist, bei 70% relativer Feuchte hingegen nur die Poren unter rund 3 nm mit Wasser gefüllt sind.

Obwohl wir bisher stets nur von Kondensation und Verdunstung bzw. vom Gleichgewicht dieser beiden Phänomene sprachen, haben wir durch die Berücksichtigung der Krümmung von Wasseroberflächen bereits wesentliche Aspekte der Sorption kennengelernt. In porösen Baustoffen tritt Wasserdampfkondensation im Sinne einer Wasseraufnahme durch den Baustoff bei gegebener Temperatur nicht erst bei Erreichen des üblicherweise bekannten Sättigungsdampfdruckes p_{FS} auf. Schon bei geringeren Dampfdrücken - also relativen Feuchten unter 100% - ist Wasser im Baustoff sorbiert.

Die Ursache für die Abhängigkeit des Gleichgewichtsdampfdruckes von der mittleren Krümmung der Wasseroberfläche ist vor allem den molekularen Bindungskräften der flüssigen Phase zuzuschreiben und steht daher in engem Zusammenhang mit der Oberflächenspannung in der Grenzfläche zwischen den beiden Phasen. Wir wollen hier auf die Herleitung des Zusammenhanges verzichten, da er uns nur einen Teilaspekt der Sorption aufzeigt und nicht einmal für diesen die vom Bauteil aufgenommene Wassermenge unter gegebenen Temperatur- und Druckbedingungen zu errechnen gestattet. Für eine derartige Berechnung fehlt uns die Information über das freie Porenvolumen, die Porengrößenverteilung, die Struktur der Porenverbindungen etc.

Bei gegebener Temperatur steigt die durch Kapillarkondensation sorbierte - also im Baustoff gebundene - Wasserdampfmenge praktisch stetig mit zunehmendem Dampfdruck an. Bei gegebenem Dampfdruck nimmt die sorbierte Dampfmenge mit abnehmender Temperatur zu. Je nach Porengrößenverteilung, Material, Vorbehandlung (Imprägnierung) etc. kann diese Abhängigkeit mehr oder weniger ausgeprägt sein.

Anhand der Kapillarkondensation können wir noch ein weiteres Merkmal der Sorption erkennen. Die bei der Sorption bzw. Desorption umgesetzte Wärmemenge ist - ebenso wie die Verdunstungs- oder Latentwärme - von der Temperatur, bei der diese Vorgänge ablaufen, abhängig. Bei der Bindung von Wasserdampf, sei es durch Kondensation oder durch Sorption, wird Wärme frei (exotherme Prozesse), die Verdunstung und die Desorption benötigen Wärme (endotherme Prozesse).

Zur Kapillarkondensation - sie stellt für poröse Materialien die wichtigste Form der Wasseraufnahme dar - gesellen sich noch andere "Sorptionsmechanismen". Die Ursache dieser Vorgänge liegt im Zusammenwirken der chemischen Stoffeigenschaften von Sorbens und Sorbenten. Obwohl eine klare Trennung oft kaum möglich ist, werden daher noch weitere Sorptionsarten unterschieden.

Bei der Absorption handelt es sich um reine Lösungsvorgänge des Gases im Sorbens. Wasserdampf kann in festen Körpern mehr oder weniger gelöst werden - ähnlich etwa der Lösung von Kohlensäure in Wasser. Hier spielen die Stoffeigenschaften eine dominierende Rolle. Die Einstellung des Lösungsgleichgewichtes kann sehr lange dauern.

Bei der Adsorption von Wasserdampf stehen die Oberflächeneigenschaften im Vordergrund. Die Moleküle des Gases "haften" an der Oberfläche des festen Körpers und bilden - je nach äußeren Bedingungen - mono- oder multimolekulare Schichten. An Glasflächen in feuchter Luft bestehen derartige Schichten noch bis zu Temperaturen über 500°C. Die durch Ad- und Absorption in Bauteilen gebundene Wassermenge ist im allgemeinen relativ gering.

Bei der Chemosorption treten neben Adsorptions- und Absorptionsvorgängen noch chemische Bindungen im Sinne einer chemischen Veränderung des Sorbens auf. Ein typisches, vielleicht etwas krasses Beispiel ist die Wasseraufnahme sogenannter hydraulischer Bindungsmittel. In feuchter Luft gelagerter Gips wird für eine Verarbeitung bald unbrauchbar. Durch die Wasseraufnahme verändert das Sorbens seine hygroskopischen Eigenschaften. Dies stellt gegenüber der Kondensation einen neuen Aspekt der Sorption dar. Wir wollen bei der weiteren Besprechung der Sorption von derart drastischen Veränderungen, wie sie im erwähnten Fall auftreten, absehen. Uns interessieren in erster Linie jene Sorptionsvorgänge, die "reversibel" ablaufen, also solche, die die hygroskopischen Eigenschaften auf Dauer kaum verändern. Dies ist bei der Chemosorption vor allem dann, wenn die entstandenen Verbindungen "stabil" sind, nicht der Fall. Da auch bei der Adsorption und bei der Absorption letztlich chemische Bindungen am Werk sind, kann man sich vorstellen, daß auch in diesen Fällen gewisse Änderungen im hygroskopischen Verhalten des Materials auftreten, und daher die Vorgeschichte des Sorbens unter Umständen relevant ist. Wir haben einen derartigen Einfluß schon bei der Beschreibung des Haarhygrometers erwähnt. Zum Erzielen reproduzierbarer Meßwerte muß dieses Feuchtemeßgerät von Zeit zu Zeit "regeneriert" werden.

Bei den uns interessierenden (reversiblen) Sorptionsvorgängen gilt allgemein: je höher der Dampfdruck und je niedriger die Temperatur, desto größer ist die gebundene Dampfmenge. Allen Sorptionsarten gemeinsam ist, daß im Gegensatz zur normalen Kondensation auch die Eigenschaften des Sorbens - des Baustoffes - eine wesentliche Rolle spielen.

Sowohl bei der Kondensation als auch bei der Sorption werden Gasmoleküle in einem Molekülverband gebunden. Die Bindung kann in flüssiger Form stattfinden (Kondensation, Kapillarkondensation) oder am bzw. im festen Körper erfolgen (Adsorption, Absorption, Chemosorption). In jedem Fall handelt es sich um einen exothermen Prozeß. Es ist daher nicht ungerechtfertigt, die Kondensation als einen Sonderfall der Sorption zu bezeichnen. Analoges gilt für Verdunstung und Desorption.

2.2 Sorptionsisothermen

Bei der quantitativen Erfassung der sorbierten Wasserdampfmenge ist man auf Messungen angewiesen. Nur auf diese Weise können die verschiedenen, einander zum Teil überlagerten "Sorptionsmechanismen" in ihrer Gesamtwirkung einigermaßen wirklichkeitsnah dargestellt werden.

Sei m_{tr} die Masse des Baustoffes im "trockenen" Zustand und m_f die Masse, die er im Gleichgewichtszustand mit der feuchten Luft annimmt. Setzt man den Massenzuwachs $m_f - m_{tr}$ in Relation zu m_{tr}, so erhält man die massenbezogene Feuchte:

$$u_m = \frac{m_f - m_{tr}}{m_{tr}} . \tag{2.1}$$

Die massenbezogene Feuchte eines Stoffes - sie wird meist in Prozent ausgedrückt - entspricht somit dem Verhältnis, das wir bei feuchter Luft als Feuchtigkeitsgehalt kennengelernt haben. Analog zur spezifischen Feuchtigkeit der Luft kann man die Materialfeuchtigkeit Ψ definieren durch:

$$\Psi = \frac{m_f - m_{tr}}{m_f} . \tag{2.2}$$

Um Verwechslungen von u_m und Ψ vorzubeugen, wäre es - in Anlehnung an die Bezeichnungen bei feuchter Luft - daher sinnvoll u_m als Materialfeuchtigkeitsgehalt und Ψ als spezifische Materialfeuchtigkeit zu bezeichnen. Die Beziehung zwischen u_m und Ψ ist gegeben durch:

$$\Psi = \frac{u_m}{1 + u_m} . \tag{2.3}$$

Bei einigen Stoffen, wie z.B. anorganischen porösen Baustoffen, hat es sich eingebürgert, volumenbezogene Feuchten anzugeben. Der volumenbezogene Materialfeuchtigkeitsgehalt ist der Quotient aus dem Volumen V_W des vom Stoff sorbierten Wassers und dem Volumen V_{tr} der "trockenen" Probe:

$$u_v = \frac{V_w}{V_{tr}} . \tag{2.4}$$

Sei ρ_W die Dichte des Wassers,

$$\rho_w = \frac{m_f - m_{tr}}{V_w} \tag{2.5}$$

und ρ_{tr} die Dichte des trockenen Materials

$$\rho_{tr} = \frac{m_{tr}}{V_{tr}} . \qquad (2.6)$$

Der volumenbezogene Materialfeuchtigkeitsgehalt u_v ergibt sich somit aus dem massenbezogenen gemäß:

$$u_v = u_m \frac{\rho_{tr}}{\rho_w} . \qquad (2.7)$$

Während die Dichte ρ_W des Wassers relativ einfach zu ermitteln ist, stößt man bei der Bestimmung von ρ_{tr} häufig auf Schwierigkeiten. Diese liegen in der meist unklaren Definition des Volumens V_{tr} (entsprechend Gleichung 2.6) einer Probe. Bei porösen Baustoffen soll V_{tr} beispielsweise das Porenvolumen "berücksichtigen", bei Lochsteinen jedoch nicht das der "Löcher". Bei sehr grobporigen Stoffen ist eine diesbezügliche Abgrenzung wahrscheinlich schwierig. Hat man sich auf ein adäquates Volumen V_{tr} festgelegt, ist es natürlich möglich ein ρ_{tr} - vielfach als "Rohdichte" bezeichnet - zu errechnen. Bei der Berechnung von u_v nach Gleichung (2.7) kann die Temperaturabhängigkeit des Quotienten ρ_{tr}/ρ_W vernachlässigt werden, auch für Temperaturen bei denen die Anomalie des Wassers zum Tragen kommt. Der dadurch verursachte Fehler liegt um Größenordnungen unter jenen, die bei der Messung von Materialfeuchten auftreten können.

Die meßtechnischen Schwierigkeiten bei der Erfassung der Materialfeuchte in Abhängigkeit von Temperatur und Dampfdruck liegen einerseits darin, daß die Einstellung des Feuchtigkeitsgleichgewichtes sehr lange dauern kann, andererseits eine Probe bei wiederholten Messungen unter gleichen äußeren Bedingungen aufgrund von Verunreinigungen oder sonstigen Veränderungen (Lösung von Salzen) keine reproduzierbaren Ergebnisse liefern muß. Wir dürfen uns also über die starken Streuungen derartiger Meßergebnisse nicht wundern /10/. Hiezu kommt noch, daß die Gleichgewichtsfeuchtigkeiten zum Teil massenbezogen, zum Teil volumenbezogen, manchmal auch durch die spezifische Feuchtigkeit ausgedrückt werden. All dies erleichtert nicht gerade den unmittelbaren Vergleich verschiedener Materialien hinsichtlich ihres Sorptionsverhaltens.

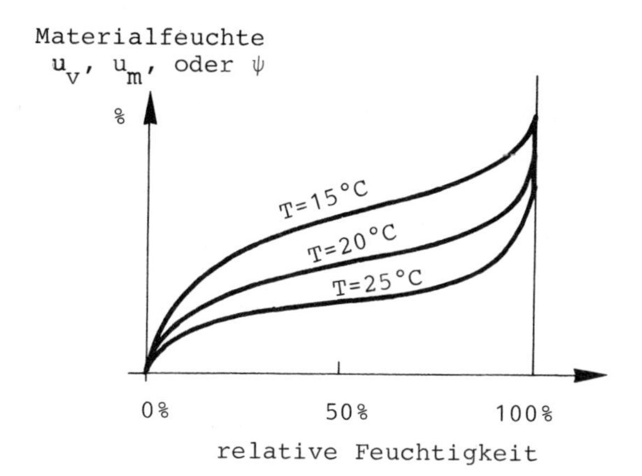

Abb. 2.1: Schematischer Verlauf der Sorptionsisothermen für verschiedene Temperaturen an einem fiktiven Beispiel

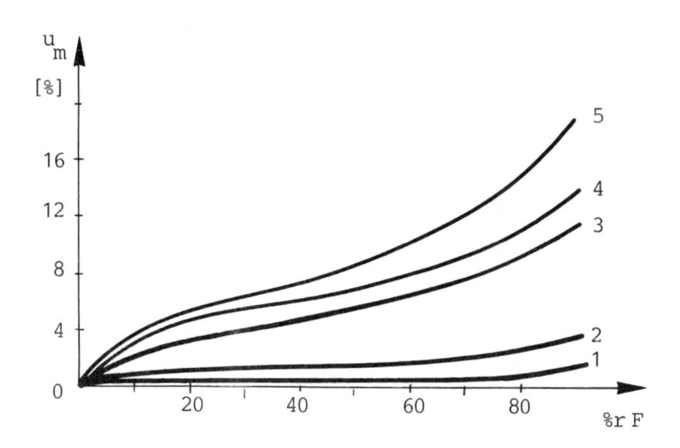

Abb.2.2: Sorptionsisothermen von einigen Stoffen bei ca 20°C /11/
1: Gips; 2: Kalkzementputz
3: Leinen; 4: Papier; 5: Holz

Bei gegebener Temperatur θ wird sich je nach herrschendem Dampfdruck p_F eine bestimmte Gleichgewichts-Materialfeuchte (ausgedrückt durch Ψ, u_v oder u_m) einstellen. Beim zur Temperatur θ gehörigen Sättigungsdampfdruck p_{FS} ist die maximale Materialfeuchte erreichbar. Der Zusammenhang zwischen Gleichgewichts-Materialfeuchte und Dampfdruck bei festgehaltener Temperatur wird durch die Sorptionsisotherme graphisch dargestellt. Um diese Zusammenhänge für verschiedene Temperaturen übersichtlich zu gestalten, wird auf der Abszissenachse der auf den Sättigungsdampfdruck bezogene Dampfdruck - also die relative Feuchtigkeit - aufgetragen. Je höher die Temperatur, desto "tiefer" liegt die zugehörige Sorptionsisotherme (Abb. 2.1).

Bei den meisten Materialien zeigen die Sorptionsisothermen folgenden typischen Verlauf: Bei geringen relativen Feuchtigkeiten steigt die Materialfeuchte zunächst steil an. In einem anschließenden Übergangsbereich ist der Verlauf der Isothermen flacher. In der Nähe von 100% ist der Anstieg meist wiederum sehr steil.

Bei der Erstellung von Sorptionsisothermen werden die Messungen selten bis zu einer relativen Feuchtigkeit von 100% durchgeführt. Daher kann man diesen Kurven auch kaum die maximale Materialfeuchte entnehmen. Hiezu sind Tabellen besser geeignet, sie weisen natürlich auch große Streuungen in den Angaben auf.

Tabelle 2.2: Maximaler Wassergehalt einiger Baustoffe /11/

Stoffart	Wassergehalt bei 100%rF	
	u_v%	u_m%
Glaswolle	0,01-0,03	
Ziegel	3	
Kiesbeton	4	
Kalkmörtel 1:3 1800 $kg \cdot m^{-3}$	5	
Gasbeton	6-11	
Holz (im Mittel)		31
Korkplatten		9-18
Faser-Matten u. -Platten		17-34
Polystyrol-Hartschaum 31 $kg \cdot m^{-3}$		2,3

2.3. Materialfeuchte und Wärmeleitfähigkeit

Nimmt ein Stoff durch Sorption Wasser auf, so verändern sich seine physikalischen Eigenschaften oft in entscheidender Weise. Ganz offenkundig sind beispielsweise die Veränderungen der Masse, der Wärmekapazität oder der elektrischen Leitfähigkeit. Im Bauwesen interessiert uns in erster Linie der Einfluß der Materialfeuchte auf die thermische Leitfähigkeit des Stoffes, da dies sowohl für die wärmetechnischen Berechnungen als auch für die Bewertung von Meßergebnissen von Belang sein kann.

In welcher Weise die Materialfeuchte die thermische Leitfähigkeit qualitativ beeinflußt, können wir am Beispiel eines porösen Baustoffes leicht erkennen.

Im trockenen Zustand, wenn also alle Poren mit Luft gefüllt sind, erfolgt der Wärmetransport durch Leitung im Material selbst, das wir uns als porenbildendes Gerüst denken können, durch Leitung und Konvektion in den Lufteinschlüssen sowie durch Strahlungsaustausch zwischen den Porenbegrenzungen. Das in feuchter Luft sorbierte Kapillarwasser "erleichtert" die Wärmeleitung, da es eine etwa 25 mal größere Wärmeleitfähigkeit als ruhende Luft aufweist. Die Verminderung des Strahlungsaustausches fällt hingegen kaum ins Gewicht. Da die Poren meist eine tragende Rolle beim Wärmetransport in porösen Stoffen spielen, kann man sich vorstellen, daß die Wärmeleitfähigkeit derartiger Materialien sehr wesentlich vom Anteil der wassergefüllten Poren und damit von der Materialfeuchte abhängt. Die nassen Poren wirken wie kleine Wärmebrücken im Baustoff. Je höher der Wassergehalt, desto mehr "Wärmebrücken" sind vorhanden und desto besser ist der thermische Kontakt durch die wassergefüllten Kapillaren.

Die Wärmeleitfähigkeit eines Stoffes, der bei einer bestimmten Temperatur im "Sorptionsgleichgewicht" mit der umgebenden feuchten Luft steht, ist nicht direkt meßbar. Die gängigen Methoden zur Bestimmung der Wärmeleitfähigkeit beruhen auf der Messung des Wärmestromes, der sich aufgrund einer bestimmten Temperaturdifferenz zwischen den parallelen Begrenzungsebenen des Bauteiles einstellt. Legt man eine Temperaturdifferenz an ein feuchtes Material an, so erfolgt zunächst neben dem Wärmetransport eine Verlagerung des sorbierten Wassers entsprechend den geänderten Temperaturverhältnissen bis zum Einstellen eines neuen Sorptionsgleichgewichtes. Das bedeutet aber, daß vorübergehend an manchen Stellen des Bauteiles Wärmequellen (Sorption), an anderen Stellen hingegen Wärmesenken (Desorption) auftreten. Das Sorptionsgleichgewicht im Bauteil ist in hohem Maße von der angelegten Temperaturdifferenz abhängig. Damit wird die Annahme einer linearen Beziehung zwischen Wärmestrom und Temperaturdifferenz, wie sie für einen trockenen Bauteil in weiten Temperaturbereichen annähernd zutrifft, unhaltbar. Die aus Messungen berechneten Wärmeleitfähigkeiten eines feuchten Baustoffes gelten daher eigentlich nur unter den Temperatur- und Feuchtigkeitsbedingungen, bei welchen die Messungen ausgeführt wurden. Die für wärmetechnische Berechnungen empfohlenen bzw. vorgeschriebenen Leitfähigkeiten sind Rechenwerte, die meist auf Messungen der Wärmeleitfähigkeit des Stoffes im trokkenen Zustand zurückzuführen sind. Diese Leitfähigkeit des trockenen Materials wird auf eine "mittlere Baufeuchte" umgerechnet. Diese wird oft auch als "praktische Baufeuchte" bezeichnet und soll den unter normalen Bau-, Nutzungs- und Klimaverhältnissen zu erwartenden mittleren Feuchtigkeitsgehalt des Materials darstellen. Wir bezeichnen ihn mit u_p und denken ihn uns als massen- oder als volumenbezogenen Feuchtigkeitsgehalt gegeben. Die Wärmeleitfähigkeit λ bei der praktische Baufeuchte u_p wird durch einen von dieser Baufeuchte abhängigen Zuschlag Z auf die Leitfähigkeit λ_{tr} der trockenen Probe errechnet:

$$\lambda = \lambda_{tr} \cdot [1 + Z(u_p)] . \qquad (2.8)$$

Der Zuschlag Z ist aufgrund von Messungen und Erfahrungen in Normen (z.B.ÖNORM B 8110) festgelegt und für die meisten Baustoffe nahezu proportional zum Materialfeuchtigkeitsgehalt.

Die Tabelle 2.3 zeigt beispielhaft für einige Materialgruppen die Abhängigkeit des Zuschlages Z vom Materialfeuchtigkeitsgehalt (u_v bzw. u_m).

Die Gleichung 2.8 erlaubt zumindest eine grobe Abschätzung des Einflusses der Materialfeuchte auf die Wärmeleitfähigkeit eines Stoffes. Wie man aufgrund der Werte aus Tabelle 2.3 mit Hilfe von (2.8) auf die Wärmeleitfähigkeit unter geänderten Materialfeuchten schließen kann, sei an folgendem Beispiel gezeigt.

Tabelle 2.3: Zuschlag Z auf die Wärmeleitfähigkeit λ_{tr} für verschiedene Materialgruppen in Abhängigkeit vom Materialfeuchtigkeitsgehalt u_v bzw. u_m

	ZUSCHLAG AUF λ_{tr} in %				
Feuchtigkeitsgehalt u_v in %	Ziegel $Z(u_v)$%	Hohlziegel $Z(u_v)$%	Steinsplittbeton $Z(u_v)$%	Holz $Z(u_m)$%	Feuchtigkeitsgehalt u_m in %
1	17	12		5	5
2	33	25		10	10
3	47	37		15	15
4	61	50	53	20	20
5	75	62	59	25	25
6	88	75	67	30	30
7	101	87	74	35	35
8	114	100	83	40	40
9	127	112	91	45	45
10	140	125	100	50	50

Beispiel: Der empfohlene Rechenwert für die Leitfähigkeit eines Hohlziegels sei $\lambda_p = 0,36\ W\cdot m^{-1}K^{-1}$, wobei die zugrundegelegte praktische Baufeuchte $u_{vp}=2$ Vol% ist. Wie groß ist die Wärmeleitfähigkeit dieses Bauteiles, wenn die Materialfeuchtigkeit doppelt so groß ist, also $u_v=4$ Vol% beträgt.
Gleichung (2.8) erlaubt auf die Wärmeleitfähigkeit λ_{tr} zurückzuschließen:

$$\lambda_{tr} = \frac{\lambda_p}{1 + Z(u_{vp})} .$$

Daraus können wir wiederum λ bei u_v errechnen:

$$\lambda = \lambda_{tr}\cdot[1 + Z(u_v)],$$

woraus die Darstellung folgt:

$$\lambda = \lambda_p\cdot\frac{1 + Z(u_v)}{1 + Z(u_{vp})} .$$

Durch Einsetzen der Werte für λ_p und die Zuschläge $Z(u_v)$ bzw. $Z(u_{vp})$ ergibt sich $\lambda = 0,432\ W\cdot m^{-1}K^{-1}$.

*

Wie aus diesem Beispiel zu ersehen ist, müssen wir bei höheren Baufeuchten - wie sie etwa bei Kondensatanfall im Winter auftreten können - eine beträchtliche Minderung der Wärmedämmeigenschaften erwarten.

3. Transport von Wasserdampf und Wasser

Wird in einem Raum Wasserdampf produziert, so kann dieser zum Teil abgeführt zum Teil kondensiert werden. Sieht man von Kondensation ab, und setzt man voraus, daß der Wasserdampf ausschließlich durch die Lüftung abgeführt wird, so kann man - unter der Annahme gleichmäßiger Durchmischung von Luft und Wasserdampf - die sich im Raum einstellende Feuchtigkeit berechnen. Sei $m_A \cdot (1+x_1)$ die je Zeiteinheit zugeführte Masse feuchter Luft und m_p die je Zeiteinheit im Raum produzierte Masse Wasserdampf. Wird der Wasserdampf ausschließlich mittels Lüftung abgeführt, so ergibt sich die Bilanzgleichung

$$m_p = m_A \cdot (x_2 - x_1), \qquad (3.1)$$

wobei x_2 der Feuchtigkeitsgehalt der Abluft ist, der sich somit zu

$$x_2 = \frac{m_p}{m_A} + x_1 \qquad (3.2)$$

ergibt. Für die Wasserdampfaufnahme der Luft ist neben eventuellen Konvektionen ein Transportvorgang maßgebend, den man Diffusion von Wasserdampf in Luft nennt. Aufgrund der von der Dampfquelle ausgehenden endlichen "Ausbreitunggeschwindigkeit" des Wasserdampfes in unserem durchlüfteten Raum wird sich keine gleichmäßige Durchmischung der Raumluft ergeben. Daher ist es hier im Grunde genommen nicht sinnvoll, von einer einheitlichen Feuchtigkeit im Raum zu sprechen. Es wird in erster Linie von den Durchströmungsverhältnissen und von der geometrischen Anordnung der Zu- und Abluftöffnungen sowie der Dampfquelle abhängen, inwieweit man "die Feuchtigkeit" im Raum mit jener der Abluft identifizieren kann. Für viele Anwendungszwecke - etwa zur Abschätzung der sich im Raum einstellenden relativen Feuchtigkeit - ist der nach Gleichung (3.2) berechnete Feuchtigkeitsgehalt jedoch ausreichend genau. So wird beispielsweise eine im Winter unerwünscht hohe Luftfeuchtigkeit im Raum hauptsächlich durch eine entsprechende Lüftungsrate vermieden.

Die Voraussetzung, daß der produzierte Wasserdampf ausschließlich durch die Lüftung abgeführt wird, ist unzutreffend. Im allgemeinen sind auch die raumbegrenzenden Bauteile am Wasserdampftransport beteiligt. Dieser Vorgang ist ebenfalls eine Form der Diffusion. Sie stellt auch eine Voraussetzung für das Zustandekommen von Sorption und Desorption in Baustoffen dar.

Tritt Wasser im oder am Bauteil - etwa infolge Kondensation oder Regen - auf, so kann es neben Diffusion auch zum Transport von Wasser in flüssiger Form kommen. Eine Voraussetzung für den Flüssigkeitstransport im Bauteil ist das Vorhandensein "saugfähiger" Kapillaren. Der entsprechende Transportvorgang wird Kapillarleitung genannt.

3.1. Diffusion von Wasserdampf in Luft

Unter der Diffusion eines Stoffes in einem Medium versteht man im allgemeinen jenen Transportvorgang, der zur Einstellung der wahrscheinlichsten Konzentrationsverteilung dieses Stoffes führt. Gleichzeitig erfolgt im allgemeinen ein "gegenläufiger" Transport des Mediums, sodaß man de facto keine makroskopischen Strömungsvorgänge bemerkt.

In feuchter Luft wird die wahrscheinlichste Konzentrationsverteilung praktisch darin bestehen, daß im betrachteten Volumen alle beteiligten Gase - und somit auch der Wasserdampf - überall die gleiche Konzentration aufweisen. Solange dieser Zustand nicht erreicht ist, findet Diffusion statt.

Als Diffusionsstrom bezeichnen wir jene Menge der betrachteten Substanz, die durch eine Fläche pro Zeiteinheit diffundiert. Herrscht in einem Raum überall der gleiche Gesamtdruck, so ist es zweckmäßig, sich die Fläche in diesem Raum ruhend zu denken, da auch nach dem Konzentrationsausgleich wieder überall der gleich Gesamtdruck vorliegen wird. Eventuelle, während der Diffusion vorübergehend lokal auftretende Gesamtdruckunterschiede und daraus resultierende Strömungen sind meist vernachlässigbar.

Bezieht man den Diffusionstrom auf die Flächeneinheit, so erhält man die Diffusionsstromdichte. Diese kann beispielsweise in $mol \cdot m^{-2}s^{-1}$ oder in $kg \cdot m^{-2}s^{-1}$ ausgedrückt werden, je nachdem ob man die betrachtete Substanz durch die Stoffmenge oder durch deren Masse ausdrücken will.

Wenn wir - analog zum Fourierschen Wärmeleitungsansatz - die lokale Diffusionsstromdichte $\vec{i}$ proportional zum lokalen Konzentrationsgefälle ansetzen, so erhalten wir das erste Ficksche Gesetz, das wir im Falle eindimensionaler Diffusion in x-Richtung in der Form

$$i = - D \cdot \frac{\partial c}{\partial x} \qquad (3.3)$$

anschreiben. Darin bedeutet c die Konzentration, also die Substanzmenge je Volumseinheit, die entsprechend der Diffusionsstromdichte beispielsweise in $mol \cdot m^{-3}$ oder $kg \cdot m^{-3}$ ausgedrückt werden soll. Der positive Proportionalitätsfaktor D wird Diffusionskoeffizient genannt. Solange in den Größen i und c die Einheit zur Erfassung der Substanzmenge übereinstimmend gewählt wird, hat D die Dimmension einer Fläche pro Zeiteinheit (z.B. m^2s^{-1}).

Die Diffusionsstromdichte $\vec{i}$ ist entgegen dem Konzentrationsgradienten gerichtet und betragsmäßig proportional zu diesem Gradienten. Die Verallgemeinerung auf den dreidimensionlen Fall ist evident:

$$\vec{i} = -D \cdot \text{grad}\, c . \qquad (3.4)$$

Wenn wir Substanzerhaltung annehmen, gilt analog zu dem bei der Wärmeleitung gesagten (Teil II), daß die zeitliche Änderung $-\partial c/\partial t$ der Konzentration gleich der Divergenz der Diffusionsstromdichte $\vec{i}$ sein muß,

$$-\frac{\partial c}{\partial t} = \text{div}\, \vec{i} \qquad (3.5)$$

und somit - durch Einsetzen von $\vec{i}$ aus Gleichung (3.4) - gilt:

$$\frac{\partial c}{\partial t} = \text{div}(D \cdot \text{grad}\, c). \qquad (3.6)$$

Der Diffusionskoeffizient D wird von den lokalen Verhältnissen abhängen. Dabei können die Temperatur, der Gesamtdruck, die Eigenschaften der an der Diffusion beteiligten Stoffe (Gase) sowie deren Konzentrationen von Einfluß sein.

Unter den im Bauwesen vorliegenden Temperatur- und Druckverhältnissen sowie bei den üblicherweise in der Atmosphäre möglichen Wasserdampfkonzentrationen ist der Koeffizient D annähernd umgekehrt proportional zum Gesamtdruck, nimmt mit der Temperatur zu und ist nahezu unabhängig von der Konzentration.

Die Tabelle 3.1 gibt einen Überblick über die Temperaturabhängigkeit des Diffusionskoeffizienten D von Wasserdampf in Luft für geringe Wasserdampfkonzentrationen bei einem Gesamtdruck von 101325 Pa /2/.

Tabelle 3.1: Zur Temperaturabhängigkeit von D und $D/(R_D\ T)$ bei einem Gesamtdruck von 101325 Pa

Temp. ^oC	D m^2s^{-1}	$1/N=D/(R_D{\cdot}T)$ s	Temp. ^oC	D m^2s^{-1}	$1/N=D/(R_D{\cdot}T)$ s
-20	$1{,}95\ 10^{-5}$	$1{,}669\ 10^{-10}$	10	$2{,}36\ 10^{-5}$	$1{,}806\ 10^{-10}$
-10	$2{,}08\ 10^{-5}$	$1{,}713\ 10^{-10}$	20	$2{,}50\ 10^{-5}$	$1{,}848\ 10^{-10}$
0	$2{,}22\ 10^{-5}$	$1{,}761\ 10^{-10}$	30	$2{,}65\ 10^{-5}$	$1{,}894\ 10^{-10}$

Die lineare Regression nach der Methode der kleinsten Fehlerquadratsumme über den Datenbereich, den Tabelle 3.1 abdeckt, erlaubt die folgende Darstellung für den Diffusionskoeffizienten:

$$D = \frac{101325}{p}\cdot(1{,}42\cdot 10^{-7}\cdot\theta + 2{,}224\cdot 10^{-5})\ m^2s^{-1}. \qquad (3.7)$$

Darin wird p in Pa und θ in ^oC eingesetzt.

Analog zur Wärmeleitung ergibt sich im stationären Fall aus (3.6)

$$\mathrm{div}(D\cdot \mathrm{grad}\ c) = 0 \qquad (3.8)$$

und für den Fall, daß D ortsunabhängig ist:

$$\Delta c = 0. \qquad (3.9)$$

Diese Gleichung wird im eindimensionalen Fall zu einer gewöhnlichen Differentialgleichung zweiter Ordnung, deren allgemeine Lösung

$$c(x) = ax + b \qquad (3.10)$$

ist, wobei a und b Konstante sind, die aus den Randbedingungen hervorgehen.

Wir können die Konzentration c von Wasserdampf beispielsweise durch die Dampfdichte ρ_D nach Gleichung (1.37) ausdrücken. Im Bauwesen wird jedoch gerne der Dampfdruck p_F als Maß für die Wasserdampfkonzentration herangezogen, indem die Gültigkeit des Daltonschen Gesetzes und somit die der idealen Gasgleichung für Wasserdampf vorausgesetzt wird.

$$\rho_D = \frac{p_F}{R_D \cdot T} . \qquad (3.11)$$

Die Diffusionsstromdichte i ergibt sich dann nach (3.3) zu:

$$i = - \frac{D}{R_D \cdot T} \cdot \frac{\partial p_F}{\partial x} . \qquad (3.12)$$

Der Faktor $D/(R_D \cdot T)$ ist temperaturabhängig (siehe Tab.3.1) und umgekehrt proportional zum Gesamtdruck p. Bei $5^\circ C$ und $10^5 Pa$ ergibt sich:

$$\frac{1}{N} = \frac{D}{R_D \cdot T} = 1{,}8115 \cdot 10^{-10} \text{ s}. \qquad (3.13)$$

Temperaturbedingte Abweichungen von diesem Wert liegen im Bauwesen unter 6% dieses Wertes und sind daher praktisch zu vernachlässigen. Unter dieser Voraussetzung gelten die Gleichungen (3.9) und (3.10), auch wenn man statt der Konzentration c den Dampfdruck p_F einführt. Bei eindimensionaler, quellenfreier, stationärer Wasserdampfdiffusion ist der Dampfdruck eine lineare Funktion der Ortskoordinate (x). Die Diffusionsstromdichte ist konstant.

An der Stelle $x = x_I$ herrsche der konstante Dampfdruck $p_{F,I}$, bei $x = x_{II}$ der konstante Dampfdruck $p_{F,II}$. Die konstante Diffusionsstromdichte i ist:

$$i = \frac{1}{N} \frac{p_{F,I} - p_{F,II}}{x_I - x_{II}} . \qquad (3.14)$$

Der Dampfdruck an der Stelle x zwischen x_I und x_{II} ist gegeben durch:

$$p_F(x) = p_{F,I} - i \cdot N \cdot (x - x_I) . \qquad (3.15)$$

3.2. Wasserdampfdiffusion im Bauteil

Bauteile, insbesondere Außenbauteile, sind den oft starken Temperaturschwankungen und beachtlichen Veränderungen des Feuchtigkeitsgehaltes der Luft ausgesetzt. Entsprechend diesen Schwankungen können Wärme- und Feuchtigkeitstransport im Bauteil eng verkoppelt sein. Besonders augenfällig wird diese Verkoppelung, wenn Sorptions- und Desorptionsvorgänge zur Bildung von Wärmequellen und Wärmesenken im Material führen. Aber auch die Diffusionsvorgänge selbst stellen eine Art des konvektiven Wärmetransportes dar, ebenso natürlich der Wassertransport durch Kapillarleitung. Jede Änderung des Material-Feuchtigkeitsgehaltes zieht überdies eine Veränderung jener Materialeigenschaften nach sich, die für Wärme- und Stofftransporte maßgebend sind.

Von einer globalen, instationären Erfassung all dieser Vorgänge und ihrer komplexen Wechselwirkungen sind wir nach dem derzeitigen Stand des Wissens weit entfernt. Vor allem aus diesem Grund werden wir uns in diesem Abschnitt auf die Andeutung einiger wesentlicher Ansätze beschränken müssen. Die im folgenden dargestellten feuchtigkeitstechnischen Berechnungen beruhen auf der Annahme stationärer Temperatur- und Dampfdruckverhältnisse und dienen daher nur einer rohen Abschätzung der tatsächlich ablaufenden Vorgänge. In diesem Sinne ist auch das gängige Berechnungsverfahren nach Glaser /5/ nur als grobe Näherung zu verstehen.

3.2.1. Stationäre quellenfreie Dampfdiffusion im Bauteil

Im Bemühen die verwickelten Vorgänge um den Wasserdampftransport in Bauteilen mit einfachen Mitteln zu quantifizieren, hat man im Bauwesen einen naheliegenden Weg eingeschlagen: Man führt den Wasserdampftransport im Bauteil auf jenen in Luft zurück, indem man den Proportionalitätsfaktor -1/N in (3.14) zur Berechnung der Dampfdiffusionsstromdichte i aus dem Dampfdruckgefälle mit einem Korrekturfaktor versieht. Dieser dimensionslose Faktor soll der gegenüber der Luft verminderten "Dampfleitfähigkeit" des Bauteiles Rechnung tragen.

$$i = -\frac{1}{N\cdot\mu}\cdot\frac{\Delta p_F}{d}. \qquad (3.16)$$

(Δp_F: Dampfdruckdifferenz; d: Schichtdicke des homogenen Bauteiles; i hat die Richtung des Dampfdruckgefälles)

Das Produkt $N \cdot \mu \cdot d$ stellt den "Diffusionsdurchlaßwiderstand", der Faktor μ den "Diffusionwiderstandsfaktor" des Bauteiles dar.

Die Einführung des Faktors μ und die damit verbundene Anknüpfung an die Diffusion in Luft ist teilweise berechtigt. Besonders bei porösen Baustoffen erfolgt die Dampfdiffusion vorzugsweise in den luftgefüllten Poren und Kapillaren. Wenn diese jedoch durch Sorption (Kondensation) mit Wasser "verstopft" sind, hinkt die Analogie zur Diffusion in Luft. Der Wasserdampftransport durch den festen Körper selbst (Permeation) ist zwar auch eine Form der Diffusion, läßt sich aber kaum mit jener in Luft vergleichen. Insbesonders wird die Temperatur-, Druck- und Konzentrationsabhängigkeit des Diffusionskoeffizienten anders als bei Wasserdampf in Luft sein. Wir müssen uns daher im klaren darüber sein, daß die im Bauwesen eingebürgerte Verwendung des Diffusionswiderstandsfaktors vor allem bei nicht porösen Stoffen (Anstriche, Gummi, Teerpappe, Aluminium, Kunstharz, etc.) eine starke Vereinfachung darstellt.

In Tabelle 3.2 /12/ sind Diffusionswiderstandsfaktoren einiger Baustoffe zusammengestellt.

Tabelle 3.2: Diffusionswiderstandsfaktoren einiger Baustoffe

Bezeichnung	μ	Bezeichnung	μ
Innenputz	15	Außenputz	35
Gipsmörtel	10	Ortbeton	50
Beton-Fertigteile	100	Bimsbeton	10
Gasbeton	5	Vollziegel	10
Glasmosaik	200	Mauerwerk aus Klinker	100
Korkplatten	10	Holz	50
Faserdämmstoffe	1	Poröse Holzfaserplatten	5
Polystyrol extr.	100-130	Bitumenpapier	2500
Dachpappe	50000	Polyvinylfolie	50000
Polyäthylenfolie	100000	Bitumen-Dachdichtungsb.	40000

Wenn wir in der Folge N (bzw.1/N) als temperatur- und druckunabhängige Konstante - siehe (3.13) - betrachten, so ist dies eine meist unwesentliche Vernachlässigung, die umso weniger ins Gewicht fällt, als die Werte für μ oft stark streuen, und μ sicher nicht als konstante Stoffeigenschaft anzusehen ist.

Das Produkt $\mu \cdot d$ in (3.16) stellt die Dicke einer Luftschicht dar, die - unter sonst gleichen Bedingungen - den gleichen Diffusionsdurchlaßwiderstand wie die betrachtete Baustoffschicht aufweist. Es wird deshalb "diffusionsäquivalente Luftschichtdicke" genannt. Bei einem mehrschichtigen ebenen Bauteil ist der Gesamt-Diffusionsdurchlaßwiderstand die Summe der Einzelwiderstände. Bei konstantem N ist die diffusionsäquivalente Luftschichtdicke des n-schichtigen Bauteiles die Summe der einzelnen diffusionsäquivalenten Luftschichtdicken.

$$\mu \cdot d = \sum_{j=1}^{m} \mu_j \cdot d_j . \qquad (3.17)$$

μ_j und d_j stellen den Diffusionswiderstandsfaktor und die Dicke der j-ten Schicht dar.

Zur graphischen Darstellung des stationären Dampfdruckverlaufes in einer ebenen Wand eignet sich das "$\mu \cdot d$-p-Diagramm". In diesem Diagramm werden die diffusionsäquivalenten Luftschichtdikken $\mu_j \cdot d_j$ der einzelnen Schichten in der Reihenfolge ihres Auftretens (z.B. von Innen nach Außen) aneinandergrenzend aufgetragen. In der derart konstruierten "Luftschicht" verläuft der Dampfdruck linear (Abb. 3.1). In dieser fiktiven Luftschicht nennen wir die interessierende Ortskoordinate z und orientieren sie nach außen. Wir erhalten dann positive Diffusionsstromdichten, wenn der Dampfstrom nach außen dringt.

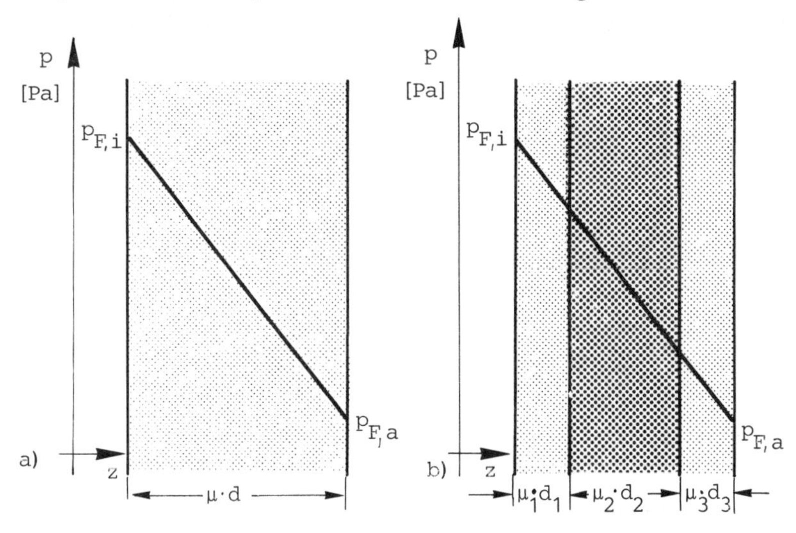

Abb.3.1: Dampfdruckverlauf in einer ebenen Wand im $\mu \cdot d$-p-Diagramm
a) einschichtig, b) mehrschichtig

In Analogie zur Gleichung (3.16), bei der wir es mit dem Vorzeichen noch nicht genau genommen haben, gilt nun:

$$i = -\frac{1}{N}\cdot\frac{dp_F}{dz}\,. \qquad (3.18)$$

Beispiel: Unter winterlichen Bedingungen herrsche an der Innenoberfläche einer Außenwand der Dampfdruck 1500 Pa (ca. 24°C, 50%rF), an der Außenoberfläche ein solcher von 210 Pa (ca. 10°C, 80%rF). Welcher stationäre Diffusionsstrom stellt sich in einer solchen Wand von 8 m^2 ein.

Wandaufbau	d(m)	μ(-)	μ·d(m)
Putz	0,02	10	0,2
Beton	0,30	100	30
Dämmstoff	0,05	1	0,05
Putz	0,03	35	1,05
Summe	0,40		31,30

Mit $1/N = 1{,}8115\cdot 10^{-10}$s und Gleichung (3.16) wird

$$i = 7{,}466\cdot 10^{-6}\,kg\cdot m^{-2}s^{-1}.$$

In einer Stunde durchdringen ca. 0,22 g Wasserdampf die 8 m^2 Wand. Dies stellt etwa 0,5% der durch einen ruhenden Menschen stündlich an die Luft abgegebenen Wassermenge dar.

Zur Berechnung des Dampfdruckes $p_{F,m}$ an der Schichtgrenze zwischen der m-ten und (m+1)-ten Schicht einer n-schichtigen Wand genügt es, die nachstehende Beziehung nach diesem aufzulösen (Abb.3.1).

$$\frac{p_{F,i} - p_{F,m}}{p_{F,i} - p_{F,a}} = \frac{\sum_{j=1}^{m} \mu_j\cdot d_j}{\sum_{j=1}^{n} \mu_j\cdot d_j}\,. \qquad (3.19)$$

An der Grenze zwischen Bauteiloberfläche und Luft findet ein Wasserdampfübergang statt. Dieser wird in erster Linie durch Konvektionsvorgänge und somit auch durch die Temperaturen der Luft und der Bauteiloberfläche bestimmt. Der "Stoffübergangswiderstand" zwischen Luft und Bauteil ist bei der Berechnung des Diffusionsstromes durch den Bauteil irrelevant. Er stellt - verglichen mit dem Diffusionsdurchlaßwiderstand einer Wand - keine nennenswerte Behinderung des Wasserdampftransportes dar, sodaß man beruhigt den Dampfdruck der Luft mit jenem an der Bauteiloberfläche ($p_{F,i}$ bzw. $p_{F,a}$) identifizieren kann. Dies gilt jedoch nur, solange die Bauteiloberflächentemperatur über dem Taupunkt θ_T liegt.

3.2.2. Stationäre Dampfdiffusion bei Kondensation im Bauteil

Der im vorigen Abschnitt beschriebene lineare Dampfdruckverlauf im μ.d-p-Diagramm über den gesamten Querschnitt des Bauteiles ist nur zutreffend, wenn neben den Dampfdruckvorgaben an den Oberflächen keine weiteren Bedingungen für den Dampfdruck zum Tragen kommen. Solche Bedingungen können wirksam werden, wenn der Dampfdruck aufgrund der Temperaturverhältnisse im Bauteil oder aufgrund der Anwesenheit von Wasser (z.B. Kernkondensat, Schlagregeneindringung etc.) vorgegeben ist. Der Dampfdruck muß sich diesen Bedingungen unterwerfen. Dort wo sie nicht zum tragen kommen, wird der Dampfdruck nach wie vor linear - allerdings entsprechend verändert - verlaufen. Für unsere Zwecke können wir daher annehmen, daß der Dampfdruckverlauf im $\mu \cdot$d-p-Diagramm durch die "kürzeste" Kurve zwischen $p_{F,i}$ und $p_{F,a}$ - unter Einhaltung aller Vorgaben - dargestellt wird. Das Problem besteht also darin, diese Vorgaben richtig und vollständig auf dieses Diagramm zu übertragen.

Eine wesentliche Bedingung für den Dampfdruckverlauf im trockenen Bauteil ist die, daß der Sättigungsdampfdruck eine obere Schranke für den tatsächlichen Dampfdruck bildet. Aus Unkenntnis über Porengrößen, Kapillardurchmesser und sonstige den Sättigungsdampfdruck beeinflussenden Größen (Sorption) begnügen wir uns mit dem vorzugsweise von der Temperatur abhängigen Sättigungsdampfdruck $p_{FS}(\theta)$.

Für eine feuchtigkeitstechnische Beurteilung von Außenbauteilen werden wir daher die unter ungünstigen Verhältnissen im Mittel zu erwartenden Temperaturen im Bauteil benötigen. Bei Kühlhäusern werden diese Verhältnisse im Sommer, bei normalen Räumen hingegen im Winter auftreten. Aus diesen Temperaturen ergibt sich dann der Sättigungsdampfdruckverlauf im Bauteil, den wir in das $\mu \cdot$d-p-Diagramm einzeichnen (Abb.3.2).

Liegt die geradlinige Verbindung zwischen $p_{F,i}$ und $p_{F,a}$ - entsprechend Abb.3.1 - stellenweise über dem Verlauf des Sättigungsdampfdruckes, so muß der Dampfdruckverlauf im Sinne der kürzesten Verbindung zwischen $p_{F,i}$ und $p_{F,a}$ unter Einhaltung der Sättigungsdampfdruckbedingungen korrigiert werden.

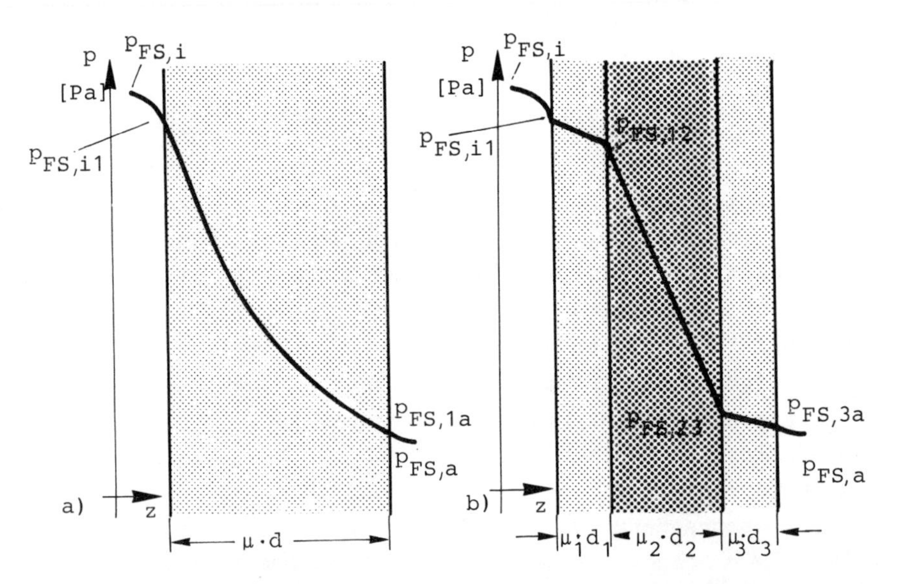

Abb.3.2: Sättigungsdampfdruckverlauf in einer ebenen Wand im μ·d-p-Diagramm
a) einschichtig, b) mehrschichtig

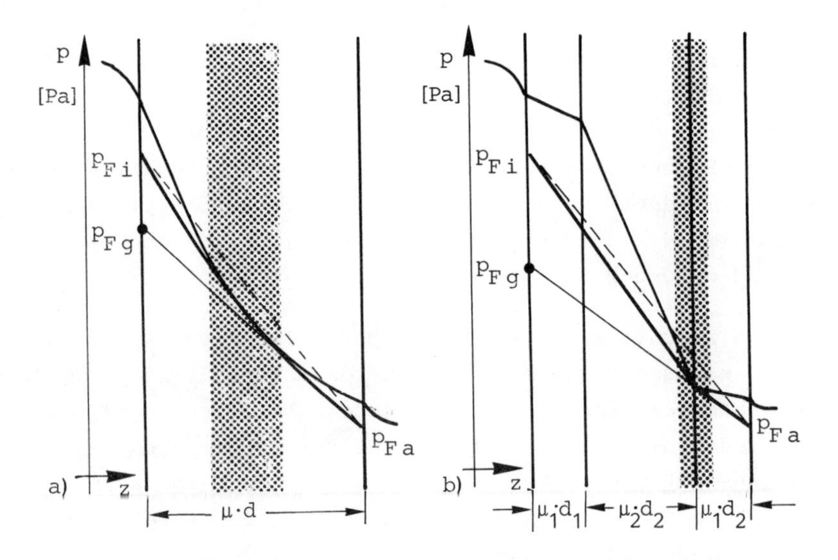

Abb. 3.3: Dampfdruckverlauf in einer ebenen Wand bei Kernkondensation im μ·d-p-Diagramm. Die gestrichelte Linie würde dem Dampfdruckverlauf ohne Kondensation entsprechen
a) einschichtig, b) mehrschichtig

Abb.3.3 zeigt dies schematisch am Beispiel eines einschichtigen bzw. dreischichtigen Bauteils. Die Korrektur kann beispielsweise darin bestehen, von den vorgegebenen Punkten $p_{F,i}$ und $p_{F,a}$ an den Bauteilgrenzen Tangenten an die stetige Sättigungsdampfdruckkurve im $\mu\cdot d$-p-Diagramm zu legen (a) oder diese Punkte mit einem Knickpunkt dieser Kurve zu verbinden (b). Überall dort, wo der "neue" Dampfdruckverlauf im $\mu\cdot d$-p-Diagramm seine Richtung ändert, wird sich die Diffusionsstromdichte ändern, da diese ja - entsprechend Gleichung (3.18) - proportional zur Steigung dp_F/dz ist.

Wenn wir die Differenz zwischen ankommender Diffusionsstromdichte i_i und abgehender i_a bilden, erhalten wir die je Zeit- und Flächeneinheit im gesamten Bauteilquerschnitt anfallende Kondensatmenge g_K:

$$g_K = i_i - i_a = - \frac{1}{N}\cdot\left(\frac{dp_F}{dz}\Big|_i - \frac{dp_F}{dz}\Big|_a\right). \qquad (3.20)$$

Sie kann - zumindest überschlägig - dazu verwendet werden, die flächenbezogene Kondensatmenge im Bauteil über einen kritischen Zeitraum (Winter) abzuschätzen. Dies kann im Zusammenhang mit der Lage der durchfeuchteten Zone Rückschlüsse auf die Gefährdung des Bauteils (Sprengwirkung durch Eisbildung, Verrottung etc.) oder des Wärmeschutzes erlauben.

Wenn wir die dem abgehenden Diffusionsstrom entsprechende Gerade zur Wandinnenseite verlängern, können wir den unter diesen Temperatur- und Außenfeuchtebedingungen zulässigen Grenz-Dampfdruck $p_{F,g}$ der Innenluft ablesen, bei dem es gerade nicht zur Kernkondensation kommt (Abb.3.3). Eine weitere Verlängerung bis auf die Höhe des Dampfdruckes $p_{F,i}$ erlaubt die auf der Warmseite der Kondensationszone anzubringende diffusionsäquivalente Luftschichtdicke $(\mu\cdot d)_{zus}$ zu ermitteln, welche unter den angenommenen Bedingungen Kernkondensation verhindert.

$$\frac{(\mu\cdot d)_{zus} + \sum_{j=1}^{n} \mu_j\cdot d_j}{p_{F,i} - p_{F,a}} = \frac{\sum_{j=1}^{n} \mu_j\cdot d_j}{p_{F,g} - p_{F,a}}. \qquad (3.21)$$

Die Ermittlung der Diffusionsstromdichte im Bauteil mit Hilfe der "kürzesten" Verbindung zwischen $p_{F,i}$ und $p_{F,a}$ an den Bauteilgrenzen (im $\mu\cdot d$-p-Diagramm) geht letztlich auf Glaser /5/ zurück. Dieses Verfahren bedeutet eine wesentliche Verbesserung bei der feuchtigkeitstechnischen Beurteilungsmethode von Bauteilen gegenüber jener, die allein darin besteht, bei "ungestörtem" Dampfdruckverlauf die Taupunkt-Ebenen im Bauteil zu ermitteln. Bei letzterem Verfahren wird die durchfeuchtete Zone oft viel zu breit eingeschätzt. Sie ergäbe sich in jenem Wandbereich, der durch die Schnittpunkte der Sättigungskurve mit der strichlierten Geraden ("ungestörter" Dampfdruckverlauf entsprechend Abb.3.3) gegeben ist. Unter der angenommenen Bedingung, der Sättigungsdampfdruck wäre nur eine obere Schranke für der tatsächlichen Dampfdruck, ist ein Dampfdruckverlauf durch einen derartigen Schnittpunkt nicht denkbar. Die ankommende Dampfstromdichte wäre dort geringer als die abgehende, was bei Fehlen einer Dampfquelle (Wasser) unter stationären Bedingungen unmöglich ist.

Sogenannte Oberflächenkondensation an der Warmseite einer Wand ist zu erwarten, wenn die Oberflächentemperatur unter dem Taupunkt der angrenzenden Luft liegt. Denken wir uns den Bauteil an der Warmseite um eine dem Stoffübergangswiderstand entsprechende Luftschicht erweitert, so können wir die eventuell ausgeschiedene Wassermenge nach der gleichen Methode berechnen, wie sie bei der Kernkondensation geschildert wurde. Die Kondensation an der Oberfläche oder im oberflächennahen Bereich ist gegenüber jener im Bauteil nur insofern ein Sonderfall, als die Bestimmung des Sättigungsdampfdruckes p_{FS} an der Oberfläche in hohem Maße von der Wahl des Wärmeübergangskoeffizienten (α_i) abhängt und der Stoffübergangswiderstand nunmehr stark zum tragen kommt.

Sowohl α_i als auch der Stoffübergangswiderstand - bzw. die ihm entsprechende Luftschichtdicke d_L - sind jedoch ziemlich unbekannt. Die Luftschichtdicke d_L liegt in der Größenordnung weniger Millimeter (4 mm bis 6 mm), α_i kann mit Werten zwischen $5\ W \cdot m^{-2}K^{-1}$ und $8\ W \cdot m^{-2}K^{-1}$ angenommen werden. Die diffusionsäquivalente Luftschichtdicke $\mu \cdot d$ von Bauteilen liegt meist einige Größenordnungen über d_L, sodaß man im Falle eines starken Dampfdruckgefälles zwischen Raumluft und materieller Bauteiloberfläche die in den Bauteil abgehende Dampfstromdichte gegenüber jener in der "Grenzschicht" vernachlässigen kann.

3.2.3. Stationäre Dampfdiffusion bei Austrocknung im Bauteil

Die bisher genannte Bedingung, daß der Sättigungsdampfdruck eine obere Schranke für den tatsächlichen Dampfdruck bildet, gilt eigentlich nur für den trockenen Bauteil. "Verschärfte" Bedingungen herrschen bei Anwesenheit von Kondensat oder sonstwie in den Bauteil gelangten Wassers. An Stellen, wo H_2O in flüssiger (oder fester) Form im Bauteil auftritt, müssen wir den tatsächlichen Dampfdruck dem Sättigungsdampfdruck $p_{FS}(\theta)$ bei der vorliegenden Temperatur θ gleichsetzen.

Die Abb.3.4 zeigt schematisch am Beispiel einer einschichtigen Wand den Dampfdruckverlauf im $\mu \cdot d$-p-Diagramm, wie er etwa unter sommerlichen Verhältnissen bei bereichsweise nassem Bauteil denkbar wäre. Von der durchfeuchteten Zone diffundiert der Wasserdampf nach beiden Seiten aus dem Bauteil. Wenn wir uns wie bisher die Abszissenachse z von innen nach außen gerichtet denken, ergibt sich die gesamte zeit- und flächenbezogene "Kondensatmenge" nach Gleichung (3.20) negativ. Dies entspricht einer Austrocknung. Die Kenntnis der flächenbezogenen "Austrocknungsgeschwindigkeit" erlaubt die Abschätzung, ob die flächenbezogene Wassermenge, die unter ungünstigen Verhältnissen angefallen ist, nunmehr in vernünftigen Zeiträumen abzutrocknen vermag.

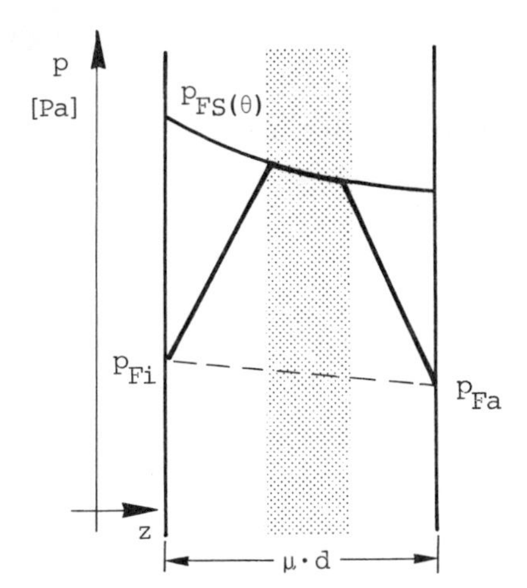

Abb. 3.4: Dampfdruckverlauf in einer ebenen Wand bei Austrocknung von Kernkondensation (schematisch)

3.2.4. Bemerkungen zur Dampfdiffusion im Bauteil, Kapillarleitung

Die bisherigen Betrachtungen zur Dampfdiffusion im Bauteil unter Berücksichtigung von "Dampfquellen" bzw. "Dampfsenken" haben uns zu einfachen Vorgaben hinsichtlich des Dampfdruckes geführt. An trockenen Stellen darf der lokale Dampfdruck nicht über dem entsprechenden Sättigungsdampfdruck liegen, an nassen Stellen ist der Dampfdruck durch den Sättigungsdampfdruck selbst gegeben.

Betrachten wir zunächst die Vorgänge bei der Bildung von Kondensat. Ein solches ist zu erwarten, wenn sich das Dampfdruckgefälle $-dp/dz$ im $\mu \cdot d$-p-Diagramm (stetig oder abrupt) verringert (Abb.3.3). Die lokale Änderung des Dampfdruckgefälles gibt uns Aufschluß über die zeit- und flächenbezogene Kondensatmenge - in Analogie zur Bilanzgleichung (3.20). Im allgemeinen muß man nun erwarten, daß sich dieses Kondensat im Bauteil verteilt. Dies ist besonders naheliegend und anschaulich, wenn das Kondensat im zunächst "trockenen" Bauteil in einer "Kondensationsebene" - etwa an einer Schichtgrenze - auftritt. Das Wasser muß ja ein entsprechendes Volumen zur Verfügung haben, läßt sich somit sicher nicht in einer Ebene unterbringen. Es wird nun wesentlich von den Eigenschaften der betroffenen Baustoffe abhängen, wohin und wie weit das Kondensat sich ausbreitet. Die dominierende Rolle spielen dabei die Kapillareigenschaften der porösen Stoffe. An Schichtgrenzen wird das Wasser bevorzugt in jene Schicht eindringen, deren kapillare "Saugkraft" höher ist (z.B. feine Kapillaren, bessere Benetzung). Die derzeitigen Kenntnisse über die Zusammenhänge betreffend die Kapillarleitung in Bauteilen beruhen auf der Auswertung relativ weniger Messungen und beschränken sich auf empirische Darstellungen /13/. Ein rascher und fundierter Fortschritt auf diesem Gebiet wäre sehr erstrebenswert, da das Vorhandensein des Kondensats nicht nur die thermischen und diffusionstechnischen Eigenschaften lokal verändert, sondern auch die Bedingungen für den Dampfdruckverlauf an den nassen Stellen "schärfer" sind, als dies ohne Kondensat der Fall ist.

Nicht nur das Vorhandensein sondern auch die Entstehung des Kondensats selbst zieht Veränderungen im Bauteil nach sich, da bei der Kondensation bekanntlich Latentwärme frei wird, also Wärmequellen im Bauteil auftreten. Diese Wärmequellen sind meist - entsprechend der hoffentlich geringen Kondensatbildung - vernachlässigbar. Wollten wir sie berücksichtigen, so wären sie im zunächst trockenen Bauteil an den Stellen der Kondensatbildung anzutreffen. Sobald aber Wasser vorhanden ist, können sich die Wärmequellen verlagern, da beispielsweise die Änderung der thermischen und diffusionstechnischen Eigenschaften den Temperaturverlauf, den Sättigungsdampfduckverlauf und somit den tatsächlichen Dampfdruckverlauf im Bauteil verändert. Das in Abschnitt 3.2.2 behandelte stationäre Verhalten bei beginnender Kondensation wird im Zuge der Kondensatbildung zu einem komplizierten instationären Problem - auch wenn die Temperatur- und Dampfdruckvorgaben an den Bauteiloberflächen zeitlich unverändert beibehalten werden.

Ganz ähnlich liegen die Verhältnisse bei der quantitativen Erfassung des Verdunstungsvorganges in Bauteilen. Dabei treten an den Orten der Verdunstung Wärmesenken auf. Die Verringerung der Wassermenge im Bauteil ändert natürlich auch die thermischen und diffusionstechnischen Eigenschaften des Materials, die lokale Austrocknung liefert dort "erleichterte" Dampfdruckbedingungen. Eine pessimistische Abschätzung der Austrocknungsdauer - damit liegt man auf der sicheren Seite bei der Beurteilung des Bauteils - erfolgt meist derart, daß die gesamte Kondensatmenge in der Mitte der Kondensationszone (Abb.3.3a) oder in der Kondensationsebene (Abb.3.3b) angenommen wird. Dies ist aber nur dann zutreffend, wenn das Wasser durch Kapillarleitung nicht in noch "ungünstigere" Zonen gelangt ist.

Bei geringer Kondensatmenge haben sich die stationären Berechnungsmethoden für Kondensatanfall und Austrocknungszeit durchaus bewährt. Wir wollen uns aber stets vergegenwärtigen, daß wir bei ihrer Anwendung grobe Vereinfachungen in den Annahmen treffen, und prüfen, ob diese auch einigermaßen gerechtfertigt sind. Insbesondere bei stark durchfeuchteten Bauteilen (nicht vollständig ausgetrocknete Restbaufeuchte, Schlagregen) können diese einfachen Berechnungen die Realität völlig verfehlen.

Aus der einfachen Darstellung des Dampfdruckverlaufes im $\mu \cdot d$-p-Diagramm können wir praktische bauliche Konsequenzen zur

Vermeidung von Kondensation ziehen. Wir müssen uns einerseits bemühen, den Sättigungsdampfdruck und damit die Temperatur im Bauteilquerschnitt möglichst hoch zu halten. Dies ist durch Wärmedämmung an der Kaltseite erreichbar. Andererseits soll der tatsächliche Dampfdruck niedrig gehalten werden. Dazu wird man dampfbremsende Schichten stets an der Warmseite anbringen, an der Kaltseite hingegen auf hohe Dampfdurchlässigkeit achten. Eine hohe Dampfdurchlässigkeit, etwa durch poröse Stoffe, favorisiert aber auch die Wasseraufnahme, sodaß dies an schlagregenexponierten Bauteilen auch Nachteile hat. Diesem Dilemma kann man durch dichte aber vorgehängte, hinterlüftete Fassadenelemente oder durch poröse, dampfdurchlässige aber wasserabweisende Putze (Imprägnierung) entgehen. Sehr dampfbremsende Schichten (Dampfsperren) an der Warmseite sind nicht immer willkommen, da sie die Austrocknung (Neubau) stark behindern und - nahe der raumseitigen Oberfläche angebracht - die oft erwünschte "Feuchtigkeitspufferwirkung" der Wände reduzieren.

Sättigungsdampfdruck (in Pascal) von Wasserdampf in feuchter Luft über einer ebenen Eisfläche bei einem Luftdruck von 100000 Pa

Temperatur °C	0,0	0,1	0,2	0,3	0,4	0,5	0,6	0,7	0,8	0,9
-20	103.6	102.7	101.7	100.7	99.7	98.8	97.8	96.9	96.0	95.0
-19	114.0	113.0	111.9	110.8	109.8	108.7	107.7	106.7	105.6	104.6
-18	125.4	124.2	123.0	121.9	120.7	119.6	118.5	117.3	116.2	115.1
-17	137.8	136.5	135.2	133.9	132.7	131.4	130.2	129.0	127.8	126.6
-16	151.2	149.8	148.4	147.1	145.7	144.3	143.0	141.7	140.4	139.0
-15	165.9	164.4	162.9	161.4	159.9	158.4	157.0	155.5	154.1	152.6
-14	181.9	180.2	178.6	176.9	175.3	173.7	172.1	170.6	169.0	167.4
-13	199.2	197.4	195.7	193.9	192.1	190.4	188.6	186.9	185.2	183.5
-12	218.1	216.2	214.2	212.3	210.4	208.5	206.6	204.7	202.9	201.1
-11	238.6	236.5	234.4	232.3	230.2	228.1	226.1	224.1	222.1	220.1
-10	260.8	258.5	256.2	254.0	251.7	249.5	247.3	245.1	242.9	240.7
-9	285.0	282.5	280.0	277.5	275.1	272.7	270.3	267.9	265.5	263.2
-8	311.1	308.4	305.7	303.0	300.4	297.8	295.2	292.6	290.0	287.5
-7	339.4	336.5	333.6	330.7	327.8	325.0	322.2	319.4	316.6	313.8
-6	370.1	366.9	363.7	360.6	357.5	354.4	351.4	348.4	345.3	342.4
-5	403.2	399.8	396.4	393.0	389.6	386.3	383.0	379.7	376.5	373.3
-4	439.0	435.3	431.6	428.0	424.4	420.8	417.2	413.7	410.2	406.7
-3	477.8	473.7	469.8	465.8	461.9	458.0	454.2	450.3	446.5	442.8
-2	519.6	515.2	510.9	506.7	502.5	498.3	494.1	490.0	485.9	481.8
-1	564.7	560.0	555.4	550.8	546.2	541.7	537.2	532.7	528.3	523.9
0	613.3	608.3	603.3	598.3	593.4	588.5	583.7	578.9	574.1	569.4

Ablesebeispiel: Sättigungsdampfdruck bei -19,3°C: p_{FS} = 110,8 Pa

Sättigungsdampfdruck (in Pascal) von Wasserdampf in feuchter Luft über einer ebenen Wasserfläche bei einem Luftdruck von 100000 Pa

Temperatur °C	0,0	0,1	0,2	0,3	0,4	0,5	0,6	0,7	0,8	0,9
0	613.4	617.8	622.3	626.9	631.4	636.0	640.6	645.3	649.9	654.6
1	659.4	664.2	668.9	673.8	678.6	683.5	688.4	693.4	698.4	703.4
2	708.4	713.5	718.6	723.8	729.0	734.2	739.4	744.7	750.0	755.3
3	760.7	766.1	771.6	777.0	782.6	788.1	793.7	799.3	805.0	810.6
4	816.4	822.1	827.9	833.7	839.6	845.5	851.5	857.4	863.5	869.5
5	875.6	881.7	887.9	894.1	900.3	906.6	912.9	919.3	925.7	932.1
6	938.6	945.1	951.6	958.2	964.9	971.6	978.3	985.0	991.8	998.7
7	1005.5	1012.5	1019.4	1026.4	1033.5	1040.6	1047.7	1054.9	1062.1	1069.4
8	1076.7	1084.0	1091.4	1098.9	1106.4	1113.9	1121.5	1129.1	1136.8	1144.5
9	1152.2	1160.0	1167.9	1175.8	1183.7	1191.7	1199.8	1207.9	1216.0	1224.2
10	1232.4	1240.7	1249.0	1257.4	1265.8	1274.3	1282.9	1291.4	1300.1	1308.7
11	1317.5	1326.3	1335.1	1344.0	1352.9	1361.9	1371.0	1380.1	1389.2	1398.4
12	1407.7	1417.0	1426.3	1435.8	1445.2	1454.8	1464.4	1474.0	1483.7	1493.4
13	1503.2	1513.1	1523.0	1533.0	1543.0	1553.1	1563.3	1573.5	1583.8	1594.1
14	1604.5	1614.9	1625.4	1636.0	1646.6	1657.3	1668.1	1678.9	1689.7	1700.7
15	1711.7	1722.7	1733.9	1745.0	1756.3	1767.6	1779.0	1790.4	1801.9	1813.5
16	1825.1	1836.8	1848.6	1860.4	1872.3	1884.3	1896.3	1908.4	1920.5	1932.8
17	1945.1	1957.4	1969.9	1982.4	1995.0	2007.6	2020.3	2033.1	2046.0	2058.9
18	2071.9	2085.0	2098.1	2111.3	2124.6	2138.0	2151.4	2165.0	2178.5	2192.2
19	2205.9	2219.7	2233.6	2247.6	2261.6	2275.8	2290.0	2304.2	2318.6	2333.0

Ablesebeispiel: Sättigungsdampfdruck bei 19,3 °C: p_{FS} = 2247,6 Pa

Sättigungsdampfdruck (in Pascal) von Wasserdampf in feuchter Luft über einer ebenen Wasserfläche bei einem Luftdruck von 100000 Pa

Temperatur °C	0,0	0,1	0,2	0,3	0,4	0,5	0,6	0,7	0,8	0,9
20	2347.5	2362.1	2376.8	2391.5	2406.3	2421.2	2436.2	2451.3	2466.4	2481.6
21	2497.0	2512.4	2527.8	2543.4	2559.0	2574.8	2590.6	2606.5	2622.5	2638.5
22	2654.7	2670.9	2687.2	2703.7	2720.2	2736.8	2753.4	2770.2	2787.1	2804.0
23	2821.0	2838.2	2855.4	2872.7	2890.1	2907.6	2925.2	2942.9	2960.6	2978.5
24	2996.4	3014.5	3032.6	3050.9	3069.2	3087.7	3106.2	3124.8	3143.5	3162.4
25	3181.3	3200.3	3219.4	3238.7	3258.0	3277.4	3296.9	3316.5	3336.3	3356.1
26	3376.0	3396.1	3416.2	3436.4	3456.8	3477.2	3497.8	3518.4	3539.2	3560.1
27	3581.1	3602.2	3623.4	3644.7	3666.1	3687.6	3709.2	3731.0	3752.8	3774.8
28	3796.9	3819.1	3841.4	3863.8	3886.3	3909.0	3931.7	3954.6	3977.6	4000.7
29	4023.9	4047.3	4070.7	4094.3	4118.0	4141.8	4165.8	4189.8	4214.0	4238.3
30	4262.7	4287.3	4311.9	4336.7	4361.6	4386.7	4411.8	4437.1	4462.5	4488.1
31	4513.7	4539.5	4565.5	4591.5	4617.7	4644.0	4670.4	4697.0	4723.7	4750.5
32	4777.5	4804.6	4831.8	4859.2	4886.7	4914.3	4942.1	4970.0	4998.1	5026.2
33	5054.6	5083.0	5111.6	5140.4	5169.2	5198.2	5227.4	5256.7	5286.1	5315.7
34	5345.5	5375.3	5405.4	5435.5	5465.8	5496.3	5526.9	5557.6	5588.5	5619.6
35	5650.8	5682.1	5713.6	5745.3	5777.1	5809.0	5841.2	5873.4	5905.8	5938.4
36	5971.1	6004.0	6037.0	6070.2	6103.6	6137.1	6170.8	6204.6	6238.6	6272.7
37	6307.1	6341.5	6376.2	6411.0	6445.9	6481.1	6516.4	6551.8	6587.5	6623.3
38	6659.2	6695.4	6731.7	6768.2	6804.8	6841.6	6878.6	6915.8	6953.1	6990.6
39	7028.3	7066.2	7104.2	7142.4	7180.8	7219.4	7258.2	7297.1	7336.2	7375.5
40	7415.0	7454.6	7494.5	7534.5	7574.7	7615.1	7655.7	7696.4	7737.4	7778.5

Ablesebeispiel: Sättigungsdampfdruck bei 20,3 °C: p_{FS} = 2391,5 Pa

Literatur

/1/ H. Franke, Lexikon der Physik, Stuttgart,1969, 3.Aufl. Franckhsche Verlagshandlung

/2/ International Meteorological Tables, World Meteorological Organisation, WMO-No.188.TP.14,1966

/3/ Van der Waals, Die Kontinuität des gasförmigen und flüssigen Zustandes, Leiden 1873, Dissertation

/4/ A. Sommerfeld, Vorlesungen über theoretische Physik, Band V, Thermodynamik und Statistik, Leipzig 1962, Geest & Portig

/5/ H. Glaser, Temperatur- und Dampfdruckverlauf in einer homogenen Wand bei Feuchtigkeitsausscheidung, Kältetechnik(10),6,1958

/6/ H. Recknagel, E. Sprenger, Taschenbuch für Heizung, Lüftung und Klimatechnik, München-Wien, 1982, Oldenbourg

/7/ W. Häussler, Lufttechnische Berechnungen im Mollier-i,x-Diagramm, Dresden 1973, Verlag Theodor Steinkopff

/8/ Duden, Rechtschreibung, Bd.1, Bibliographisches Institut Mannheim-Wien-Zürich,1980, Dudenverlag

/9/ Dictionary of Contemporary English, Langenscheidt-Longman,1978

/10/ K. Gertis, Die Wärmeleitung in feuchten Stoffen bei endo- bzw. exothermer Phasenänderung der Feuchtigkeit, GI,93(1972),12,S 354 ff.

/11/ W.F. Cammerer, Wärme- und Feuchtigkeitsschutz - 15 Jahre Forschung, Berlin-Bielefeld-München,1969, Erich Schmidt Verlag

/12/ Katalog für empfohlene Wärmeschutzrechenwerte von Baustoffen und Baukonstruktionen, Bundesministerium für Bauten und Technik, Wien 1979

/13/ J.S. Cammerer, H. Schäcke, Feuchtigkeitsregelung, Durchfeuchtung und Wärmeleitfähigkeit bei Baustoffen und Bauteilen, Berlin,1957, Wilhelm Ernst & Sohn

Register

Druck: Novographic, Ing. Wolfgang Schmid, A-1230 Wien.